红外热成像检测及其应用

袁丽华　著

电子工业出版社
Publishing House of Electronics Industry
北京·BEIJING

内 容 简 介

本书在系统介绍红外热成像检测原理和检测特点的基础上，阐述了红外热成像检测技术的应用，包括被动式红外热成像检测技术和主动式红外热成像检测技术。被动式红外热成像检测技术涉及红外视觉人体行为的检测与识别、红外弱小目标检测和红外图像与可见光图像融合等方面内容；主动式红外热成像检测技术在材料无损检测方面的应用主要为缺陷特征的提取，包括缺陷埋深和缺陷尺寸的定量检测，涉及红外序列图像处理算法研究，涵盖单帧图像处理方法和多帧图像融合算法。本书既可作为高等院校测试技术相关专业本科生或硕士生的教材，也可作为从事红外无损检测工作人员的参考用书。

图书在版编目（CIP）数据

红外热成像检测及其应用 / 袁丽华著. —北京：电子工业出版社，2024.3

ISBN 978-7-121-47510-8

Ⅰ．①红…　Ⅱ．①袁…　Ⅲ．①红外成像系统　Ⅳ．①TN216

中国国家版本馆 CIP 数据核字(2024)第 057419 号

责任编辑：杜　军

印　　刷：涿州市京南印刷厂

装　　订：涿州市京南印刷厂

出版发行：电子工业出版社

　　　　　北京市海淀区万寿路 173 信箱　邮编：100036

开　　本：787×1 092　1/16　印张：16.75　字数：429 千字

版　　次：2024 年 3 月第 1 版

印　　次：2024 年 3 月第 1 次印刷

定　　价：89.00 元

前　言

众所周知，温度是十分重要的热物理量之一，生产和生活中的诸多情况都需要对温度进行探测和控制，因此，对物体表面温度场的检测具有重要的研究意义和应用价值。红外热成像检测在维护社会秩序和保障安全方面做出了重要贡献，具有重大的社会和经济效益。红外热成像无损检测技术是近年来发展较快的一种新型数字化无损检测技术，因其具有便捷、高效、直观、探测面积大及远距离非接触探测等优点，被广泛应用于军事、航空航天、电池、电力、电子、建筑、医疗、文物保护等诸多领域。随着红外热成像无损检测技术应用领域的不断扩大，未来它将渗透到国民经济的各个领域，并发挥越来越重要的作用。

本书是一部关于红外热成像检测技术及其应用研究的专著，包括被动式红外热成像检测与应用和主动式红外热成像检测与应用，全书共分为 7 章。

第 1 章阐述红外热成像检测的研究背景和意义，概述红外热成像检测的研究现状，并简述红外热成像检测的特点及应用。

第 2 章介绍红外热成像检测原理，涉及红外线的传播和吸收规律、热辐射的基本定律及红外热像仪的检测原理等。

第 3 章在红外视觉人体行为识别的研究背景下，以全辐射热像视频为研究对象，采用卷积神经网络作为核心特征提取工具，建立一种融合目标检测、姿态估计、时序行为分类的多阶段红外人体行为识别框架，开展红外视觉人体行为的检测与识别研究。针对 SSD 模型计算复杂度高，对小目标、遮挡等情况鲁棒性差的问题，提出一种改进 SSD 红外人体目标检测模型；针对红外人体骨骼关键点检测精度低的问题，提出一种基于深度残差网络的改进 CPMs 模型；针对基于单帧红外图像进行人体行为识别而忽略帧间时域信息的问题，提出一种基于人体骨骼关键点的时空混合模型。

第 4 章开展对红外弱小目标的检测。针对红外弱小目标检测中强杂波干扰的问题，提出一种基于 ADMM 和改进 Top-hat 变换的红外弱小目标检测算法；针对现有的基于形态学的算法受限于固定单一的结构元素，从而导致复杂背景抑制能力差的问题，提出一种基于 LCM 的自适应 Top-hat 红外弱小目标检测算法；针对目标漏检的问题，提出一种基于 NSCT 和三层窗口 LCM 的红外弱小目标检测算法，并通过开源数据集中的图像对所提三种算法进行有效性验证。

第 5 章探讨红外图像与可见光图像的融合。针对图像模态差异提出基于 CycleGAN-CSS 的图像配准算法，用于提高图像的配准精度；针对传统多尺度变换融合算法中边缘模糊和细节分辨能力弱的问题，提出一种基于多尺度各向异性扩散的图像融合算法；为降低算法的计算复杂度，提高算法性能的稳定性，提出一种基于潜在低秩表示下的 DDcGAN 图像融合算法，并通过 TNO 数据集和 RoadScene 数据集中的图像对所提配准和融合算法进行有效性验证。

第 6 章对红外热成像检测反射法与透射法的缺陷定量检测进行研究。通过所建立的红外热成像检测缺陷埋深的物理模型，依据热传导理论推导缺陷定量检测的实现方法，对含有楔形槽缺陷的 PVC 试块分别进行反射法和透射法红外热成像检测实验研究，通过实验数据分析取样点尺寸、缺陷宽度对试块表面温度场的影响，指导数据后处理采样区域的设置，定量检测缺陷埋深，并分析激励时间对测量精度的影响；运用 ANSYS 软件分别进行反射法和透射法检测凹槽缺陷的仿真模拟实验，分析缺陷的宽度、埋深深度对仿真结果的影响。

第 7 章介绍红外序列图像处理，包括单帧图像处理和多帧图像处理。在定义敏感区域的基础上，提出基于敏感区域最大标准差法，这一性能指标的提出解决了单帧图像处理红外序列图像的原图选取问题，结合 Blob 分析，实现对缺陷的自动提取。本章还提出一种多尺度八方向边缘检测图像分割算法，以提高缺陷定量检测精度，并运用主成分分析和独立成分分析开展对多帧图像处理的研究。

全书的主要内容是著者及其指导的历届硕士研究生在国家自然科学基金项目（51865038）、江西省自然科学基金项目（20151BAB207058）以及江西省教育厅科学技术项目（GJJ150730）的资助下，开展了多年红外热成像检测研究而取得的成果总结，包括理论研究、模拟仿真、试验研究和数据处理等内容。专著的出版还得到了"南昌航空大学学术专著出版资助基金"和南昌航空大学校教改课题（JY23081）的资助。本书的撰写得到了著者指导的历届硕士生的大力支持，深表感谢！特别感谢 2015 届硕士毕业生华浩然（主要参与第 6 章研究），2018 届硕士毕业生朱争光（参与部分第 7 章研究），2020 届硕士毕业生汪江飞（参与部分第 7 章研究），2022 届硕士毕业生朱笑（主要参与第 3 章研究和部分第 7 章研究），2023 届硕士毕业生习腾彦（主要参与第 4 章研究）、袁代玉（主要参与第 5 章研究）和洪康（参与部分第 7 章研究）对本书做出的贡献。另外，感谢在读硕士生周军江、李茂杰、焦欢和刘建龙等人参与本书的校稿工作。

由于著者水平有限，书中难免存在疏漏之处，敬请读者和专家批评指正！

作者

2023 年 10 月

目　　录

第1章 绪 论

1.1 研究背景和意义

红外热成像技术是典型的军民两用技术,在军事和民用领域都有各自重要的应用。其最初运用在军事领域,已成为现代战争中的关键技术。国内外都非常重视红外热成像技术的发展,自 1965 年德州仪器公司诞生第一台二维红外热成像样机以来,红外热成像技术在侦察、监视、瞄准、射击、指挥和制导等方面的应用要求越来越高,许多国家为加强自身防御能力和提高夜战水准,把红外热成像技术作为现代先进武器装备的重要技术纳入国防发展战略,并逐年加大研制经费。近年来全球军用红外热像仪的销售额一直保持逐年递增的趋势。2014—2021 年全球军用红外热像仪销售市场规模及增速如图 1-1 所示[1]。从图中可知,2021 年全球军用红外热像仪销售市场规模高达近百亿美元。非制冷型红外热像仪的问世,使红外热像仪的应用从军用领域拓展到民用领域,并发挥着其他产品难以替代的重要作用。图 1-2 所示为 2014—2021 年全球民用红外热像仪销售市场规模及增速[1],自 2016 年以来红外热像仪销售额年增长率均超过 10%,表明红外热成像技术在民用领域得到了迅猛发展。红外热像仪被广泛应用于航空航天、预防检测、消防救援、制程控制、安防监控、汽车夜视、环境监测、电力、建筑、石化、冶金及医疗卫生等领域。而且,随着红外热成像技术应用领域的不断拓展,未来它将渗透到国民经济的各个领域,并发挥越来越重要的作用。

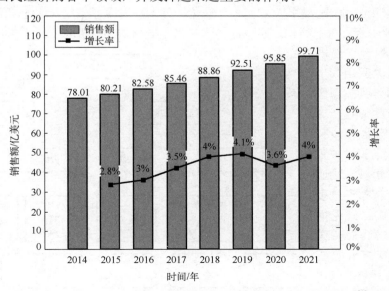

图 1-1　2014—2021 年全球军用红外热像仪销售市场规模及增速[1]

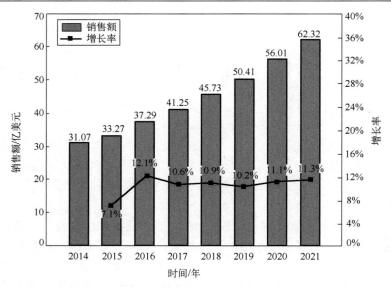

图 1-2　2014—2021 年全球民用红外热像仪销售市场规模及增速[1]

1.2　国内外研究现状

红外无损检测依据是否需要外部激励分为两大类，即被动式红外无损检测和主动式红外无损检测，又分别称为无源红外热成像检测和有源红外热成像检测。红外无损检测的分类示意图如图 1-3 所示。被动式红外无损检测能利用工件自身的温度分布来检测工件内部的缺陷，不需要对被测工件加热，仅利用被测工件的温度不同于周围环境的温度条件，在被测工件与环境的热交换过程中进行红外检测。被动式红外无损检测常应用于运行中的设备、元器件和科学实验中。由于被动式红外无损检测不需要附加热源，在生产现场基本都采用这种检测方式。主动式红外无损检测采用某种加热方式来激励内部缺陷，使工件表面形成反映这些缺陷存在的温差，采用红外热像仪进行红外热成像，实现对物体缺陷的检测。在热激励工件的同时或在热激励经过一段时间后测量工件表面的温度分布，常采用同步采集的方式，以红外热图像序列记录工件表面温度场的变化。常用的激励手段有光激励、电磁激励和机械激励等手段，其中机械激励通常使用超声波。依据激励手段又可将主动式红外无损检测分为脉冲式红外热成像检测和锁相式红外热成像检测。图 1-3 直观地概述了不同激励手段下对应的主动式红外无损检测。

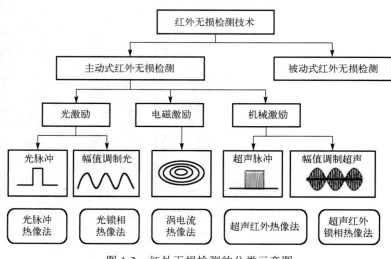

图 1-3　红外无损检测的分类示意图

1.2.1 被动式红外热成像检测研究现状

红外热成像检测作为实用性强的技术已经广泛应用于诸多行业，中国出台了相应的行业标准规范，如热力设备红外检测导则（DL/T 907—2004）[2]、无损检测机械及电气设备红外热成像检测方法（GB/T 28706—2012）[3]、建筑红外热像检测要求（JG/T 269—2010）[4]、红外热像法检测建筑外墙饰面粘结质量技术规程（JGJ/T 277—2012）[5]等。

在电力系统中在线式和便携式红外热像仪都在使用，其助于打造智慧电网，可实现重点监测区域划分和温度异常诊断功能，支持在线发热缺陷分析、异常点位/区域发现与定位，并具备自动巡检、自动预警、远程控制、手动测温、趋势分析、报表管理等功能；实现电力设备安全运行状态的先知先觉，保证关键电力设备的正常运行；可对电力设备的裸露载荷接头进行检测，如高压线母线接头、配电变压器接头等，并可实现定期在线检测，及时维修以消除故障，减少隐患[6-8]。在石油化工领域，红外热像仪可对高温高压的罐体进行实时监测[9]，评价高温设备衬里、热力管道的保温效果[10-11]，还可对气体泄漏进行检测[12-13]。在建筑领域，红外热像仪可对主墙体与外墙饰面材料的贴合度进行检测，并有显著作用，主要针对饰面墙体鼓包、裂纹等缺陷进行检测[14-16]。红外热成像检测技术广泛应用于安防的各个细分领域，并有很多成功案例，红外热成像检测技术能很好地解决夜间及恶劣气候条件下的监视、监控问题，促使视频监控系统更加完美地实现监控，有效弥补传统视频监控系统的不足[17-19]。森林消防将高灵敏和高分辨率的红外热像仪用于山林防火，是目前预警早期山火不可替代的重要手段[20]。消防救援、海事救援也常用红外热像仪进行搜救。医用红外热成像检测技术是一项安全、灵敏、全面的功能影像技术，它通过分析人体细胞代谢强度进行早期疾病预警和人体健康状况评估，广泛应用于健康体检、临床辅助诊断及中医可视化诊断领域，包括在体检、疼痛、乳腺、五官、骨伤、皮肤、创面、神经、康复等方面的应用[21-23]。同样对动物医疗也可采用红外热成像检测技术进行辅助诊断[24-25]。此外，养殖业可使用红外热像仪进行动物体温监控，以避免大规模流行病的传染。红外热像仪还可用于野生动物的监控和保护。

1.2.2 主动式红外热成像检测研究现状

1937 年 P. Vernotte[26]提出了用于研究材料热性质的主动式红外热成像检测方法，目前仍在使用类似的方法。贝勒于 1965 年提出了一种类似于现代技术的主动式红外热成像检测技术，用于检查 Polaris 火箭发动机的情况[27]。在同一时期，格林对核反应堆燃料元件的主动式红外热成像检测进行了基础研究，其特别关注发射率问题[28]。美国从 20 世纪 60 年代开始对主动式红外热成像检测技术应用方面展开了研究，主要用于金属、非金属、复合材料和发动机相关零部件的检测。20 世纪 70 年代，在"太空竞赛"期间，许多航空航天研究人员参与了红外热成像检测的研究，美国无损检测协会（ASNT）成立了 IR 委员会。美国空间动力系统从 1992 年起就用红外热成像检测技术对发射舱可能出现的复合材料脱黏进行检测，目前该技术已经正式应用于在线生产检测，美国的 A3 火箭曾采用红外热成像检测。美国无损检测协会还对红外无损检测制定了标准[29]。俄罗斯用 UK210 II 型快速热像仪能检出非金属与非金属、金属与非金属胶结结构中 10mm×10mm 的脱黏缺陷。在 1998 年、1999 年和 2000 年美国 FAA 飞机机身无损检测技术竞标中，红外热成像检测技术击败了包括 X 射线、声发射、超声、涡流、目视检测在内的多项检测技术而唯一胜出，被 NASA、FAA 等政府机构和波音、洛克希德·马丁、福特、西屋、通用电气等公司采用，纷纷建立红外热成像技术实验室，用于解决飞机检测问题。中国起步较晚，2010 年 12 月 10 日《航空器复合材料构件红外热像检测》标准通过审定[30]，为红外热成像检测提供了指导。

目前，红外热波检测主要有三种：脉冲红外热波检测、锁相红外热波检测和红外热波雷达检测，其中脉冲红外热波检测是应用最广的红外热波检测方法之一。2011 年印度理工大学 Chatterjee K 等人[31]对脉冲红外热波检测、锁相红外热波检测与红外热波雷达检测进行了对比研究，发现在相同激励能量的前提下，采用锁相红外热波检测对缺陷进行检测时会出现"盲频"现象，而红外热波雷达检测可有效避免这一问题；对碳纤维增强聚合物(CFRP)试件的检测结果表明，对于近表层缺陷，脉冲红外热波检测具有较高的缺陷信噪比，但对于深度较大的缺陷，三种方法信噪比的差异较小。

红外热波检测由定性检测向定量检测方向发展，由于图像序列包含了红外热波检测中的时间信息，从而具有定量分析缺陷埋深的能力。加拿大拉瓦尔大学 X.Maldague[32]对红外热波成像检测的理论及图像处理方法进行了详细研究，提出了红外热波脉冲相位检测方法，通过对图像序列进行离散傅里叶变换，得到振幅、相位两种图像，提高了检测灵敏度和抗干扰能力。Hernán D 等人[33]采用脉冲相位检测方法检测缺陷，通过傅里叶变化将温度-时间数据变换到频率域，由相位-频率关系确定缺陷深度。N. Rajic[34]和 Marinetti S 等人[35]采用主成分分析(Principal Component Analysis，PCA)红外热波序列图，PCA 算法中的不同主成分代表不同深度的缺陷。北京航空航天大学[36-37]也将 PCA 算法用于红外热波检测，采用矩阵奇异值分解方法，对序列图像数据进行分解，得到分别表示信号空间变化的正交本征函数和表示时间变化的主成分分量。中国科学院[38]提出了一种新的基于奇异值分解的红外序列图像特征提取方法，在缺陷代数特征的基础上，提取具有时空信息的特征值构造缺陷特征向量。西北工业大学的徐振业[39]通过最大温差法和 lnT-lnt 曲线二阶导数最大值法两种分析方法测量盲孔的深度并分析所产生的误差。申请者指导研究生依据红外序列热图像提取兴趣点处的温度-时间历程曲线，利用表面温度一阶微分峰值时间法建立特征时间与缺陷深度的关系，以实现透射法对缺陷深度的定量检测[40]。Montanini R[41]利用红外锁相法和脉冲位相法对具有不同深度缺陷的树脂玻璃纤维板进行检测，实验表明：当缺陷深度在 3.6mm 以下时，缺陷检出率为 95%，由于缺陷边缘的热扩散效应而使直径为 10mm、深度为 3.6mm 的缺陷检出率略低，检出率为 87%。

缺陷面积是红外无损检测对缺陷评定的另一重要指标。国内外学者对缺陷尺寸定量检测主要从两个角度分析：一是分析表面温度场数据，二是采用图像处理技术。在温度场领域定量分析缺陷尺寸，较经典的是 1984 年 Wetsel 和 McDonald 运用的温度半高宽法[42]，至今仍有学者采用该方法检测缺陷[43]。近年来出现了温度半高宽法的改进方法，如以温差峰值 1/e 对应的宽度确定缺陷大小[44]、温度对时间微分的半高处切线法[45]。此外，还出现了用迭代法提取缺陷特征，如 Levenberg-Marquardt 法[46]，以及将模拟退火与 Nelder-Mead 单纯形法搜索相结合的混合智能寻优方法[47]。在红外图像处理方面，可采用各种图像分割和边缘提取方法来获得缺陷特征，如分水岭法[48]、蚁群算法[49]、粒子群法[50]等。有学者对红外序列采用融合技术确定缺陷尺寸[51]。通过锁相红外热波检测可获得更清晰的相位图像[52]。学者在对幅值图研究的同时，提出了关于相位图的处理技术，剪切相移技术[53-54]是其中之一。

随着损伤容限设计理念的出现与机械产品可靠性设计与分析的不断发展，对零部件内部缺陷的可靠检测与准确评估已成为迫切需要解决的问题。在大量检测实验中通过缺陷检测概率(Probability of Detection，PoD)分析缺陷检测结果的统计分布规律，运用统计学分析方法对缺陷的可探测性出具有置信度和可靠度的结果，PoD 一般为表示缺陷尺寸的函数。Duan Y X 等人[55]采用脉冲红外热波检测对 CFRP 层板缺陷的无损检测可靠性进行研究，分析了缺陷判定阈值、特征信息提取算法等因素对无损检测 PoD 尺寸的影响规律，研究表明 PCA 算法可获得最佳的 PoD 尺寸。

为了提高红外热波检测水平，C. Lbarra-Castanedo 等人进行了多方面的图像处理研究，其中通过改善热图像提高信噪比是其主要途径[56]，因此，在红外热波检测中经常要进行图像对比度的计算。图像对比度的定义有多种，其主要问题是需要预知正常参考区域，为了解决该问题，学者提出了许多新的图像对比度定义方法。自参考方法[57]用像素周围一定范围区域作为正常参考区域；热信号重建技术[58]采用参考帧求取差分图像对比度，避免因正常区域选取不同造成偏差；在此基础上 C. Ibarra-Castanedo 等人又提出了修正的差分图像对比度及图像相位差分对比度的概念[59]。另外，为解决红外热波检测图像噪声高的缺点，研究学者将小波变换[60]、形态学方法[61]引入图像增强环节中，以提高图像对比度。申请者指导研究生采用直方图均衡化处理来增强图像对比度，成功提取了 PVC 三层胶接薄板的内部缺陷[62]。Tang Q J 等人[63-64]对 SiC 涂层碳/碳复合材料与高温合金材料内部缺陷的脉冲红外热波检测技术开展了系统研究，提出了马尔科夫-主成分分析特征提取算法，研究表明，该算法可显著提高图像的信噪比。Zauner 将小波变换应用到脉冲相位法的数据分析之中，研究表明，小波变换分析可使缺陷的形状轮廓更加清晰。

1.3 红外热成像检测的特点及应用

1.3.1 红外热成像检测的特点

红外热成像检测技术是一门跨学科和应用领域的通用型实用技术，作为一种新型无损检测技术以其适用性广、非接触、快速大面积检测、安全可靠等优点受到广泛重视，其具体优点如下。

（1）适用范围广，可用于各行各业的检测之中，并可用于各种材料的检测，包括金属、非金属和复合材料。

（2）速度快，一次检测只需几十秒钟。

（3）检测面积大，根据被测对象和光学系统，一次检测可覆盖至平方米量级。针对大型检测对象还可对结果进行自动拼图处理。

（4）以伪彩色或灰度图像的方式输出被测物体表面的动态温度场，与单点测温比较，不仅能提供更完整、丰富的信息，而且直观、易懂，便于理解和判断。

（5）非接触测量，检测过程中不需要接触被测物体。

（6）主动式红外热成像检测可采用单面检测，加热和探测在被检试件同侧，以便检测工作的开展。

（7）主动式红外热成像检测可以测量试块缺陷深度或涂层厚度，并能做表面下的缺陷识别。

（8）红外热像仪为便携式设备，十分适合外场、现场应用和在线、在役检测。

当然红外热成像检测技术也存在缺点，如热图像的分辨率低、分辨细节能力差；红外镜头反光影响成像质量等。

1.3.2 红外热成像检测的应用范例

本节主要介绍作者及其指导的研究生近年来在红外热成像检测方面的应用研究，包括被动式红外热成像检测的应用和主动式红外热成像检测的应用。被动式红外热成像检测涉及红外视觉人体行为的检测与识别、红外弱小目标检测和红外图像与可见光图像融合等方面。主动式红外热成像检测包括缺陷埋深的脉冲红外热波定量提取和红外序列图像处理等方面。

1.3.2.1 被动式红外热成像检测的应用范例

1. 红外视觉人体行为的检测与识别

人体行为识别（Human Action Recognition，HAR）技术是计算机视觉领域的新兴研究方向之一，其在智能安防、机器人、运动员辅助训练等领域具有十分广阔的应用前景。目前，基于可见光视觉信息的人体行为识别技术不断发展，但其极易受特殊外场环境（如夜间、大雾、沙尘等）的影响，而红外热成像技术具有不受光照影响、抗干扰能力强、全天候监测等技术优势；但红外图像存在目标空域表征信息匮乏、对比度低等缺点，采用基于可见光视觉信息的人体行为识别技术无法取得较好的检测效果。以红外视觉智能人体行为识别为研究背景，以全辐射热像视频为研究对象，以卷积神经网络为核心特征提取工具，作者及其指导的研究生提出了一种融合目标检测、姿态估计、时序行为分类的多阶段红外人体行为识别框架，对红外视觉人体行为的检测与识别开展了以下研究。

（1）针对红外人体行为识别技术特殊的数据集要求，采用 VarioCAM®HD980 红外热像仪获取全辐射热像视频，并建立红外人体目标检测数据集 IR-HD、红外人体姿态估计数据集 IR-HPE、红外人体行为视频数据集 IR-HAR。

由于单发多框检测器（Single Shot Multi-Box Detector，SSD）目标检测模型计算复杂度较高，因此对弱小目标、遮挡等鲁棒性差的情况，作者及其指导的研究生提出了一种改进的 SSD 红外人体目标检测算法，采用 MobileNet V2 网络作为基础特征提取网络，以实现模型的轻量化。引入 FPN 特征金字塔结构实现多尺度特征图融合，提高模型浅层特征图的表征能力。同时，融入 SE 通道注意力机制提高模型对关键通道信息的关注度。研究结果表明，改进后的 SSD 目标检测模型检测精度提高了 1.5%，模型推理速度提高了 21.61 帧/s。

（2）针对红外人体骨骼关键点检测精度低的问题，作者及其指导的研究生提出了一种基于深度残差网络的改进 CPMs 姿态估计模型。基于 ResNet-18 网络提取初始特征，并采用跨阶段置信度图融合策略增强阶段性输入特征图的空间特征信息，以缓解模型梯度消失的问题，提高人体骨骼关键点的检测精度。最后级联 SSD 目标检测模型实现自顶向下的红外人体目标多姿态估计。研究结果表明，基于深度残差网络的改进 CPMs 模型检测精度达到了 87.3%，相较 CPMs 模型提高了 2.7%。

（3）针对单帧红外图像进行人体行为识别，忽略了帧间时域信息的问题，作者及其指导的研究生提出了一种基于人体骨骼关键点的时空混合模型。以人体骨骼关键点的笛卡儿坐标作为行为的空域表征信息，并构建多层长短时记忆神经网络来实现对红外视觉下人体连续性动作的高效识别。研究结果表明，基于姿态估计的红外视觉时空混合模型人体行为识别精度达到了 90.2%。

2. 红外弱小目标检测

红外搜索与跟踪(Infrared Search and Tracking，IRST)系统在军事领域有极高的应用价值，在森林预警、民航监控等民用领域同样有着广泛应用。红外弱小目标检测技术是 IRST 的关键技术之一，因此此项技术具有重要的研究意义。由于红外热成像的超远距离、红外图像缺乏丰富的图像细节及在信号传输过程中能量的损失，造成了目标在图像中呈现尺寸小、信号弱的问题。同时，在遇见一些复杂背景的情况下，易出现与目标类似的虚警及难以剔除的杂波，因此在实现目标检测的同时要尽可能地提高算法的实时性。针对上述问题，主要研究工作如下。

（1）针对红外弱小目标检测中强杂波干扰的问题，作者及其指导的研究生提出了一种基于交替方向乘子法(ADMM)和改进 Top-hat 变换的红外弱小目标检测算法。根据红外图像的非局部自相关特性，将目标检测问题转换为稀疏低秩矩阵恢复问题，获得包含目标的稀疏矩阵，完成初步的背景抑制，并与形态学三重结构元素 Top-hat 变换相结合，有效增强了目标强度并剔除了残留噪点。实验结果表明，与现有的 6 种算法相比，该算法具有更强的目标增强能力及背景抑制能力，同时具有较不错的算法实时性。

（2）针对现有的基于形态学的算法受限于固定单一的结构元素，从而导致复杂背景抑制能力差的问题，作者及其指导的研究生提出了一种基于局部对比度(LCM)的自适应 Top-hat 红外弱小目标检测算法。首先根据目标在图像中的视觉显著性，计算其 LCM 并形成显著图，获得目标尺寸的先验信息；然后结合改进的双结构元素 Top-hat 变换，自适应设置结构元素尺寸，极大程度地利用目标及其邻域的灰度值差异来抑制背景和增强目标。实验结果表明，与同类形态学算法及其他非同类算法相比，该算法在各项评估指标上都具有明显优势。

（3）针对计算 LCM 采用的滑动窗口，生成的显著图存在"膨胀效应"导致目标漏检的问题，作者及其指导的研究生提出了一种基于非下采样轮廓波变换(NSCT)和三层窗口 LCM 的红外弱小目标检测算法。根据目标在红外图像上的全局稀疏性，引入 NSCT，将图像分解为低频和高频子图，并构建低频和高频子图的差分图像，采用引导滤波有效增强目标信号强度，结合三层滑动窗口计算 LCM 构建置信度图。实验结果表明，该算法有效避免了"膨胀效应"造成的目标漏检问题，并与现有 8 种算法相比，该算法在背景抑制、目标增强及精确度上均有良好的提升。

3. 红外图像与可见光图像融合

红外图像与可见光图像融合技术是数据融合领域中备受关注的研究方向之一，在图像增强、智能安防、目标检测和目标识别等领域具有十分广阔的应用前景。将纹理细节信息丰富但对环境敏感的可见光图像与抗干扰能力强但对比度低的红外图像相结合可以更好地描述场景信息，为后续的视觉任务提供丰富的语义信息；但由于获取图像的传感器不同，光谱信息差异和获取信息的角度差异等会导致图像间出现空间位置偏差，这种偏差会严重影响最终的融合效果，因此在图像融合前还需进行配准操作。为了提高图像配准精度，获取高质量融合图像，相关的研究内容如下。

（1）针对红外图像与可见光图像模态差异导致的配准精度下降问题，作者及其指导的研究生提出了一种基于 CycleGAN-CSS 的图像配准算法。引入 CycleGAN 网络将可见光图像转换为伪红外图像来减少源图像之间的特征差异，利用改进后的 CSS 算法先对伪红外图像和红外图像提取特征点，再通过降维后的 SIFT 描述子表示检测到的特征点并进行匹配，为减少误匹配点个数，利用随机抽样一致 (RANSAC) 算法进行误匹配剔除。为验证所提算法的可靠性，从 TNO 数据集和 RoadScene 数据集各取一组不同场景下的图像对与 Harris 算法和 PSO-SIFT 算法进行比较，实验证明所提算法的平均精度最大，高达 97%，标准差误差比 Harris 算法和 PSO-SIFT 算法平均降低了 23.90%、8.25%，说明所提算法在配准精度上确有改善。

（2）针对传统多尺度变换的图像融合技术中常出现的边缘模糊和细节分辨能力弱的问题，作者及其指导的研究生提出了一种基于多尺度各向异性扩散的图像融合算法。首先通过各向异性扩散对红外图像和增强后的可见光图像进行多次分解，留下最后一次分解的背景层和所有的细节层；然后由于背景层信息丰富，为避免信息冗余，因此采用加权平均进行融合，再对细节层根据余弦相似度设计了一个自适应的融合规则，以最大程度强调图像中的细节信息；最后将融合背景层与不同尺度的融合细节层进行线性叠加并重构融合图像。实验分析出最优分解尺度为 4；同时为了证明所提算法的有效性，将其与其他 4 种传统的多尺度变换算法进行对比，在 TNO 数据集中，所提算法在 EN、MI 和 MS-SSIM 3 个指标上取得最优，相较次优分别提高了 8.29%、1.22%、0.23%，主观视觉效果也表现优异；在 RoadScene 数据集中，所提算法在同样在以上 3 个指标上取得最优，相较次优分别提高了 1.72%、1.72%、2.58%。综合看来，所提算法相比传统的多尺度变换算法性能确实有所提高，融合图像目标清晰且细节信息丰富。

（3）为进一步提高融合图像质量，降低算法的计算复杂度，提高算法的性能稳定性，作者及其指导的研究生提出了基于潜在低秩表示下的双判别器生成对抗网络 (DDcGAN) 的图像融合算法。首先通过潜在低秩表示将图像分解为低秩分量和稀疏分量，并剔除影响融合质量的噪声；然后对于包含丰富结构信息的低秩分量采用改进的 DDcGAN 进行融合，即借助 VGG16 提取低秩分量特征，根据设计的特征融合模块对每层特征进行融合，利用金字塔重构融合特征后解码出融合低秩分量；再采用 K-L 变换对稀疏分量进行融合；最后将融合低秩分量和融合稀疏分量进行叠加。通过在不同数据集将所提算法和当前性能较优的深度学习算法相比，大量的融合结果证明，所提算法不仅视觉效果良好，而且在各种客观指标上也取得了优异成绩，证明了算法的有效性和鲁棒性。

1.3.2.2　主动式红外热成像检测的应用范例

1. 缺陷埋深的脉冲红外热波定量提取

作者及其指导的研究生建立了红外热成像检测缺陷埋深物理模型，依据热传导理论推导缺陷定量检测的实现方法，对含有楔形槽缺陷的 PVC 试块分别进行反射法和透射法红外热成像检测实验，通过实验数据分析取样点尺寸、缺陷宽度对试块表面温度场的影响，指导数据后处理采样区域的设置，定量检测缺陷埋深，并且分析激励时间对测量精度的影响。运用 ANSYS 软件分别进行了反射法和透射法红外热成像检测凹槽缺陷的仿真模拟实验，分析了缺陷的宽度、埋深对仿真结果的影响，以及激励时间对缺陷深度的测量影响。研究结果表明，反射法和透射法红外热成像检测都可实现缺陷的检出和对缺陷深度的测量。对近表面缺陷在相同的测量精度下，透射法红外热成像检测所用激励时间更短，处理数据更加简单，缺陷检出速度更快；对埋深较深的缺陷，透射法红外热成像检测除检测速度快外，检测精度也更高。

2. 红外序列图像处理

作者及其指导的研究生研究了红外序列图像处理的方法，包括单帧图像的处理和多帧图像的处理。在定义敏感区域的基础上,提出了敏感区域最大标准差法,这一性能指标的提出解决了单帧图像处理红外序列图像的原图选取问题,探讨了敏感区域大小对检测结果的影响,其大小推荐为 10 像素×10 像素到 15 像素×15 像素。基于 MATLAB 的 GUI 设计开发了红外热图像处理程序,可实现红外序列图像的缺陷信息自动处理,获得缺陷形状、轮廓、尺寸、面积及分布状况等信息。在这个基础上提出了一种新的单帧图像分割算法,基于模糊 C 均值聚类预分割的多尺度八方向边缘检测图像分割算法。算法提升了对红外图像中冲击损伤弱边缘的检测能力,而且缺陷的边缘细节保留较好,提升了缺陷特征的检测精度,为红外热成像技术在 CFRP 板冲击损伤的定量检测方面提供了有效方法。本书介绍了两种红外序列多帧图像的处理算法,即 PCA 算法和独立成分分析(Independent Component Analysis,ICA)算法。以 GFRP 平底孔为例,通过假设、对比、验证环节,确定 PCA 算法的最佳融合区间,并将其运用到原始 PCA 算法中,使优化的算法能自动选取图像序列的最佳区间,并进行融合。运用 ICA 研究 CFRP 板冲击损伤的特征提取问题,结果表明 ICA 能够有效区分噪声与缺陷,并且获得的特征图像比原始图像的信噪比更高、对比度更大、图像质量更好,更有利于缺陷的提取和表征。

参 考 资 料

[1] 观研天下. 中国红外热像仪行业现状深度分析与未来投资调研报告(2022—2029 年)[R]. 2022.

[2] 中华人民共和国国家发展和改革委员会. 热力设备红外检测导则:DL/T 907—2004[S]. 北京:中国电力出版社,2005.

[3] 中华人民共和国国家质量监督检验检疫总局,中国国家标准化管理委员会. 无损检测械及电气设备红外热成像检测方法:GB/T 28706—2012[S]. 北京:中国标准出版社,2012.

[4] 中华人民共和国住房和城乡建设部. 建筑红外热像检测要求:JG/T 269—2010[S]. 北京:中国建筑工业出版社,2010.

[5] 中华人民共和国住房和城乡建设部. 红外热像法检测建筑外墙饰面粘结质量技术规程:JGJ/T 277—2012[S]. 北京:中国建筑工业出版社,2012.

[6] 张瑞强,徐贵,经权,等. 基于红外热成像检测技术的变电设备异常发热故障检测[J]. 制造业自动化,2022,44(9):171-174.

[7] 邵进,胡武炎,贾风鸣,等. 红外热成像技术在电力设备状态检修中的应用[J]. 高压电器,2013,49(1):126-129.

[8] 骆燕燕,潘晓松,马旋,等. 红外热成像技术在电连接器插拔磨损检测中的应用研究[J]. 工程设计学报,2021,28(5):615-624.

[9] 黄启人,杨达,李家兴,等. 浅析红外热成像检测技术在压力容器和压力管道检测中应用[J]. 中国设备工程,2019,436(24):102-103.

[10] 谭兴斌. 红外热成像技术在石化企业的应用研究[J]. 中国设备工程,2020,445(9):164.

[11] 张丰. 红外热成像技术在石化设备故障诊断中的应用[J]. 中国设备工程,2010,270(7):61-62.

[12] Jiakun L, Weiqi J, Xia W, et al. MRGC performance evaluation model of gas leak infrared imaging detection system[J]. Optics express, 2014, 22 Suppl 7: A1071-12.

[13] 丁德武,申屠灵女,邹兵,等. 红外热成像技术在石化装置泄漏隐患检测中的应用[J]. 安全、健康和环境,2015,15(12):17-20.

[14] 黄绍斌. 红外热成像技术在被动式低能耗建筑检测中的应用[J]. 建设科技,2016,319(16):78-79.

[15] 曹平华. 红外热成像技术在建筑外墙检测中的应用[J]. 无损检测, 2017, 39（2）: 26-29.

[16] 杨丽萍, 闫增峰, 孙立新, 等. 红外热成像技术在建筑外墙热工缺陷检测中的应用[J]. 新型建筑材料, 2010, 37（6）: 53-57.

[17] 钱阳. 红外热成像技术在警用执法领域的应用[J]. 中国安防, 2023, 202（Z1）: 83-88.

[18] 张济国, 刘琦, 井冰. 红外热成像技术在智慧社区中的应用[J].中国安全防范技术与应用, 2021, 107（2）: 19-22.

[19] 薛圣月. 红外热成像技术在周界防护领域的应用研究[J]. 中国安防, 2023, 202（Z1）: 89-93.

[20] 李兴海, 张景亮, 张伟. 前端红外热成像及调度指挥中心系统在森林消防中的应用研究[J]. 机电产品开发与创新, 2019, 32（5）: 20-21.

[21] 林琳, 李韬, 邓方阁. 红外热成像技术在乳腺癌检测中的应用进展[J]. 中国医学物理学杂志, 2018, 35（6）: 734-737.

[22] M. E. H. Jaspers, M. E. Carrière, A. Meij-de Vries, et al. The FLIR ONE thermal imager for the assessment of burn wounds: Reliability and validity study[J]. Burns, 2017, 43（7）: 1516-1523.

[23] 熊哲祯, 许律廷, 刘凯. 红外热成像技术在皮瓣移植围术期检测中的应用[J]. 组织工程与重建外科杂志, 2018, 14（6）: 331-334.

[24] Concepta McManus, Candice B. Tanure, Vanessa Peripolli, et al. Infrared thermography in animal production: An overview[J]. Computers and Electronics in Agriculture, 2016, 123:10-16.

[25] 刘烨虹, 刘修林, 王福杰, 等. 红外热成像技术在畜禽疾病检测中的应用[J]. 中国家禽, 2018, 40（5）: 70-72.

[26] Vernotte P. Rational unit of thermal conductivity[J]. Journal de Physique et le Radium, 1931, 2（11）: 376-380.

[27] Beller, W. S. Navy sees promise in infrared thermography for solid case checking[J]. Missiles Rochets, 1965, 16: 1234-1241.

[28] D. R. Green.Emissivity-independent infrared thermal testing method[J]. Mater Eval 3, 1965, 23（2）: 79-85.

[29] Xavier PV Maldague, Patrick O. Moore Nondestructive Testing Handbook Infrared and Thermal Testing [M]. Columbus: American Society for Nondestructive testing,2001.

[30] 中国民用航空维修协会. 民用航空无损复合材料构件红外热像检测: T/CAMAC 007—2020[S]. 北京: 中国标准出版社, 2020.

[31] Chatterjee K, Tuli S, Pickering S G, et al. Pickering. A comparison of the pulsed, lock-in and frequency modulated thermography nondestructive evaluation techniques[J]. NDT&E International, 2011, （44）: 655-667.

[32] X. Maldague, Marinetti. S. Pulsed Phase Infrared Thermography. J. Appl[J]. Phys, 1996, 79（5）: 2694-2698.

[33] Hernán D. Benítez, Clemente Ibarra-Castanedo, Abdel Hakim Bendada, et al. Definition of a new thermal contrast and pulse correction for defect quantification in pulsed thermography[J]. Infrared Physics& Technology, 2008, 51（3）: 160-167.

[34] N. Rajic. Principal component thermography for flaw contrast enhancement and flaw depth characterisation in composite structures[J]. Composite Structures, 2002, 58: 521-528.

[35] Marinetti S, Grinzato E, Bison PG,et al. Statistical analysis of IR thermographic sequences by PCA[J]. Infrared Phys. &Technol, 2005, 46: 85-91.

[36] 郭兴旺, 高功臣, 吕珍霞. 基于奇异值分解的红外热图像序列处理[J]. 北京航空航天大学学报, 2006, 32（8）: 937-940.

[37] 郭兴旺, 高功臣, 吕珍霞. 主分量分析法在红外数字图像序列处理中的应用[J]. 红外技术, 2006, 28（6）:

311-314.

[38] 张志强, 赵怀慈, 赵大威, 等. 基于 SVD 算法的红外热波无损检测方法研究[J]. 机械设计与制造, 2012, 4: 53-55.

[39] 徐振业, 成来飞, 梅辉, 等. C/SiC 复合材料盲孔缺陷深度的红外热成像定量测量[J]. 复合材料学报, 2011, 28(6): 137-141.

[40] 华浩然, 袁丽华, 邬冠华, 等. 透射法的红外热波缺陷定量检测研究[J]. 红外与激光工程, 2016, 45(2): 99-104.

[41] Montanini R. Quantitative determination of subsurface defects in a reference specimen made of Plexiglas by means of lock-in and pulse phase infrared thermography[J]. Infrared Physics & Technology, 2010, 53(5): 363-371.

[42] ALMOND DP, LAU SK. Defect sizing by transient thermography I: An analytical treatment[J]. Journal of Physics D: Applied Physics, 1994, 27: 1063-1069.

[43] TAN Y C, CHIU W K, RAJIC N. Quantitative Defect Detection on the Underside of a Flat Plate Using Mobile Thermal Scanning[J]. Procedia Engineering, 2017, 188: 493-498.

[44] 王永茂, 郭兴旺, 李日华, 等. 缺陷大小和深度的红外检测.无损检测[J], 2003, 25(9): 458-461.

[45] WYSOCKA-FOTEK O, OLIFERUK W, MAJ M. Reconstruction of size and depth of simulated defects in austenitic steel plate using pulsed infrared thermography[J]. Infrared Physics & Technology, 2012, 55(4): 363-367.

[46] 王海亮, 范春利, 孙丰瑞, 等. 二维内部缺陷的红外瞬态定量识别算法[J]. 红外与激光工程, 2012, 41(7): 1714-1720.

[47] JINLONG G, JUNYAN L, FEI W, et al. Inverse heat transfer approach for nondestructive estimation the size and depth of subsurface defects of CFRP composite using lock-in thermography[J]. Infrared Physics & Technology, 2015, 71: 439-447.

[48] 张炜, 蔡发海, 马宝民, 等. 基于数学形态学的红外热波图像缺陷的定量分析[J]. 无损检测, 2009, 31(8): 596-599.

[49] LIU Y, TANG Q, BU C, et al. Pulsed infrared thermography processing and defects edge detection using FCA and ACA[J]. Infrared Physics & Technology, 2015, 72: 90-94.

[50] 王涛, 陈凡胜, 苏晓锋. 二维最小误差分割在红外图像中的快速实现[J]. 红外技术, 2016, 38(12): 1038-1041.

[51] YANG B, HUANG Y, CHENG L. Defect detection and evaluation of ultrasonic infrared thermography for aerospace CFRP composites [J]. Infrared Physics& Technology, 2013, 60: 166-173.

[52] 刘俊岩, 刘勋, 王扬. 线性调频激励的红外热波成像检测技术[J]. 红外与激光工程, 2012, 41(6): 1416-1422.

[53] CHOI M, KANG K, PARK J, et al. Quantitative determination of a subsurface defect of reference specimen by lock-in infrared thermography[J]. NDT & E International, 2008, 41(2): 119-124.

[54] MONTANINI R. Quantitative determination of subsurface defects in a reference specimen made of Plexiglas by means of lock-in and pulse phase infrared thermography[J]. Infrared Physics & Technology, 2010, 53(5): 363-371.

[55] Duan Y X, Servais P, Genest M, et al. ThermoPoD: A reliability study on active infrared thermography for the inspection of composite materials[J]. Journal of Mechanical Science and Technology, 2012, 26(7):

1985-1991.

[56] Clemente I, Francois G, Akbar D, et al. Thermographic nondestructive evaluation: overview of recent progress[J]. The International Society for Optical Engineering, 2003, 5073.

[57] M. Omar, M. I. Hassan, K. Saito, et al. IR self-referencing thermography for detection of in-depth defects[J]. Infrared Physics&Technology, 2005, 46: 283-289.

[58] C. Ibarra-Castanedo, D. Gonzalez, M. Klein, et al. Infrared image processing and data analysis[J]. Infrared Physics & Technology, 2002, 46:75-83.

[59] Hernán D. Benítez, Clemente Ibarra-Castanedo, Abdel Hakim Bendada, et al. Differentiated absolute phase contrast algorithm for the analysis of pulsed thermographic sequences[J]. Infrared Physics & Technology, 2006, 48: 16-21.

[60] 冯贞, 马齐爽. 基于小波分析的红外图像非线性增强算法[J]. 激光与红外, 2010, 40(3): 315-318.

[61] 周云川, 何永强, 李计添. 基于小波和灰度形态学的红外图像增强方法[J]. 激光与红外, 2011, 41(6): 99-104.

[62] 华浩然, 熊娟, 袁丽华. 基于红外热成像技术的胶接薄板内部缺陷检测[J]. 南昌航空大学学报, 2015, 29(2): 93-97.

[63] Tang Q J, Liu J Y, Wang Y. Experimental study of inspection on SiC coated high-temperature alloy plates with defects using pulsed thermographic technique[J]. Infrared Physics & Technology, 2013, 57(3): 21-27.

[64] Tang Q J, Liu J Y, Wang Y, et al. Inspection on SiC coated carbon-carbon composite with subsurface defects using pulsed thermography[J]. Infrared Physics & Technology, 2013, (60): 183-189.

第2章 红外热成像检测原理

2.1 红 外 线

2.1.1 电磁波属性

红外线又称热射线，是由英国德裔科学家 F.W.赫歇尔(Friedrich William Herschel)在 1800 年发现的。红外线实质上是一种电磁波，与 γ 射线、X 射线、紫外线、可见光、微波、无线电波等一样，是分处在不同波段的电磁波。电磁波谱分布图如图 2-1 所示。

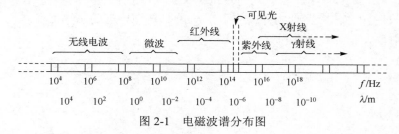

图 2-1 电磁波谱分布图

由电磁波谱分布图可知，红外线介于可见光与微波之间，其光谱范围为 0.78~1000μm，频率介于 $3×10^{11}$~$4×10^{14}$Hz。为了研究不同红外波段的特性，根据不同的波长范围，红外线可以进一步分为近红外线(0.78~3μm)、中红外线(3~6μm)、中远红外线(6~25μm)、远红外线(25~1000μm)。研究发现，自然界中的所有物体，只要温度高于绝对零度，即–273.15℃，都会向周围辐射能量。物体在对外发出热辐射的同时也不断吸收周围物体投射到它上面的热辐射，并把吸收的辐射能重新转变成热能。辐射换热为物体之间相互辐射和吸收的总效果。一般工程上所指的热辐射包括可见光、部分紫外线和红外线。

由于红外辐射是一种电磁波辐射，因此它具有波动性和粒子性两个特性。在波动性方面，红外辐射存在吸收、反射和透射等现象；在粒子性方面，红外辐射会以光量子的形式被物体吸收和发射。

2.1.2 吸收、反射、透射定律

当热辐射的能量投射到物体表面时，会发生吸收、反射和透射现象。其中热辐射的反射现象与可见光类似，分为镜面反射和漫反射。当表面的不平整尺寸小于投入辐射的波长时会形成镜面反射，此时入射角等于反射角。高度磨光的金属板会形成镜面反射。当表面的不平整尺寸大于投入辐射的波长时一般会形成漫反射，这时从某一方向投射到物体表面的辐射会向空间各方向反射出去。假设外界投射到物体表面的总能量为 Q，被物体吸收的部分记为 Q_α，被物体反射的部分记为 Q_ρ，穿透物体的部分记为 Q_τ。由能量守恒定律得

$$Q_\alpha + Q_\rho + Q_\tau = Q \tag{2-1}$$

或

$$\frac{Q_\alpha}{Q} + \frac{Q_\rho}{Q} + \frac{Q_\tau}{Q} = 1 \qquad (2\text{-}2)$$

投射到物体上被吸收的热辐射能与投射到物体上的总热辐射能之比，称为该物体的吸收比或吸收率，记为α，则有

$$\alpha = \frac{Q_\alpha}{Q} \qquad (2\text{-}3)$$

投射到物体上被反射的辐射能与投射到物体上的总辐射能之比，称为该物体的反射比或反射率，记为ρ，则有

$$\rho = \frac{Q_\rho}{Q} \qquad (2\text{-}4)$$

类似地，投射到物体上穿透物体的辐射能与投射到物体上的总辐射能之比，称为该物体的透射比或透射率，记为τ，则有

$$\tau = \frac{Q_\tau}{Q} \qquad (2\text{-}5)$$

因此，式(2-2)可改写为

$$\alpha + \rho + \tau = 1 \qquad (2\text{-}6)$$

当辐射能进入固体或液体表面后，在一个极短的距离内就能被吸收完。因此，固体和液体上的热辐射是表面辐射，红外线是不能穿过固体或液体的。对于固体和液体有$\alpha + \rho = 1$，所以，就固体和液体而言，吸收能力大的物体其反射本领小。

辐射能投射到气体上时，情况与投射到固体或液体上不同。气体对辐射能几乎没有反射能力，可以认为反射率$\rho = 0$，故有$\alpha + \tau = 1$。气体对热射线的吸收和穿透是在空间中进行的，其自身的辐射也是在空间中完成的。因此，气体的热辐射是容积辐射。

不同物体的吸收率、反射率和透射率因具体条件不同而差别很大，给热辐射的计算带来了很大困难。为使问题简化，本节定义了一些理想物体。

（1）白体：反射率$\rho = 1$的漫反射的物体叫作绝对白体，简称白体。

（2）镜体：反射率$\rho = 1$的镜面反射的物体叫作镜体。

（3）透明体：透射率$\tau = 1$的物体叫作绝对透明体，简称透明体。

（4）黑体：吸收率$\alpha = 1$的物体叫作绝对黑体，简称黑体。

（5）灰体：如果某一物体的单色吸收率与投射到该物体的辐射能的波长无关，即$\alpha = $常数，则称该物体为灰体。

2.2　传热学基础

传热学是研究热量传递规律的一门科学，属于工程物理学的分支学科，主要研究能量以热和功的形式在传递、转化过程中的规律。传热有3种方式：热传导、热对流及热辐射。此3

种传热方式之间可以相互叠加，在某一传热方式确定的情况下，另外两种传热方式所产生的影响可能很大也可能很小，当传热方式产生的影响较小时，可做相应的简化操作处理。

2.2.1　热传导

热传导可以定义为一个物体不同部分之间或两个物体间由于温差而引起的热量的交换。热传导满足热力学第二定律，其中温差是热量传递的动力，其根本原因是基本粒子的运动，无论是固体、液体还是气体的内能都是与组成它们的基本粒子运动相联系的，由于基本粒子存在能量差而产生热传导，因此这种传热方式使组成物体的基本粒子的动能趋于一致。热传导的传递规律遵循傅里叶定律，热流密度定义为

$$q_x = -\lambda \text{grad} T = -\lambda \nabla \vec{T} = -\lambda \frac{\partial T}{\partial n} \vec{n}_0 \tag{2-7}$$

式中，q_x 为热流密度（W/m^2）；λ 为物体的导热系数 $[W/(m \cdot K)]$；T 为物体的热力学温度（K）；$\vec{n}_0$ 为垂直于物体等温面上的单位方向距离（m）；$\frac{\partial T}{\partial n}$ 为热流方向上的温度梯度。可见热流密度是一个与温度梯度变化呈线性关系的向量，它的方向垂直于等温面，它的正方向为温度降低的方向，表示物体内由热及冷的热量流动趋势，也因此要在公式前面加负号。

2.2.2　热对流

热对流又称对流换热，是指流体中质点发生相对位移而引起的热量传递过程，表现在液体或气体从温度高处吸收热量，并将热量传递到温度低处的现象。对流换热分为自然对流和强制对流两种方式。自然对流是指由于流体内温差的存在而引起流体内压强或密度的不均匀，从而导致流体流动循环的现象。强制对流是指由于各种泵、风机或其他外力的推动而造成的流体内压强或密度的不均匀，从而导致流体流动循环的现象，一般热流速度相对于自然对流较快。

如果这两个系统是固体和气体，为了表示对流换热的影响，可以采用牛顿冷却定律描述热流在温度不同的两个系统之间单位时间内的热量传递情况，牛顿冷却定律可以表示为

$$Q = hA(T_1 - T_2) \tag{2-8}$$

式中，Q 为热流率（W）；h 为对流换热系数，亦称膜传热系数 $[W/(m^2 \cdot K)]$；A 为表面面积（m^2）；T_1 为固体表面的热力学温度（K）；T_2 为周围流体的热力学温度（K）。

2.2.3　热辐射

众所周知，物质是由电子、原子及分子组成的，它们在物质内部呈现的是多种多样的运动形态，并且是不停地运动，这种不停地运动所具有的能量称为内能，通常情况下以能级标示这些运动状态具有的能量。通常情况下，物质为了保持自身的稳定总是将能量保持在最低的运动状态，如果打破平衡，外界的作用会将能量传到物质内部使其能量升高，这时候物质因处于高能量状态而被称为激发状态，在此状态下物质内部的电子、原子和分子的运动状态是极其不稳定的，一般持续的时间都很短，很快就会把自身多余的能量释放出来以维持自身低能运动的稳态，通常以电磁波的形式释放能量。辐射就是从物质内部释放出来的能量。

红外辐射及其他的光辐射都与组成物质的电子、原子和分子的运动有不可分割的关系，

物体越热表明其发射的红外辐射越强[1]。通过温度来描述物体粒子运动的剧烈程度，物体内部粒子运动的剧烈程度随温度的升高而加剧，相反，当物体内部粒子都处于静止状态时，物体处于绝对零度，对外发出的辐射能量为零。

热辐射是相互的，系统内的每个物体都会同时辐射和吸收热量，物体之间的辐射净热量传递可以表示为

$$Q = \varepsilon \sigma A_1 F_{12}(T_1^4 - T_2^4) \tag{2-9}$$

式中，ε 为辐射率；σ 为斯特藩-玻耳兹曼常数，其值约为 $5.67 \times 10^{-8} \mathrm{W/(m^2 \cdot k^4)}$；$A_1$ 为辐射面 1 的面积$(\mathrm{m^2})$；F_{12} 为辐射面 1 到辐射面 2 的形状系数；T_1 为辐射面 1 的热力学温度(K)；T_2 为辐射面 2 的热力学温度(K)。

2.3　红外热辐射

2.3.1　黑体的热辐射定律

2.3.1.1　基尔霍夫定律

德国物理学家古斯塔夫·基尔霍夫于 1859 年提出传热学定律，用于描述物体的发射率与吸收率之间的关系，采用黑体概念说明在理想状态下一个物体可以吸收任何方向和波长的电磁辐射，其吸收率为 $1(\alpha = 1)$，但是自然界中并不存在真正的黑体，实际物体的吸收率小于 $1(0 < \alpha < 1)$，对于实际物体不同波长的入射辐射都存在或多或少的反射现象。基尔霍夫定律给出了实际物体的辐射出射度与吸收率之间的关系，对给定温度 T 和某一波长 λ 来说，物体的辐射本领和吸收本领成正比例关系。

$$\frac{M(\lambda, T)}{\alpha(\lambda, T)} = f(\lambda, T) \tag{2-10}$$

式中，$M(\lambda, T)$ 为物体对波长 λ 的辐射出射量$(\mathrm{W/m^2})$；$\alpha(\lambda, T)$ 为物体对波长 λ 的吸收率；$f(\lambda, T)$ 为物体的辐射照度$(\mathrm{W/m^2})$。

由基尔霍夫定律可知，在物体温度 T 和辐射波长 λ 一定的情况下，物体辐射出射度与物体吸收率的比值即辐射照度为一个常数，与相同温度下黑体的辐射能力相等。由于物体的辐射照度是一定的，因此物体的吸收率越大，相应物体的辐射出射度越大，因此，可以通过增加物体对热辐射的吸收率来增大物体的辐射出射度。对于一切物体，该比值恒为常数，与物体的性质无关。能量守恒原理可以帮助人们理解基尔霍夫定律，即在密闭真空的容器中放置一个物体，容器与外界没有能量交换，物体与容器达到同一温度是通过辐射来实现的，也就是辐射出的能量与吸收的能量会达到一个动态平衡。

2.3.1.2　斯特藩-玻耳兹曼定律

斯特藩-玻耳兹曼定律由斯洛文尼亚物理学家约瑟夫·斯特藩和奥地利物理学家路德维希·玻耳兹曼分别于 1879 年和 1884 年各自独立提出。斯特藩是通过对实验数据的归纳总结提出该定律的；玻耳兹曼则是从热力学理论出发，通过假设用光(电磁波辐射)代替气体作为热机的工作介质，最终推导出与斯特藩的归纳结果相同的结论——黑体表面单位面积辐射出的总功率与黑体本身的热力学温度(又称绝对温度)的 4 次方成正比。

$$M = \varepsilon\sigma T^4 \tag{2-11}$$

式中，M 为物体的辐射度或能量通量密度（W/m^2）；ε 为黑体的辐射系数；σ 为斯特藩-玻耳兹曼常数，其值为 5.67×10^{-8}W/(m^2·K^4)；T 为黑体热力学温度（K）。

2.3.1.3　维恩位移定律

德国物理学家威廉·维恩（Wilhelm Wien）于 1893 年通过对实验数据的总结提出了维恩位移定律，在一定温度下，绝对黑体的温度与辐射本领最大值相对应的峰值波长 λ 的乘积为一个常数，即

$$\lambda_{\max}T = b \tag{2-12}$$

式中，$b = 0.002897$m·K，为维恩常量。

维恩位移定律不仅与黑体辐射的实验曲线的短波部分相符合，而且与黑体辐射的整个能谱都符合，它表明，当绝对黑体的温度升高时，辐射本领的最大值向短波方向移动。说明黑体越热，其辐射谱光谱辐射力（某一频率的光辐射能量的能力）的最大值所对应的波长越短，而除绝对零度外其他任何温度下物体辐射的光的频率都是从零到无穷的，只是各个不同的温度对应的"波长-能量"图形不同，而实际物体对应的理想状态为灰度，是黑体乘以黑度所对应的理想情况，如在宇宙中，不同恒星随表面温度的不同会显示不同颜色，温度较高时恒星会显示蓝色，次之则显示白色，濒临燃尽而膨胀的红巨星表面温度只有 2000～3000K，因而其显示红色。

2.3.1.4　普朗克定律

1900 年，普朗克在量子学的基础上提出了黑体辐射定律，又称普朗克定律。普朗克定律描述黑体光谱辐射出射度与电磁辐射波长和物体热力学温度的变化关系，具体公式为

$$M_\lambda = \frac{2\pi hc^2}{\lambda^5} \cdot \frac{1}{e^{hc/\lambda K_B T} - 1} \tag{2-13}$$

式中，M_λ 为黑体光谱辐射出射度 [W/(m^2·μm)]；h 为普朗克（Planck）常量，6.6261×10^{-34}J·s；c 为光速，3×10^8m/s；λ 为电磁辐射波长（μm）；K_B 为玻耳兹曼常数，1.38×10^{-23}J/K；T 为黑体的热力学温度（K）。

普朗克定律描述了黑体辐射光谱的分布规律，其光谱辐射分布图如图 2-2 所示。

图 2-2 中给出了在热力学温度 1500～2700K 范围内，黑体光谱辐射出射度 M_λ 随波长 λ 变化的走势图。由图可以得出以下 3 点结论。

（1）在某一温度下，黑体光谱辐射出射度总是随波长的变化先升高，到达某一高度之后，再开始下降。

（2）随着热力学温度 T 的增大，黑体光谱辐射出射度 M_λ 的最大值升高，并且最大值所对应的波长向短波方向偏移，也表示短波辐射能量在整个光谱中占的比例越来越大。

（3）不同热力学温度对应的缺陷彼此不相交，并且黑体光谱辐射出射度随着温度的升高会快速增加，温度越高，对应的黑体光谱辐射出射度越大。

其中结论（2）反映的是维恩位移定律的规律。其实维恩位移定律可以从普朗克定律推导出来。对式(2-13)的波长求导，取极值，便可以得到黑体光谱辐射出射度极大值与峰值波长和热力学温度的关系式(2-12)，即维恩位移定律。

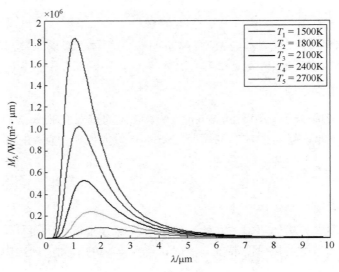

图 2-2　光谱辐射分布图

2.3.2　实际物体的热辐射定律

　　普朗克定律是以研究黑体辐射为基础的实验定律，是一种物体理想化状态的定律，实际的物体辐射不适用此定律。实际物体的热辐射定律并不完全遵循普朗克定律，在同一温度下，实际物体在同一波长范围内的辐射功率总是小于黑体的辐射功率，这是由于实际物体的表面状态会对物体表面的红外辐射产生影响，因此在使用普朗克定律时，为了得到与实际相符的结论，有必要对物体表面的发射率进行修正：

$$\varepsilon(\lambda,T) = \frac{M(\lambda,T)}{M_b(\lambda,T)} = \frac{\int_0^\infty \varepsilon M_b(\lambda,T)\mathrm{d}\lambda}{\sigma T^4} \tag{2-14}$$

式中，$\varepsilon(\lambda,T)$ 表示实际物体的表面发射率，即实际物体的辐射出射度 $M(\lambda,T)$ 与黑体的辐射出射度 $M_b(\lambda,T)$ 的比值。因此实际物体的辐射出射度 $M(\lambda,T)$ 可以用下面的公式表示

$$M(\lambda,T) = (\lambda,T)\sigma T^4 \tag{2-15}$$

　　表面发射率 ε 的取值范围介于 $0\sim1$，ε 值越大，物体的辐射性能越接近黑体的辐射性能，即辐射性能越好。ε 并不是一个常数，它与物体表面温度、辐射波长、物体表面性质及观察条件都有关系。实际上，现有各种物体的发射率都是经过大量的实验测出的，各物理量参数之间并没有一个确切的关系。物体的发射率影响因素主要有以下 4 点。

　　（1）物体材料的性质。例如，金属和非金属的发射率及变化规律有所不同，通常情况下，不同的物体材料其发射率各不相同。金属的发射率较低，非金属的发射率较高。

　　（2）物体的表面状态。物体表面的粗糙程度不同对物体的发射率影响不同，同时该影响的大小也与物体的材料种类有关。

　　（3）大气的衰减作用。大气中包含的水汽、二氧化碳、一氧化碳、粉尘等会使物体的辐射被吸收、散射，导致其辐射能量衰减。

　　（4）物体温度的影响。实验表明，通常情况下，绝大多数金属的发射率会随温度的升高而增大，而绝大多数非金属的发射率会随温度的升高而减小。

2.4　红外热像仪检测原理

2.4.1　大气窗口

在地球上，当电磁辐射通过大气时，会受到空气中的气体、固体颗粒的吸收和散射，其强度会衰减，不同波长衰减比例不同。图 2-3 所示为在海平面上 1830m 的水平路程所获得的光谱透过率曲线，曲线反映了电磁波的不同波段穿过大气后，光谱的透过能力是不一样的。电磁波在大气中的这种选择性衰减类似经过了一个对光谱选择过滤的窗口，称为大气窗口。红外光谱分析、光谱成像、红外热成像、红外温度测量都需要考虑大气窗口的影响。

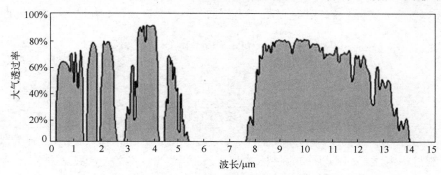

图 2-3　在海平面上 1830m 的水平路程所获得的光谱透过率曲线

大气窗口是指太阳辐射通过大气层未被反射、吸收和散射的那些透射率高的光辐射波段范围。由于地球大气中的各种粒子对辐射的吸收和反射，只有某些波段范围内的天体辐射才能到达地面，大气窗口主要与路程中的水蒸气、CO_2 及臭氧的含量有关，因此不同高程及不同地区大气窗口的宽度及透射率是有差别的。按所属范围不同，大气窗口分为光学窗口、红外窗口和射电窗口。红外窗口通常根据主要透明区的区界划分，在短波、中波、长波谱段，主要的大气窗口分别为 0.7～2.5μm、3～5μm、8～14μm[2]。红外热像仪探测物体的辐射需要考虑大气吸收的影响，一般工作在红外窗口。例如，HgCdTe 红外热像仪在短波红外（1～3μm）、中波红外（3～5μm）和长波红外（8～14μm）3 个大气窗口都可以做到接近背景限的水平[3]。

2.4.2　热像仪成像原理

红外热像仪输出的图像通常称为"热图像"，由于不同物体甚至同一物体不同部位辐射能力和它们对红外线的反射强弱不同，红外热成像系统会将物体发射的红外辐射（表面温度场）转变为人眼可见的热图像，从而使人眼的视觉范围扩展到不可见的红外区。红外镜头先将物体的红外辐射聚焦到红外热像仪上，红外热像仪再将强弱不等的辐射信号转换成相应的电信号，经过放大和视频处理，形成可供人眼观察的视频图像。利用物体与背景环境的辐射差异及物体本身各部分辐射的差异，热图像能够呈现物体各部分的辐射起伏，从而显示物体的特征。同一目标的热图像和可见光图像是不同的，它不是人眼所能看到的可见光图像，而是目标表面的温度分布图像，或者说，红外热图像是将人眼不能直接看到的目标表面温度分布，变成人眼可以看到的代表目标表面温度分布的热图像。

图 2-4 所示为非制冷型红外热像仪成像原理框图。目标物体表面发射的红外辐射，经大

气的红外窗口，一般是中波和长波红外窗口，传输到物镜，即红外光学系统上，被物镜聚焦后的红外辐射传输到红外焦平面上，准确地说是到达光敏元件上。光敏元件接收到入射的红外辐射后，在红外辐射的入射位置会产生一个与入射红外辐射性能有关的局部电荷。扫描焦平面阵列的不同部位，或按顺序将电荷传送到读出器件中，读出这些电荷，红外焦平面阵列的输出信号经 A/D 后进入数字信号处理器（DSP）处理，A/D 一般是 12～16 位的。非线性校正是数字信号处理器的主要功能之一，以提高图像的分辨率，输出清晰的红外图像。温控器能控制焦平面阵列的稳定性，高精度的温控器可以成功抑制由于温度微小变化而引起的工作波动。当信号以视频信号输出时，每个局部单元称作一个像元。目标物体的红外辐射到红外热像仪的视频信号的形成原理为：物体的某个单位面积与图像的某一像素相对应，像素的灰度值就是红外热像仪输出的视频信号幅度 U_s 经过放大、量化后得到的电压。根据辐射定理，考虑理想情况下的目标物体任意成像点（某个单位面积），U_s 与波长、温度等参数满足以下关系：

$$U_s \propto \frac{\omega \sigma T^5}{\pi} \int_{\lambda_1}^{\lambda_2} f(\lambda, T) \varepsilon(\lambda) \tau_a(\lambda) R(\lambda) \mathrm{d}\lambda \tag{2-16}$$

其中，

$$f(\lambda, T) = \frac{C_1}{\sigma(\lambda, T)^5 (\mathrm{e}^{C_2/\lambda_T} - 1)} \tag{2-17}$$

式中，$\lambda_1 \sim \lambda_2$ 为红外热像仪工作的波长范围；ω 为红外热像仪的瞬时视场角；σ 为玻耳兹曼常数；T 为被测目标温度；$\varepsilon(\lambda)$ 为被测目标的光谱发射率；$\tau_a(\lambda)$ 为大气透过率；$R(\lambda)$ 为红外热像仪的总光谱响应；C_1、C_2 分别为波长 λ_1、λ_2 的辐射对比度。

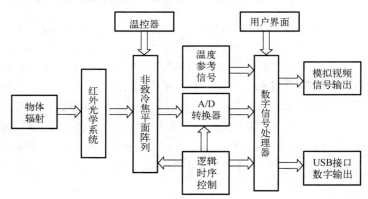

图 2-4　非制冷型红外热像仪成像原理框图

参 考 资 料

[1]　陈永甫. 红外辐射红外器件与典型应用[M]. 北京: 电子工业出版社, 2004.

[2]　王江安, 肖伟岸, 申林. 海空背景下目标红外辐射特征分析[J]. 海军工程大学学报, 2001, 13 (4): 29-31.

[3]　胡伟达, 李庆, 陈效双, 等. 具有变革性特征的红外光电探测器[J]. 物理学报, 2019, 68 (12): 7-41.

第 3 章　红外视觉人体行为的检测与识别

3.1　概　　述

3.1.1　研究背景和意义

人体行为识别技术是一种基于人体时空特征实现行为判别的先进技术，旨在理解目标人体的行为信息，是计算机视觉(Computer Vision，CV)领域的关键研究任务之一[1-2]。人体行为识别技术在人机交互[3]、虚拟现实[4]、体育运动分析、机器人技术[5]、运动员辅助训练、医疗诊断与监护[6]、智能家居系统、异常行为监测、游戏动画等领域具有十分广阔的发展前景与巨大的应用价值。特别是，随着国家安防体系与社会公共安全体系的健全发展，基于人体行为识别的智能监控与安防系统具有极大的社会价值与研究意义[7]。

随着深度学习理论在人工智能领域的快速演进，基于计算机视觉的人体行为识别技术逐渐成为人体行为识别领域的热点问题，其涵盖了数字图像处理、机器学习、计算机图像学、模式识别等多个学科。此技术的核心是以视频/图像为研究对象，通过对视频/图像中人体目标的行为进行处理、理解和分析，实现对目标人体行为的智能识别。同时，图像分类、目标检测、语义分割等底层计算机视觉任务的快速突破，使人体行为识别技术取得了瞩目的研究进展。当前，对基于可见光视觉信息的人体行为识别技术已经开展了较广泛的研究，但可见光成像系统较易受环境因素影响，在特殊外场环境(如光照不佳、沙尘、大雾、雨、雪等)下其技术劣势明显。此外，医疗智能监护、犯罪活动等特殊监控应用场景多发生在夜间，基于可见光视觉信息的人体行为识别技术无法满足特殊环境下的应用需求。

红外热成像技术与智能人体行为识别技术的融合对特殊外场环境下人体行为识别技术的革新具有推动作用。红外热成像技术是一种新型的物理研究技术，是红外热成像系统将其视场范围内因温度和发射率不同而产生的红外热辐射空间分布转换为红外热图像的技术。全辐射热像视频系统具有隐蔽性强、抗干扰能力强、对热目标敏感等优势，可以排除烟、雾、尘、雨、雪等能见度较低的恶劣外场环境的影响，更能够在无外部照明系统的情况下实现 24 小时全天候昼夜连续监测[8]。

红外视觉人体行为识别是计算机视觉领域具有挑战性的任务之一。目前，视觉人体行为识别研究多以检测单一异常行为为主[9-14]，检测模型的结构性较差，鲁棒性、实用性较低。同时，由于人体动作的高复杂性、环境复杂性、视角不定性等特定干扰因素的影响，使识别精度与识别速度并未达到应用领域的要求。此外，红外视觉下的人体目标存在对比度低、信噪比低、纹理特征匮乏、晕轮效应、灵敏度低等特点，采用传统基于可见光的人体行为识别技术往往无法取得较好的识别效果。因此，红外视觉人体行为识别系统性能的提升依然存在较大的研究空间，现阶段提出一种稳定、可靠、高效的红外视觉人体行为识别模型具有十分重要的研究意义。依据上述研究背景，本节介绍基于红外视觉的人体行为识别研究，研究的主要流程包括数据集的建立、模型构建与训练、检测结果定量分析。

3.1.2 国内外研究现状

人体行为识别技术的现代科学研究起源于 20 世纪 70 年代，瑞典心理学家 Johansson G[15] 对人体动作感知问题进行了科学研究，提出了通过人体骨骼关键点描述其运动信息，并对其建模，从而识别人体行为。此后，相关研究人员提出了各种优秀的人体行为识别理论与方法。目前，人类行为的数据表征方式主要有 RGB、骨架、深度、点云、事件流、音频、加速、雷达、Wi-Fi 信号等。上述数据表征方式来源于不同的传感器信号，依据获取行为信号的传感器类型可以分为：①基于视觉传感器的人体行为识别，即以视觉信息为研究对象实现对人体行为的识别；②基于可穿戴式传感器的人体行为识别[16-18]，即通过可穿戴式传感器（如加速度计[19]、陀螺仪、信号接收器、速度计、手机等）获取人体动作信号特征，以实现对目标的行为识别；③基于环境式传感器的人体行为识别[20]，即通过压力传感器、声音传感器、振动传感器获取特定检测区域内目标人体的动作变化信号。

由于可穿戴式传感器和环境式传感器存在适用性差、可扩展性低、应用场景局限性大等技术劣势，基于视觉传感器的人体行为识别技术逐渐成为当前人体行为识别领域的重点研究方向。

随着深度学习理论及计算机硬件设备（CPU、GPU）性能的不断提升，基于视觉信息的人体行为识别技术得到了相关研究人员的青睐。基于视觉信息的人体行为识别技术的研究任务是让机器通过学习视频/图像中的表征信息，使其具有类似人类感知外部环境并做出判断的能力。基于视觉信息的人体行为识别技术就是从视觉的角度去分析人体姿态信息，以实现目标行为的定义、运动特征的提取、行为信息表征及行为理解的一种推理技术。

基于视觉信息的人体行为识别技术基于不同的准则有不同的分类方式：基于输入数据类型分为运动影像识别技术和静态图像识别技术；基于目标数量分为单人（Single-Person）人体行为识别技术和多人（Multiple-Person）人体行为识别技术；基于数据的维度分为 2D 人体行为识别技术和 3D 人体行为识别技术；基于特征提取方式分为传统识别技术和基于深度学习识别技术。视觉人体行为识别技术理论繁杂，但其技术路线可以概述为底层数据感知、数据预处理、时/空特征提取、特征融合与分类、行为识别 5 个阶段，如图 3-1 所示。

图 3-1　视觉人体行为识别技术路线

在人体行为识别任务的发展过程中，早期研究学者多依赖手工设计的特征对人体运动信息进行提取并建立表征人体行为的模型，从而实现对人体行为的识别。人体行为特征表征方式可分为全局表征（Holistic Representations）和局部表征（Local Representations）[21]。其中，全局表征是将人体的动作表征为一个整体，以提取目标人体结构、形状、动作的全局特征来全局分析人体行为。A F Bobick 等人[22]提出的运动能量图（Motion Energy Image，MEI）和运动历史图（Motion History Image，MHI）方法较经典，首先使用背景剪除法获得人体轮廓，再通过人体轮廓图像的堆叠获得目标在视频上下文的运动表征信息。红外视觉下挥手动作的 MEI 和 MHI 如图 3-2 所示。全局表征虽然提取了动作的时空结构信息，但无法捕捉轮廓内的细节变化特征，存在检测适应性差，对噪声、遮挡、视点等变化敏感的缺点[23-24]。

局部表征是基于局部区域特征描述人体行为的方式，主要有时空兴趣点和运动轨迹两种方法。局部特征描述子包括 HOG[25]、HOF[26]、SIFT[27]、Harris3D[28]、Cuboid[29]、HOG3D[30]、LBP[31]、MBH[32]等。Laptev I[33]提出了时空兴趣点（Space-Time Interest Points，STIP）算法，使用兴趣点描述行为信息。通过构建 STIP 检测器，使用 Harris3D 检测器提取角点特征，形成一个局部描述子来表征人体行为。密集轨迹（Dense Trajectories，DT）算法[34]是经典的运动轨迹算法，其利用光流场来获取目标的运动轨迹，并沿着轨迹提取 HOG、HOF、MBH 3 种局部特征，最后对特征进行编码并训练 SVM 分类器以实现对目标的行为识别。Wang H 等人[35]提出了改进的密集轨迹（Improve Dense Trajectories，IDT）算法，利用轨迹的位移矢量进行阈值处理，以消除相机光流带来的影响，从而提升识别精度。

(a) Key Frame

(b) MEI

(c) MHI

图 3-2　红外视觉下挥手动作的 MEI 和 MHI

传统人体行为识别算法极易受物体遮挡、噪声、环境等因素的影响，导致识别结果的泛化能力、鲁棒性、适用性较差，无法应对更复杂的视觉任务。随着深度学习的兴起，卷积神经网络、循环神经网络、图神经网络、图卷积神经网络等深度学习模型在高维度、深层次特征提取方面发挥了重要作用。相较传统手工设计的低维度特征，深度学习算法提取的高维度特征具有更强的鲁棒性和代表性，特征表达能力也更强，获取的目标分类特征可以显著提高人体行为识别的精度。基于深度学习的人体行为识别模型主要有双流网络模型、3D 卷积网络模型、时空混合网络模型等。

双流网络模型能对静态图像和光流场的时空特征进行提取。Simonyan K 等人[36]提出了双流网络（Two-Stream Networks）结构，首先通过空域卷积网络实现对单帧图像空域特征的提取，然后通过时域卷积网络实现对多帧光流信息特征的提取，最后进行特征平均融合实现对动作的识别。双流网络模型框架如图 3-3（a）所示。此外，Wang L 等人[37]提出了时域分段网络（Time Segment Networks，TSN），通过稀疏时间采样和视频监督两种策略对双流网络模型进行了改进。双流网络模型相较单流网络模型其人体行为识别性能有较大的提升。

3D 卷积网络模型是在 2D 卷积网络模型的基础上增加了对视频帧间运动信息的获取，对于连续性动作有较好的识别效果。Baccouche M 等人[38]利用 3D 卷积核对视频进行三维卷积运算，以提取运动目标的空域特征和时域特征，提高人体行为识别的精确性和鲁棒性。Tran D 等人[39]提出了 C3D 网络模型，其框架如图 3-3（b）所示。随后，又在 C3D 基础上引入了残差网络（Residual Network），构建了 Res3D 网络[40]，进一步提升了网络的检测效率与运算速度。但使用 3D 卷积网络模型处理时序信号时，模型参数过于庞大且模型不易收敛，可部署性与实用性较差。

时空混合网络模型通常先采用卷积神经网络提取空域特征，再采用序列模型提取时域特征，最后通过特征融合方式实现行为分类，其中 CNN-LSTM 模型是时空混合网络模型的代表。Donahue J 等人[41]提出的长期循环神经网络（Long-term Recurrent Convolutional Networks，LRCN）模型就是先通过卷积神经网络提取视觉特征，再通过长短期记忆神经网络提取时域特征，以实现对人体目标的行为识别，其框架如图 3-3（c）所示。

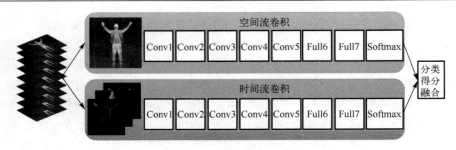

(a) 双流网络模型框架

(b) C3D网络模型框架

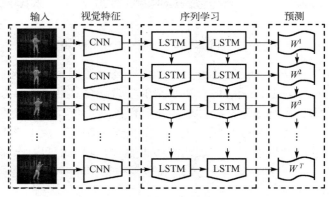

(c) LRCN模型框架

图 3-3　人体行为识别相关模型结构

姿态估计是人体行为识别领域的底层计算机视觉任务之一，其核心思想是通过对目标人体的骨骼关键点进行检测，来实现对人体骨骼关键点的精确定位和对人体骨架信息的恢复。基于姿态估计的行为识别技术是当前视觉人体行为识别领域的热点研究方向之一，其以人体骨骼关键点数据作为人体行为的表征数据来实现目标行为的分类，具有可解释性强、鲁棒性强、适用性强、实时性强等优势。依据人体目标数量，人体姿态估计可分为单人姿态估计和多人姿态估计，其中单人姿态估计主要有模型表示和深度学习两种方法，多人姿态估计基于实现方式分为自顶向下（Top-Down）和自底向上（Bottom-Up）两种模式。

3.1.2.1　单人姿态估计

基于模型表示的姿态估计方法将人体骨骼关键点检测问题描述为图结构问题，其核心思想是通过手工设计特征提取人体骨骼关键点的位置信息，并通过特定的映射关系来实现图像特征与人体姿态模板的匹配。图结构模型[42]包括部件模型和空间模型，部件模型用于表征人体部件的信息，空间模型用于表征人体部件的空间关系。为了解决人体自遮挡问题，Wang J 等人[43]提出了非树形结构模型；Yang Y 等人[44]为了解决人体行为复杂的空间约束问题提出了混合部件模型；但人体结构的非刚性使基于模型表示的姿态估计方法的局限性较大。

DeepPose[45]模型是首个基于深度神经网络的单目标姿态估计模型，将人体姿态估计问题比作人体骨骼关键点的回归问题，采用级联结构，通过多个阶段的模型优化，极大地提升了人体骨骼关键点的定位精度。Tompson J 等人[46]将深度神经网络和图形模型相结合，通过预测人体骨骼关键点的热图（Heatmap）来实现人体姿态估计。Wei S 等人[47]提出了卷积姿态机（Convolutional Pose Machines，CPMs），通过热图像的形式建立人体骨骼关键点的空间位置关系，并利用卷积层提取图像空域特征信息，以实现端到端的特征表达。Newell A 等人[48]引入了堆叠沙漏网络（Stacked Hourglass Networks）模块，通过多级上采样和下采样获取不同尺度下的人体骨骼关键点特征信息及多尺度特征融合策略，对人体骨骼关键点特征提取网络进行了改进，极大地提升了人体骨骼关键点的检测精度。

3.1.2.2　多人姿态估计

多人姿态估计有两种模式，其中自顶向下模式可视为人体目标检测和单人姿态估计的组合，先对图像中的目标进行识别，再对每个目标进行人体骨骼关键点检测，以获取多目标的人体骨骼关键点信息。Fang H 等人[49]提出了 AlphaPose 模型，即区域多人姿态估计（Regional Multi-person Pose Estimation，RMPE）模型，首先通过对称空间变换网络对人体边界框位置信息进行校正，并与单人姿态估计模型结合，然后通过姿态引导的候选框生成器对单人姿态估计器的训练进行数据增强，最后引入非极大值抑制重复检测问题。但 AlphaPose 模型基于ResNet50、ResNet101，模型的计算量大、运算速度慢。

自底向上模式先对图像中的所有人体骨骼关键点进行检测，再基于聚类算法或人体结构先验信息实现多目标姿态估计。Pishchulin L 等人[50]提出的 Deepcut 模型使用局部检测器获取部件候选集合，通过求解整数线性规划问题（Integer Linear Program，ILP）对候选集合进行非极大值抑制，以实现多目标姿态估计。Cao Z 等人[51]提出的 OpenPose 模型采用局部亲和场（Part Affinity Field，PAF）对 CPMs 得到的任意两个相邻的人体骨骼关键点建立有向场，从而实现人体骨骼关键点的匹配。Sun Ke 等人[52]提出的 HRNet（Hight-Resolution Networks）高分辨率基础网络模型，采用并行连接高分辨率到低分辨率卷积策略来保持高分辨率表示。同时采用多尺度特征融合使高分辨率特征具有更多的语义信息和位置信息，从而获得更大的感受野和更丰富的上下文信息。为了提升对弱小目标姿态估计的精度，Cheng B 等人[53]提出了 Higher HRNet模型，通过对高分辨率特征图进行卷积运算，并利用多分辨率训练和热图像聚合的策略，增加模型的尺度感知能力。Chen Y 等人[54]采用粗糙到精细的检测策略，提出了级联金字塔网络（Cascaded Pyramid Networks，CPN），设计全局网络并引入特征金字塔结构，以实现高、低层特征的融合，同时通过对全局网络级联修正网络模块的方式，提高模型对困难人体骨骼关键点的定位能力。Feng Zhang 等人[55]提出了 DarkPose 模型，通过高斯分布假设的思想改进了人体骨骼关键点坐标的映射方式，实现了更高精度的人体骨骼关键点检测。综上所述，自顶向下模式具有检测精度高、鲁棒性强的特点，在多人姿态估计领域具有一定的优势。自底向上模式的优势在于检测速度快、模型的算力相对简单，计算量不会因为图像中目标数量的增加而显著提高。

姿态估计从技术层面分析属于像素级分类技术，相较图像级、区域级分类技术，其以人体骨骼关键点为研究对象来分析人体动作表征，使人体行为表征更加具体化。国内外学者针对基于姿态估计的人体行为识别问题展开了相关研究。张恒鑫等人[56]提出了一种将传统算法与深度学习算法相结合的姿态估计动作识别算法，通过 LBP+SVM 算法实现对人体目标的识别，并采用 OpenPose 模型实现对目标骨架的提取，最后使用 KNN 对人体动作进行分类，检测精度达到了 88.93%。于乃功等人[57]采用 OpenPose 模型提取人体骨骼关键点，通过人体质心的下降速度与人体骨骼关键点的空间位置关系进行跌倒检测。陈京荣[58]提出了一种基于姿态估计的跌倒人体行为识别算法，利用 HRNet 对人体骨骼关键点进行提取，并建立新的人体骨骼关键点结构特征，通过构建 Bi-LSTM 时序网络来实现对跌倒行为的高效识别。Lie W N 等人[59]通过使用 OpenPose 模型得到人体骨骼关键点的坐标信息后直接输入 LSTM 进行跌倒检测。Jeong S 等人[60]以不同视频帧中人体骨骼关键点坐标之间的距离特征作为 LSTM 的输入进行跌倒检测。徐劲夫[61]在时空图卷积网络模型的基础上，提出了一种利用数据驱动模型调整人体骨骼关键点间联通关系的自适应时空图卷积网络来实现人体行为识别。葛威[62]基于自顶向下的人体姿态估计方法实现对人体姿态的估计，并提出了一种基于时空图卷积网络的人体跌倒检测算法。姜皓祖[63]通过姿态估计模型实现了对人体骨骼关键点时序信息的提取，并采用卡尔曼滤波对丢失的人体骨骼关键点进行预测，最后采用多个行为分类器来实现对人体行为的分类。

由于红外热成像技术具有全天候、抗干扰等技术优势，因此基于红外视觉下的人体行为识别也成为相关学者的重点研究方向。Han J 等人[64]利用步态能量图像（Gait Energy Image，GEI）对跑步、慢跑、步行等行为进行识别，但 GEI 依然属于轮廓剪影方法，无法捕捉局部特征信息。Kitazume M 等人[65]首先针对红外图像中的动作识别问题，对视频帧进行减背景运算以获取人体目标，然后通过大量的数学运算计算头部和身体的相对位置来识别诸如躺在沙发上、在桌子上睡着的行为。Lee E J 等人[66]提出了一种基于卷积神经网络的红外图像户外可疑人类的行为识别模型，但该模型的输入是一个只包含人类的剪辑图像，没有任何背景，模型的鲁棒性较差。Akula A 等人[67]使用红外热像仪采集了 6 种人体行为数据集，并构建了卷积神经网络以实现图像级红外人体动作分类，对比结果表明，其提出的卷积神经网络算法相较 LBP-KNN、HOG-KNN、LBP-SVM、HOG-SVM 等行为分类算法检测精度提高了 1.52%。徐世文[68]提出了一种基于红外静态图像的人体跌倒检测算法，采用 CenterNet 目标检测网络来实现对目标行为的分类，并与 YOLO V3 模型对比，验证所提算法的优越性。Javed I 等人[69]提出了一种融合局部运动特征和全局运动特征的时空混合模型，有效提升了人体行为识别的精度。Ying Zang 等人[70]提出了一种红外图像人体姿态估计模型 LMAnet，引入了通道注意力机制和空间注意力机制，以实现对红外图像中单目标人体的姿态估计。Ganbayar B 等人[71]针对红外图像中人体目标的空域特征通过生成对抗网络去除目标的晕轮效应，并提出了一种基于时空混合网络的红外人体行为识别模型。杨爽[72]以智能视频监控系统为应用背景，采用基于统计模型的分类识别算法对红外目标分割、特征提取和行为分类识别展开了研究。针对区域生长法需要人工交互的问题，对视觉显著性和区域生长法进行改进，利用基于频谱残差的视觉显著性模型确定目标的显著区域，得到显著区域的重心，以重心作为区域生长分割的种子点，以实现对红外人体行为的识别。

3.1.3 红外人体行为识别技术的难点与发展趋势

深度学习理论及相关模型的发展推动了人体行为识别技术的进步，但红外视觉下的人体行为识别技术依然存在较多的问题与挑战。本节对红外视觉下的人体行为识别研究的主要技术难点及其发展趋势进行概述。

红外视觉下的人体行为识别有以下几个突出问题。

（1）红外数据集来源问题：当前，人体行为识别相关数据集多为可见光数据集，红外数据集极少，缺乏针对特定场景下的公开数据集，无法满足多任务应用场景的需求，制约了红外视觉下的人体行为识别技术的发展。InfAR 数据集[73]是应用较广泛的红外数据集，其主要针对室外场景，但动作单一、场景简单。因此，建立基于红外视觉的人体行为识别数据集是必要的。

（2）人体行为识别鲁棒性问题：现实监测环境下，外场环境复杂多变、人体尺度变化、人体自遮挡、人群遮挡、拍摄视角等问题都制约了模型性能的提升，容易造成漏检、误检等情况，无法保证检测系统的识别率。人体姿态的非刚性结构、活动的高自由度导致任何一个部位的轻微变化都会产生新的行为特征。

（3）红外视觉下特征提取困难问题：红外视觉下的人体行为识别虽然解决了在特殊外场环境下的检测问题，但红外热图像呈现的是物体表面的热辐射信息，底层数据信息量匮乏。红外热图像具有低分辨率、低信噪比、低对比度的特点，可以获取的空域特征相较可见光图像较少，这对模型进行时空特征提取带来了巨大挑战。因此，模型的建立与识别系统的优化都需要深度理解红外热成像的基本特点与物理基础。

（4）其他问题：基于计算机视觉的人体行为检测技术多以检测异常行为为主，应用场景单一，无法满足计算机视觉领域的多样化、复杂化需求。现阶段人体行为识别技术的研究多为对单人行为识别的研究，对多人行为识别的研究较少，而实际生活中多人复杂场景更多。同时，智能监控系统需要保证实时性，如何有效降低网络模型的计算复杂度，实现实时、快速、高精度的检测也是技术问题之一。

人体行为识别是热点研究方向，基于红外视觉的人体行为识别技术的发展趋势主要有以下几点。

（1）模型轻量化：随着红外物理技术的小型化、移动设备的快速发展，以及社会对移动设备的实时性和便捷性的要求，使人体行为识别技术模型的轻量化成为核心技术发展趋势之一。将人体行为识别算法应用到安全监控等实时性要求高的领域，需要进一步优化模型结构，以实现对模型的移动端部署。

（2）高精度与高速度：模型检测精度与速度的提升是所有计算机视觉领域的核心技术问题。当前，针对更深层次的红外视觉人体行为识别技术仍然存在较大的研究空间。如何提升模型的检测速度和检测效率，保证其在复杂应用背景下的鲁棒性是红外视觉人体行为识别的发展趋势之一。

（3）多模态信息融合：单模态特征与多模态特征相比，忽略了多模态底层行为感知数据的相关性。视频信息不仅包含视觉信息还包含声音等信息，在网络模型中要对视觉与声音等信息进行融合。多模态信息融合可以提高人体行为识别的结果，对人体行为识别技术的发展具有推动作用。

3.2　卷积神经网络

深度神经网络是人体行为识别技术的重要工具，其对底层数据信息的深层特征的提取是传统手工定义特征无法比拟的。深度卷积神经网络（Deep Convolutional Neural Network，DCNN）作为计算机视觉领域最有力的深度学习工具之一，是以卷积运算为核心的人工神经网络（Artificial Neural Network，ANN）。本节对卷积神经网络的结构进行概述。

卷积神经网络在图像分类、目标检测、语义分割、图像检索等计算机视觉领域任务上表现优异，其在多层神经网络结构中增加了卷积层，通过卷积操作提升模型对图像空域信息的表征能力，实现对图像中高级特征的有效提取。高阶复杂的神经元往往具有较大的感受野，能提取更高层次的特征。权值共享与局部连接是卷积神经网络的两大核心优势。卷积神经网络一般由输入层、卷积层、激活层、池化层、全连接层、输出层等部分组成，其基本结构如图 3-4 所示。

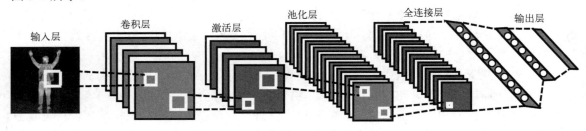

图 3-4　卷积神经网络基本结构

前馈运算和反馈运算是卷积神经网络的两个过程。其中，卷积层与池化层的交替出现使网络模型的深度不断加深。提取到语义信息更丰富的深层图像特征，并传递给全连接层的过程被称为前馈运算。反馈运算是指模型通过对损失函数进行计算，使最后一个全连接层向前更新网络参数的过程，通过对神经网络参数的迭代更新，实现对卷积神经网络的训练。

3.2.1　卷积层

卷积层是卷积神经网络实现特征提取的核心部分，其目的是通过卷积核的卷积运算实现对输入图像的高层次特征的提取。低层次的卷积运算可以获取边缘特征、颜色特征、结构特征等低级图像特征，高层次的卷积运算可以提取更复杂的语义特征。通过卷积操作提取特征图，其实质就是将输入的矩阵与卷积核对应位置先相乘再累加得到二维矩阵。卷积后的特征图的大小 N 的数学描述为

$$N = \frac{W - F + 2P}{S} + 1 \tag{3-1}$$

式中，W 表示输入图像的大小；F 表示卷积核的尺寸；P 表示填充的大小；S 表示步幅的大小。假设输入图像的尺寸为 5×5，卷积核的尺寸为 3×3，在无边界填充（Padding），步幅（Stride）为 1 的情况下，卷积操作示意图如图 3-5 所示。

3.2.2　激活层

激活函数是为了增加网络模型的非线性表达能力。对于多层前馈神经网络而言，如果每层都是线性变换，则网络最终的输出与输入依然是固定的线性关系。常见的激活函数有 Sigmoid 函数、线性整流函数（Rectified Linear Unit，ReLU）、Leaky ReLU 等。

Sigmoid 函数及其导数的数学描述为

$$\text{Sigmoid}(x) = \frac{1}{1 + e^{-x}} \tag{3-2}$$

$$\text{Sigmoid}'(x) = \frac{e^{-x}}{(1 + e^{-Z})^2} \tag{3-3}$$

Sigmoid 函数及其导数图像如图 3-6 所示。

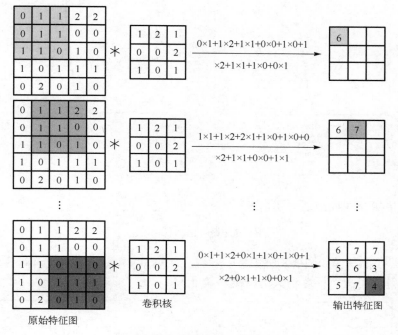

图 3-5　卷积操作示意图

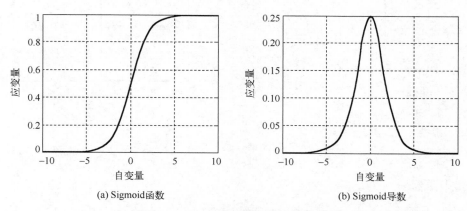

(a) Sigmoid函数　　　　　　　　　　(b) Sigmoid导数

图 3-6　Sigmoid 函数及其导数图像

Sigmoid 函数在定义域内单调连续，将输入数据映射到[0, 1]内。反向传播时通过求导更新卷积核的权重，但当输入数据过大或过小时，会使其导数接近 0，导致模型出现梯度消失的情况。tanh 函数(双曲正切函数)可解决 Sigmoid 函数输出不以 0 为中心，收敛速度慢的问题，其数学描述如下：

$$\tanh(x) = \frac{e^x - e^{-x}}{e^x + e^{-x}} \tag{3-4}$$

$$\tanh'(x) = 1 - \tanh^2(x) \tag{3-5}$$

tanh 函数及其导数图像如图 3-7 所示。

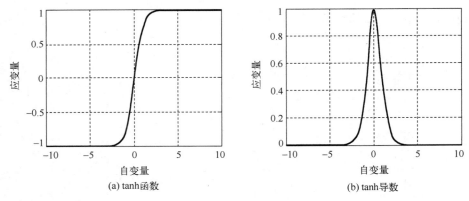

(a) tanh函数　　　　　　　　　　(b) tanh导数

图 3-7　tanh 函数及其导数图像

tanh 函数依然存在梯度消失的情况，ReLU 可以有效改善此问题，其数学描述如下：

$$\text{ReLU}(x) = \max(0, x) \tag{3-6}$$

ReLU 及其导数图像如图 3-8 所示。此外，还有 Leaky ReLU、Parametric ReLU、Swish 自门控激活函数等都可改善梯度消失的情况。

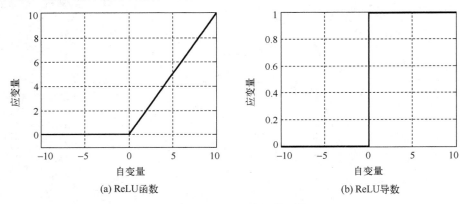

(a) ReLU函数　　　　　　　　　(b) ReLU导数

图 3-8　ReLU 及其导数图像

3.2.3　池化层

池化层是对数据进行降采样操作，其作用是对原始特征信号进行抽样，从而大幅度减少训练特征的维度和参数。此外，池化层可以保持平移、旋转、伸缩等不变性，以提取语义信息更强的特征，还可以控制模型过拟合的程度、提高模型的容错率。池化操作通常分为最大池化(Max-Pooling)、均值池化(Mean-Pooling)、随机池化(Stochastic-Pooling)。

从特征图中左上角开始对池化模板大小相等的区域内的值进行池化操作，池化后特征图的尺寸大小 N 的数学描述为

$$N = \frac{W - F}{S} + 1 \tag{3-7}$$

式中，W 表示输入特征图的大小；F 表示卷积核的尺寸；S 表示步幅的大小。假设输入特征图的大小为 4×4，池化模板的大小为 2×2，步幅为 2，相应的池化操作演示结果如图 3-9 所示。

3.2.4　全连接层

全连接层通常位于卷积神经网络隐藏层的末端，其能将卷积层和池化层学习到的分布式特征表示映射到样本标记空间，将特征表示整合到一起，以增强卷积神经网络的鲁棒性，其基本结构如图 3-10 所示。

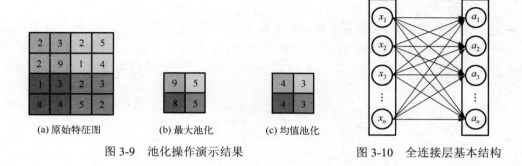

　　(a) 原始特征图　　　　　　(b) 最大池化　　　(c) 均值池化

图 3-9　池化操作演示结果　　　　　图 3-10　全连接层基本结构

3.3　循环神经网络

3.3.1　基础循环神经网络

循环神经网络(Recurrent Neural Network，RNN)[74]是以序列数据作为输入，所有神经节点按照链式连接的递归神经网络，其基本结构如图 3-11 所示。图中，X 表示输入向量；S 表示隐藏层的值；O 表示输出向量；U 表示输入层到隐藏层之间的权重矩阵；V 表示隐藏层到输出层之间的权重矩阵；W 表示相邻隐藏层之间的权重矩阵。左侧可以按照时间线展开得到右边的结构形式，每个时间节点只与相邻的时间节点进行关联，同时连接权重在不同时刻能共享参数，即不同时刻的连接权重相同。因此，S_t 不仅取决于 X_t 还取决于 S_{t-1}。

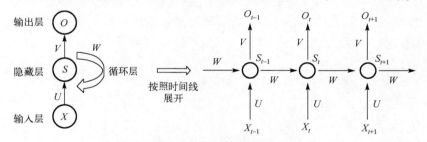

图 3-11　循环神经网络基本结构

循环神经网络在训练过程中，输出层与隐藏层的数学描述为

$$O_t = g(VS_t) \tag{3-8}$$

$$S_t = f(UX_t + WS_{t-1}) \tag{3-9}$$

式中，$f(\cdot)$ 与 $g(\cdot)$ 表示激活函数。

在循环神经网络中，输出层可以看作全连接层，与隐藏层之间的节点相连，式(3-8)为输出层的计算公式，式(3-9)为隐藏层的计算公式。将式(3-9)重复带入式(3-8)得到

$$
\begin{aligned}
O_t &= g(VS_t) \\
&= Vf(UX_t + WS_{t-1}) \\
&= Vf[UX_t + Wf(UX_{t-1} + WS_{t-2})] \\
&= Vf[UX_t + Wf(UX_{t-1} + Wf(UX_{t-2} + WS_{t-3}))]
\end{aligned}
\tag{3-10}
$$

3.3.2　双向循环神经网络

在循环神经网络结构中，隐藏层状态的传输是前向的。双向循环神经网络[75]（Bi-directional Recurrent Neural Network，BRNN）是为了解决当前时刻的输出与前一时刻的单元状态及与下一时刻的单元状态有关的问题。双向循环神经网络结构由两个循环神经网络叠加在一起，其基本结构如图 3-12 所示。

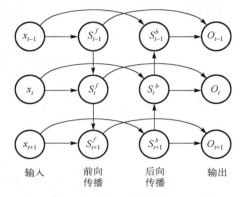

图 3-12　双向循环神经网络基本结构

3.4　基于特征融合与通道注意力机制的 SSD 红外人体目标检测

红外人体目标检测是人体行为识别技术的首要任务，目标检测的准确性对人体行为识别精度具有关键性作用。目标检测是计算机视觉领域最核心也是最具有挑战的任务之一，其基本任务就是在输入的图像中识别相关目标，并返回目标的类别信息和位置信息。近年来，以卷积神经网络为代表的深度学习算法的广泛应用，使目标检测理论与相关技术取得了瞩目成果。基于深度学习的目标检测算法主要分为两类：①基于区域建议的双阶段目标检测算法，其优势在于检测精度更高；②基于回归的单阶段目标检测算法，其优势在于检测速度更快。

为满足红外视觉智能人体行为识别模型的实时性检测需求，宜选取单阶段目标检测模型。YOLO 算法[76]和 SSD 算法[77]是较具代表性的两种算法，但 YOLO 算法针对遮挡、弱小目标问题的鲁棒性有待提高。SSD 目标检测框架是单阶段目标检测框架中，在检测精度和检测速度方面综合性能表现最好的目标检测框架之一，其采用了 Faster R-CNN[78]的 Anchor 机制保证了检测的准确率，同时借鉴了 YOLO 模型的回归思想，在不同尺度特征图的给定位置生成了一系列的默认框，以实现端到端的多尺度目标检测。SSD 模型在 VOC2007 数据集上平均精确率达到了 74.3%，检测速度达到了 59 帧/s。因此，本章在 SSD 网络结构的基础上对模型进行改进，以满足实际场景下红外人体目标检测的要求。

SSD 模型使用浅层特征图检测弱小目标导致目标无法充分利用上下文语义信息，使其对人体遮挡、小尺度目标的检测效果不佳,存在漏检、误检的情况。除此之外,红外视觉人体目标检测使用红外热成像传感器代替传统的可见光波段的成像传感器,存在人体目标对比度低、空域信息表征匮乏等问题。为了提高红外视觉下人体目标检测的速度与模型的鲁棒性,结合实际应用场景及红外图像中人体目标的空域特征,通过改变骨干网络、多尺度特征融合及添加 SE 通道注意力机制(Channel Attention Mechanism)的方式对 SSD 模型进行改进。

3.4.1　红外人体成像空域特征分析

红外图像特征的量化分析是红外视觉研究领域的基础任务之一,全辐射热像视频与可见光视频的核心区别在于两者的成像机制完全不同,这导致两者的空域表征信息存在较大差异。因此,人体目标检测模型的建立与人体行为识别系统的优化都需要结合实际应用场景定量理解与分析红外图像的表征结果,这有利于提升红外视觉下人体目标行为识别的可行性。

首先采用图像灰度直方图评估红外图像空域表征信息,红外图像与可见光图像空域表征信息分析如图 3-13 所示。图 3-13 描述了同一外场环境下采用热像仪采集的红外图像与可见光图像对比,图像右方对应的是该图像的灰度直方图。分析灰度直方图可知,红外图像的灰度信息分布较集中,对比度较低。而可见光图像的表征信息几乎分布在整个灰度空间,对比度较高。同时,灰度直方图表明了各灰度信息的频率信息,这说明红外图像缺乏尖锐的边缘和边界信息。

为了进一步定量分析红外图像与可见光图像的表征信息特点,采用空间频率、熵、标准差、均值 4 种图像评估指标进行对比分析。空间频率表征图像的梯度分布,空间频率越大,表明其边缘及纹理信息越丰富,其数学描述为

$$SP = \sqrt{RF^2 + CF^2} \tag{3-11}$$

其中:

$$RF = \sqrt{\sum_{i=1}^{M}\sum_{j=1}^{N}[F(i,j) - F(i,j-1)]^2} \tag{3-12}$$

$$CF = \sqrt{\sum_{i=1}^{M}\sum_{j=1}^{N}[F(i,j) - F(i-1,j)]^2} \tag{3-13}$$

式中, RF 表示图像的水平空间频率;CF 表示图像的垂直空间频率。

熵反映的是图像中平均信息量的大小,熵值越大表明图像中像素点的混乱程度越大,图像中的信息量也就越丰富,目标越明显。其数学描述为

$$EN = \sum_{i=0}^{255} p_{ij} \log p_{ij} \tag{3-14}$$

式中, $p_{ij} = f(i,j)/N^2$,表示特征二元组 (i,j) 出现的频数;N 表示图像的尺度;i 表示像素的灰度值;j 表示邻域的灰度均值。

标准差基于图像的统计信息,表征图像的灰度值与均值的离散程度,其数学描述为

$$SD = \sqrt{\sum_{i=1}^{M}\sum_{j=1}^{N}[F(i,j)-\mu]^2} \tag{3-15}$$

式中，μ 表示图像中各像素的均值。

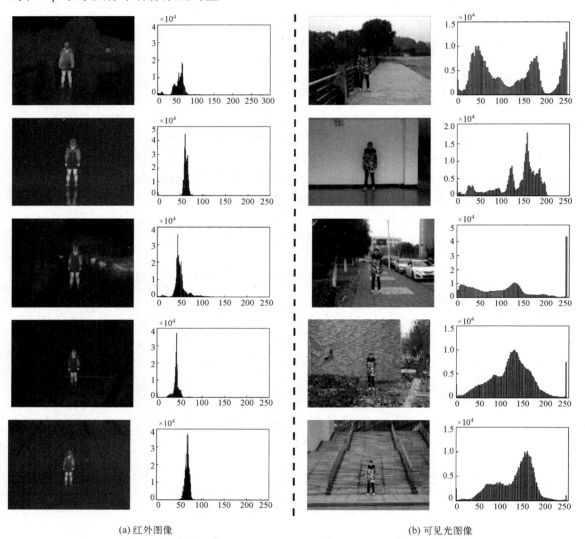

(a) 红外图像   (b) 可见光图像

图 3-13 红外图像与可见光图像空域表征信息分析

均值表征图像的亮度信息，其数学描述为

$$\mu = \sum_{i=1}^{M}\sum_{j=1}^{N}F(i,j) \tag{3-16}$$

基于上述 4 种图像评估指标，对图 3-13 中的图像进行统计分析。红外图像与可见光图像的空域特征定量评估结果如表 3-1 所示。

表 3-1　红外图像与可见光图像的空域特征定量评估结果

图像类型	空间频率	熵	标准差	均值
红外图像	19.04	4.94	18.68	55.01
可见光图像	65.03	7.36	58.25	125.27

对表 3-1 中的数据分析可知，红外图像的空间频率低，表明红外图像的边缘、纹理信息匮乏；红外图像的熵值低，表明其空间复杂度较低，表征信息较少；红外图像的标准差小，表明其灰度值的离散程度低，图像视觉效果差；红外图像的均值小，表明其图像亮度信息明显低于可见光图像。

此外，人体是温度在 310K 左右的热辐射源，人体的峰值辐射波长在 9.3μm 左右[79-81]。热辐射穿过衣物被热像仪捕捉，受衣服材质与着装厚度的影响，热辐射能量下降十分明显。

综上所述，由于受实际检测环境因素及辐射能量在传播过程中辐射本身被大气复杂成分干扰等问题的影响，使红外目标图像存在空域特征匮乏、对比度低、边缘模糊、细节丢失、纹理信息不足、灰度信息分布低、信噪比低等特点。因此，现阶段提出一种有效的针对红外视觉人体目标检测的算法是十分必要的。

3.4.2　SSD 模型结构

SSD 目标检测模型借鉴了 Faster R-CNN 模型的 Anchor 机制和 YOLO 模型的回归思想，将目标检测问题转化为目标回归问题，采用小尺度卷积核和多尺度检测的方法，提高了目标检测的精度与速度。原 SSD 模型以 VGG-16 作为特征提取骨干网络，同时将 VGG-16 网络中的两个全连接层 FC6 和 FC7 使用两个卷积层 Conv6 和 Conv7 替换，并增加了 4 个特征提取层，以获取不同尺度的特征图。使用感受野较小的浅层特征图来检测弱小目标，使用感受野较大的深层特征图来检测大目标。

SSD 目标检测模型对 6 种不同尺度特征图的每个位置都预设了一系列固定尺寸和长宽比的默认框（Default Boxes），通过分类与回归得到特征图上每个位置默认框对应的目标类型置信度与边框偏移量。最后，级联非极大值抑制模块去除冗余的预测框，以实现多尺度目标检测。SSD 目标检测模型结构如图 3-14 所示。

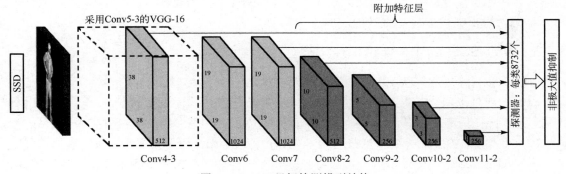

图 3-14　SSD 目标检测模型结构

如上文所述，SSD 算法的核心思想是利用多尺度的默认框回归目标的边框信息，在回归过程中采用不同尺度的特征图进行预测，从而提升对不同尺度目标的检测能力。SSD 算法检测示意图如图 3-15 所示。假设在每个位置预设 4 个默认框，所有虚线表示生成的默认框，

图 3-15（b）中的绿色框用来检测图 3-15（a）中左侧的人体目标。图 3-15（c）中的红色框用来检测图 3-15（a）中右侧的人体目标。

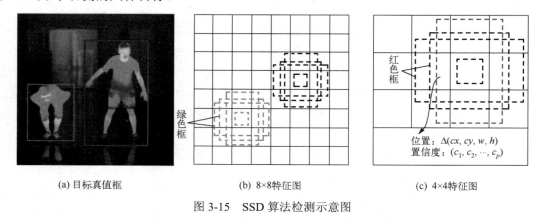

(a) 目标真值框　　　　　　　(b) 8×8特征图　　　　　　　(c) 4×4特征图

图 3-15　SSD 算法检测示意图

不同特征图上对应的默认框大小不同，当使用 m 张特征图进行预测时，默认框尺度的数学描述为

$$S_k = S_{\min} + \frac{S_{\max} - S_{\min}}{m-1}(k-1), k = \{1, 2, \cdots, m\} \tag{3-17}$$

式中，$S_{\min} = 0.2$ 表示最底层特征尺度为 0.2；$S_{\max} = 0.9$ 表示最高层特征尺度为 0.9。默认框的长宽比 $r = \left\{1, 2, 3, \dfrac{1}{2}, \dfrac{1}{3}\right\}$，故默认框的宽 W_k 与高 H_k 的数学描述为

$$W_k = S_k \sqrt{r_n}, \quad n = \{1, 2, \cdots, 5\} \tag{3-18}$$

$$H_k = S_k / \sqrt{r_n}, \quad n = \{1, 2, \cdots, 5\} \tag{3-19}$$

特别的，当 $r = 1$ 时，SSD 目标检测模型还扩充了一个尺度为 $S'_k = \sqrt{S_k S_{k+1}}$ 的默认框。因此每个位置都会有 6 个默认框。

此外，在目标匹配阶段，SSD 目标检测模型还采用了难例挖掘的策略对产生的样本进行抽样，并按照置信度误差降序排列，选择误差较大的样本作为负样本，使正负样本的数量比例为 1：3，以保证样本数量的平衡。

3.4.3　改进 SSD 红外人体目标检测模型

红外人体目标检测算法主要在 3 个方面对 SSD 目标检测模型进行了改进。

（1）改变骨干网络：针对智能红外视觉人体行为识别的实时性检测要求，为了提升模型检测速度，降低模型计算量，将特征提取骨干网络 VGG-16 替换为轻量化网络 MobileNet V2。

（2）多尺度特征融合：针对红外视觉下人体目标表征信息匮乏及弱小目标、遮挡等问题，通过多尺度特征融合的方法，融合浅层特征图和上采样后的深层特征图，使浅层特征图具有更强的语义信息，从而充分利用浅层特征图的位置信息和深层特征图的语义信息，提高 SSD 目标检测模型对图像中红外弱小目标位置与类别的识别精度。

（3）融合通道注意力机制：在特征提取阶段，网络能融合局部感受野内的空间和通道间的特征信息，构建特征映射。在此过程中，默认各通道间的信息量是相同的，但不同通道的特征信息对红外人体目标的表征能力是有差异的，引入 SE 通道注意力机制模块可以增强特征图对关键通道信息的关注程度，突出有用的特征信息，抑制特征信息表征较弱的通道，提高 SSD 目标检测模型的检测精度。

基于特征融合与注意力机制的改进 SSD 红外人体目标检测模型结构，如图 3-16 所示。其使用 MobileNet V2 网络作为基础特征提取网络来提取空域特征信息，考虑到深层特征图 Conv19_4 与 Conv19_5 仅包含单层的语义信息，上采样后使浅层特征图获得的语义信息较少，还会增加模型的计算量。因此，对 Conv13_expand、Conv16_pw、Con19_2、Conv19_3 4 个特征层进行多尺度特征融合。同时对 6 个特征提取层添加 SE 通道注意力机制模块，并对特征图进行边框回归与分类。最后级联非极大值抑制单元，实现改进的单阶段红外视觉人体目标检测。

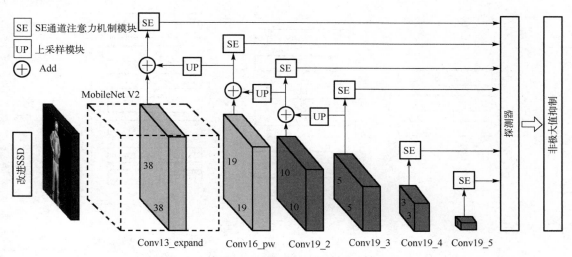

图 3-16　改进 SSD 红外人体目标检测模型结构

MobileNet V1[82] 网络的基本结构是深度可分离卷积单元。深度可分离卷积的核心作用是在尽量确保模型检测精度的基础上，减少模型的参数与计算量。深度可分离卷积是将标准卷积拆分成深度卷积（Depthwise Convolution）和逐点卷积（Pointwise Convolution）的一种可分离卷积操作。深度卷积使用 3×3 卷积核的深卷积层，针对每个通道采用不同的卷积核。逐点卷积使用 1×1 卷积核的卷积层，每层卷积运算后的结果采用批量归一化（Batch Normalization，BN）及线性整流函数（ReLU）进行处理。深度可分离卷积如图 3-17（b）所示，其是在图 3-17（a）标准卷积的基础上加以改进的。在输入特征图与输出特征图尺寸相同的情况下，标准卷积的计算量 A_{Conv} 的数学描述为

$$A_{\mathrm{Conv}} = D_{\mathrm{K}} * D_{\mathrm{K}} * M * N * D_{\mathrm{F}} * D_{\mathrm{F}} \tag{3-20}$$

深度可分离卷积的计算量 A_{DConv} 的数学描述为

$$A_{\mathrm{DConv}} = D_{\mathrm{K}} * D_{\mathrm{K}} * M * D_{\mathrm{F}} * D_{\mathrm{F}} + M * N * D_{\mathrm{F}} * D_{\mathrm{F}} \tag{3-21}$$

式中，D_{K} 表示卷积核的尺寸；D_{F} 表示输入特征图与输出特征图的尺寸；M 表示输入特征图的通道数；N 表示输出特征图的通道数。

A_{DConv} 与 A_{Conv} 两者的比值为

$$\frac{A_{\mathrm{DConv}}}{A_{\mathrm{Conv}}} = \frac{D_{\mathrm{K}} * D_{\mathrm{K}} * M * D_{\mathrm{F}} * D_{\mathrm{F}} + M * N * D_{\mathrm{F}} * D_{\mathrm{F}}}{D_{\mathrm{K}} * D_{\mathrm{K}} * M * N * D_{\mathrm{F}} * D_{\mathrm{F}}} \tag{3-22}$$

依据两种卷积结构的计算量比值可知，深度可分离卷积的计算量是标准卷积的$1/N +1/D_{\mathrm{K}}^2$。由此可见，MobileNet V1 网络中的深度可分离卷积结构相较标准卷积结构计算复杂度更低，模型更加轻量化。

MobileNet V2[83]网络的基本单元是瓶颈深度可分离卷积（Bottleneck Depth-separable Convolution）模块，其基本单元结构如图 3-17 所示。瓶颈深度可分离卷积模块引入了反向残差块（Inverted Residual Block）和线性瓶颈（Linear Bottleneck）层，进一步提升了网络模型的性能。

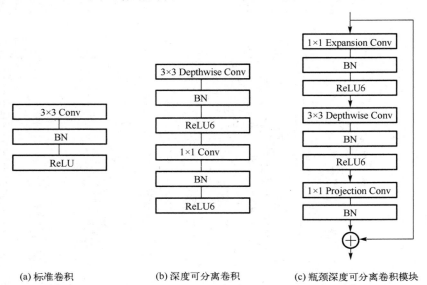

(a) 标准卷积　　　　　　(b) 深度可分离卷积　　　　　(c) 瓶颈深度可分离卷积模块

BN：批量归一化；Expansion Conv：膨胀卷积；Projection Conv：投影卷积。

图 3-17　MobileNet V2 网络的基本单元结构

多尺度特征融合模块参照特征金字塔网络[84]（Feature Pyramid Network，FPN）的思想，FPN融合示意图如图 3-18（a）所示。通过将低分辨率、高语义信息的高层特征图与具有更多细节特征的高分辨率、低语义信息的低层特征图进行自上而下的连接，使不同尺度下的特征都具有较丰富的语义特征信息，并对融合的特征图进行人体目标检测，在不显著增加原有模型计算量的情况下，大幅度提升检测模型对弱小目标人体的检测能力，提高目标的检测精度。

本节对 38×38、19×19、10×10、5×5 4 张特征图进行融合，特征融合设计示意图如图 3-18（b）所示。首先采用双线性差值的方式进行上采样，并使用 1×1 卷积操作，统一不同尺度特征层的通道数量，然后使用 Add 融合特征图。

SE 通道注意力机制结构包括压缩（Squeeze）、激励（Excitation）、重标定（Scale）3 个过程。压缩是基于特征图的尺寸通过全局平均池化输入维度为 $W \times H \times C$ 的特征图得到维度为 $1 \times 1 \times C$ 的全局压缩特征量，其数学描述为

$$S_c = \frac{1}{WH} \sum_{i=1}^{W} \sum_{j=1}^{H} x_c(i,j) \tag{3-23}$$

式中，$x_c \in R^{WH}$ 表示输入的特征映射。

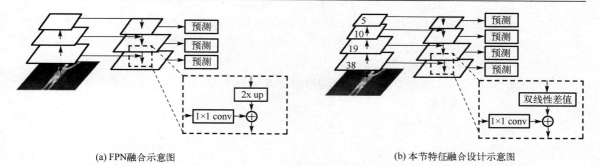

(a) FPN融合示意图　　　　　　　　　(b) 本节特征融合设计示意图

图 3-18　多尺度特征融合示意图

激励过程是将压缩后的特征图输入两个全连接层，为了增加非线性过程先对特征数据降维（输出维度为 $1\times1\times C/r$），再升维（输出维度为 $1\times1\times C$），最后由 Sigmoid 激活函数得到 $1\times1\times C$ 的特征图，其数学描述为

$$e_c = \sigma[w_2\delta(w_1 s_c)] \tag{3-24}$$

式中，$\delta(x) = \max(0,x)$，表示 ReLU 激活函数；$\sigma(x) = \dfrac{1}{1+\mathrm{e}^{-x}}$ 表示 Sigmoid 函数，（$w_1 \in R^{\frac{C}{r}C}$，$w_2 \in R^{C\frac{C}{r}}$）。

重标定过程是指将输入维度为 $W\times H\times C$ 的特征图与激励后维度为 $1\times1\times C$ 的特征图进行矩阵全乘，得到新的维度为 $W\times H\times C$ 的特征图。通过两个全连接层与相应的激活函数构建通道间的相关性，其数学描述为

$$y_c = e_c x_c \tag{3-25}$$

式中，$y_c = [y_1, y_2, y_3 \cdots y_C]$ 表示输入特征映射与其对应通道权重参数相乘的结果。

SE 通道注意力机制结构如图 3-19 所示。

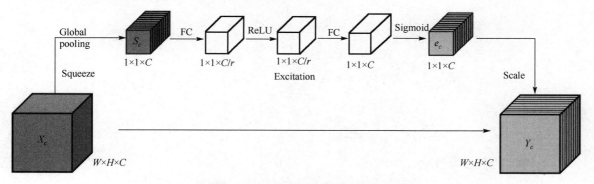

图 3-19　SE 通道注意力机制结构

红外人体目标检测模型的损失函数包括两部分：置信度损失和位置回归损失。置信度损失表示网络对于默认框的分类情况的准确性，位置回归损失表示默认框与真值框之间的重叠度。模型损失是置信度损失和位置损失的加权和，其数学描述为

$$L(x,c,l,g) = \frac{1}{N}[L_{\mathrm{conf}}(x,c) + \alpha L_{\mathrm{loc}}(x,l,g)] \tag{3-26}$$

式中，$L_{\text{conf}}(x,c)$ 表示置信度损失；$L_{\text{loc}}(x,l,g)$ 表示位置回归损失；x 表示指示变量；c 表示分类的置信度；l 表示预测框；g 表示真值边界框；N 表示与真值边界框匹配成功的默认框数量，无真值时，$N=0$；α 表示置信度损失与位置回归损失的权重。

置信度损失即分类损失，表示多个类别概率的 Softmax 损失，其数学描述为

$$L_{\text{conf}}(x,c) = -\sum_{i \in \text{Pos}}^{N} x_{ij}^{p} \log(\hat{c}_i^{p}) - \sum_{i \in \text{Neg}} \log(\hat{c}_i^{0}) \tag{3-27}$$

其中：

$$\hat{c}_i^{0} = \frac{\exp(c_i^{p})}{\sum_p \exp(c_i^{p})} \tag{3-28}$$

式中，$x_{ij}^{p} = \{0,1\}$ 表示当第 i 个预测框与第 j 个真值框匹配时 $x_{ij}^{p}=1$，否则 $x_{ij}^{p}=0$；$\log(\hat{c}_i^{p})$ 表示第 i 类置信度交叉熵的损失。

位置回归损失 $L_{\text{loc}}(x,l,g)$ 表示预测框 l 与真值框 g 之间的平滑 L_1 损失，即 smooth_{L_1}，回归的是预测框 l 对应所匹配的默认框中心点 (cx,cy) 的偏移量，以及相对于默认框宽 w、高 h 的缩放比例，其数学描述为

$$L_{\text{loc}}(x,l,g) = \sum_{i \in \text{Pos}}^{N} \sum_{m \in \{cx,cy,w,h\}} x_{ij}^{k} \text{smooth}_{L_1}(l_i^{m} - \hat{g}_j^{m}) \tag{3-29}$$

其中：

$$\hat{g}_j^{cx} = \frac{g_i^{cx} - d_i^{cx}}{d_i^{w}} \tag{3-30}$$

$$\hat{g}_j^{cy} = \frac{g_i^{cy} - d_i^{cy}}{d_i^{w}} \tag{3-31}$$

$$\hat{g}_j^{w} = \log\left(\frac{g_j^{w}}{d_i^{w}}\right) \tag{3-32}$$

$$\hat{g}_j^{h} = \log\left(\frac{g_j^{h}}{d_i^{h}}\right) \tag{3-33}$$

3.4.4 实验与结果分析

为了保证数据集的多样性，反映真实的应用场景，在不同环境下对人体目标进行数据采集。拍摄时要综合考虑拍摄角度、拍摄距离、环境温度、衣物厚度等多方面外场环境因素及目标遮挡、复杂动作等实际问题。IR-HD（Infrared-Human Detection）数据集是由红外视频数据转换的图像数据，包含多目标和单目标，共 6000 张红外图像，约 10000 个红外人体目标。数据集中的部分图像，全辐射热像视频帧图如图 3-20 所示。

采用 LabelImg 标注工具对红外人体目标进行手工标注，因只需要获取人体目标，故将目标 ID 类别设置为 1，形成 XML 标注文件。自制数据集在数量上依然不足，为提高网络模型

的性能，采用水平翻转、随机裁剪两种数据增强方法来丰富数据集。IR-HD 数据增强示意图如图 3-21 所示。

图 3-20　全辐射热像视频帧图

　　（a）原图　　　　　　　　　　（b）水平翻转　　　　　　　　　（c）随机裁剪

图 3-21　IR-HD 数据增强示意图

实验环境配置如表 3-2 所示。

表 3-2　实验环境配置

环境参数	环境参数值
CPU	Inter Xeon Platinum 8124M 3.00GHz 4 核/8 线程
内存	32GB DDR3L 2666MHz
硬盘	1TB
GPU	NVIDIA GeForce RTX 2080Ti，11GB×2
显存	28GB GDDR5 128bit
操作系统	Windows10 专业版
模型框架	Tensorflow

为了合理评估模型的检测效果，红外人体目标检测采用平均精度（mean Average Precision，mAP）及每秒显示帧率（Frames Per Second，FPS）作为模型评价指标。其中，FPS 是衡量模型检测速度的重要指标，能反映网络模型实时性的能力。交并比（Intersection over Union，IoU）表示预测边界框与真值框之间交集与并集的比值，其数学描述为

$$IoU = \frac{A \bigcap B}{A \bigcup B} \tag{3-34}$$

精确率（Precision）、召回率（Recall）、平均精度（mAP）及检测精度（AP）的数学描述如下：

$$P = \frac{TP}{TP + FP} \times 100\% \tag{3-35}$$

$$R = \frac{TP}{TP + FN} \times 100\% \tag{3-36}$$

$$mAP = \frac{\sum_{i=1}^{K} AP_i}{K} \tag{3-37}$$

其中：

$$AP = \int_0^1 P(R)dR \tag{3-38}$$

式中，TP 表示正确预测的人体目标数量；FP 表示将背景预测为人体目标的数量；FN 表示将人体目标预测为背景，即漏检的数量；P 表示精确率；R 表示召回率。

在 IR-HD 数据集上对改进后的 SSD 单阶段目标检测模型进行训练，使用 Adam 优化器将初始化学习率设为 0.001，使用学习率余弦退火策略对学习率进行更新，将 Batch Size 设置为 32，迭代次数设置为 10000。改进 SSD 红外人体目标检测算法损失曲线图如图 3-22 所示。改进 SSD 红外人体目标检测模型要训练 10000 个 Epoch，通过设定的相关参数对网络进行训练，损失函数呈逐渐下降趋势，变化幅度较小，说明相关参数设置合理。改进 SSD 红外人体目标检测算法训练总损失最终稳定在 0.05～0.1，处于收敛状态，基本维持稳定。

通过改变骨干网络为 MobileNet V2 并引入通道注意力机制来改进 SSD 红外人体目标检测模型。为了验证改进 SSD 红外人体目标检测模型的特征融合结构的有效性，在 IR-HD 数据集

上进行消融实验，分析改进 SSD 红外人体目标检测模型的性能，实验结果如表 3-3 所示。由表 3-3 的数据可知，将 SSD 红外人体目标检测模型的骨干网络 VGG-16 更改为 MobileNet V2，模型的平均精度下降了 6.2%，平均召回率提高了 3.5%，得益于瓶颈深度可分离结构，模型检测速度提高了 28.78 帧/s，模型大小减少了 81.9m。由此可见，改变模型的特征提取骨干网络，虽然检测精度在交并比为 0.5 时有所下降，但是模型检测速度明显提升。

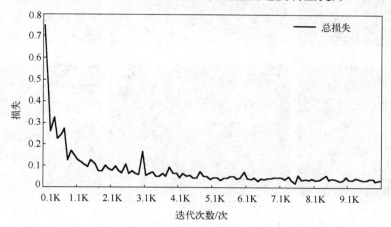

图 3-22　改进 SSD 红外人体目标检测算法损失曲线图

表 3-3　改进 SSD 红外人体目标检测模型消融实验结果

SSD	MobileNet v2	FPN+SE	mAP@0.5	AR	FPS/(帧/s)	模型大小/MB
√			95.3%	70.3%	23.85	100.3
√	√		89.1%	73.8%	52.63	18.4
√	√	√	96.8%	76.7%	45.46	19.7

在特征检测层引入特征融合模块与 SE 通道注意力机制模块后，模型的平均精度相较 SSD-MobileNet V2 模型提升了 7.7%，平均召回率提高了 2.9%，模型检测速度下降了 7.17 帧/s。表明 SE 通道注意力机制缓解了特征图各通道之间的红外人体目标信息不平衡的问题，提升了模型对关键通道信息的关注度。同时，多尺度特征图融合策略增强了特征层的上下文信息，提高了浅层特征图的语义信息，有效提升了模型对弱小目标和遮挡目标的检测能力。

综上所述，改变骨干网络、融入特征融合与注意力机制的改进 SSD 红外人体目标检测模型相较 SSD 模型平均精度上升了 1.5%，平均召回率提高了 6.4%，模型检测速度提高了 21.61 帧/s。模型改进前后在 IR-HD 数据集的红外人体目标检测结果如图 3-23 所示。图 3-23 为 SSD 红外人体目标检测模型在置信度阈值为 50% 时，对常规目标、弱小目标、人体遮挡及多尺度目标的可视化检测结果。针对常规目标，改进后的模型相较改进前的模型的目标预测置信度明显提升；针对弱小目标，改进后的模型得益于多尺度特征融合，增强了浅层特征图的语义信息，有效提升了弱小目标的识别精度；针对人体遮挡情况，改进后的模型的鲁棒性更强，被遮挡目标依然具有较高的平均精度；针对 SSD 单阶段目标检测模型，通过改变骨干网络、特征融合及添加 SE 通道注意力机制来提升模型的检测效率，改进后的模型检测结果良好，并且检测速度达到了 45.46 帧/s，达到了实时目标检测的要求。

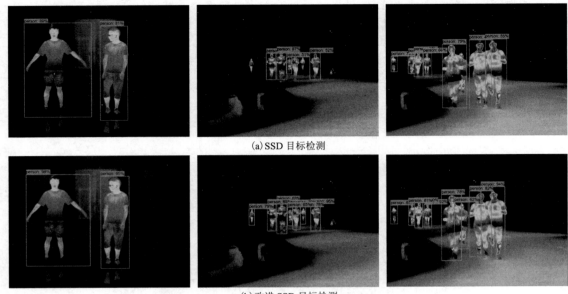

(a) SSD 目标检测

(b) 改进 SSD 目标检测

图 3-23   模型改进前后在 IR-HD 数据集的红外人体目标检测结果

为了定量分析改进后模型的检测效果，将本节改进 SSD 红外人体目标检测模型（Ours）与 Faster R-CNN、YOLO V5、CenterNet、EfficientDet 4 种目标检测模型进行对比。

红外人体目标检测精度分析如表 3-4 所示。

表 3-4   红外人体目标检测精度分析

模型	骨干网络	mAP@0.5	AR	FPS/(帧/s)	模型大小/MB
Faster R-CNN[81]	ResNet50	98.8%	80.7%	18.87	216
YOLO V5	CSPDarknet53	97.6%	79.6%	32.50	192
CenterNet[85]	ResNet50	96.0%	74.1%	37.04	341
EfficientDet[86]	EfficientNet	95.8%	69.8%	25.64	42.5
Ours	MobileNet V2	96.8%	76.7%	45.46	19.7

由表 3-4 可知，Faster R-CNN 平均精度最高，在交并比为 0.5 时平均精度达到了 98.8%，平均召回率达到了 80.7%。其次，YOLO V5 的平均精度达到了 97.6%，平均召回率达到了 79.6%。两种模型的平均精度与平均召回率均优于 Ours。Ours 的平均精度相较 CenterNet 和 EfficientDet 分别提高了 0.8%、1.0%，平均召回率分别提高了 2.6%、6.9%。

此外，虽然 Ours 的平均精度相较 Faster R-CNN 与 YOLO V5 分别低了 2.0% 和 0.8%，平均召回率低了 4.0% 和 2.9%，但其检测速度相较 Faster R-CNN 与 YOLO V5 分别提高了 26.59 帧/s、12.96 帧/s，相较 CenterNet 和 EfficientDet 分别提高了 8.42 帧/s、19.82 帧/s，模型检测速度优势明显。总之，Ours 在平均精度和检测速度上的综合效率更高，可以更好地应用于对检测速度有要求的红外人体行为识别任务当中。

3.5　基于深度残差网络的红外人体姿态估计

人体姿态估计（Human Pose Estimation，HPE）也被称为人体骨骼关键点检测，是一种高层次人体运动特征分析手段。具体而言，人体骨骼关键点检测就是对图像中的人体骨骼关键点进行快速定位（位置信息）与判别，并确定各人体骨骼关键点的空间隶属关系，进而实现对目标人体骨架的重构与分析过程。人体姿态估计是虚拟现实、人机交互、自动驾驶等高级计算机任务的核心研究课题之一，更是解决人体行为识别问题的有效手段。

随着计算机视觉领域的日益发展与相关算法性能的不断提升，人体姿态估计算法也取得了不错的研究成果。目前，DeepCut[50]、OpenPose[51]等算法都采用自底向上的方法计算，虽然速度较快，但是在人体自遮挡或者被障碍物遮挡等情况下，容易出现人体骨骼关键点漏检与误检的问题。自顶向下的方法可以较大幅度提升人体姿态估计的精度，但检测速度存在较大问题。

此外，在人体姿态估计过程中，由于人体结构的非刚性、高度灵活性及自遮挡情况，会使人体结构的细微变化产生不同的人体姿态信息。同时，红外人体目标成像效果受衣物、环境、温度等的影响，空域表征信息匮乏，这给红外视觉下人体姿态估计带来了巨大挑战。基于红外视觉的高层次人体姿态估计技术研究不足，模型的精度与速度仍存在较大的提升空间。

在众多的单目标姿态估计算法中，CPMs 可以提取不同尺度的局部区域人体骨骼关键点概率，利用多阶段的融合计算实现对人体骨骼关键点位置的优化，是一种优秀的单人姿态估计算法。因此，针对现阶段人体姿态估计算法无法应对红外场景下姿态估计的问题，本章提出了一种基于深度残差网络的红外人体姿态估计算法。通过跨阶段置信度图融合、引入残差网络和注意力机制的方式，实现对 CPMs 姿态估计模型的改进，提高红外视觉下人体骨骼关键点的检测精度，最后级联目标检测模型实现自顶向下的多人姿态估计。

3.5.1　CPMs

CPMs 是在姿态机[87]（Pose Machines）的基础架构上发展而来的。姿态机为学习丰富的隐式空间模型提出了一种序列化预测框架，包括图像特征计算模块和预测模块两个核心部分。姿态机的基本框架流程如图 3-24 所示。

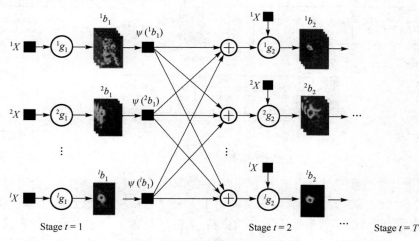

图 3-24　姿态机的基本框架流程

　　姿态机能通过多阶段的分类预测器来预测人体骨骼关键点的位置信息，为了获取更高层次的特征表达，每个阶段又包含多个层级的分类预测器。姿态机的具体实现流程如下：首先，模型在 l 层级输入的是手工设计的图像特征 $^l X$，使用 Boosted 随机森林分类预测器 $^l g_t(\cdot)$ 得到第 t 阶段在第 l 层级的置信度图（Belief Map）$^l b_t$。然后，通过特征函数 $\psi_t(\cdot)$ 将置信度图映射为上下文特征向量，并将 l 个层级结构的特征进行向量连接，作为下一阶段的输入。依次循环，得到 T 阶段的输出结果。

　　CPMs 将深度卷积网络引入姿态机框架中，使用全卷积操作替换姿态机的特征计算模块和预测模块，直接学习图像特征和上下文信息，结合卷积神经网络的优点和姿态机的隐式姿态空间建模能力。在结构化预测任务中，隐式地建立模型变量之间的长期依赖关系，通过多阶段的人体骨骼关键点细化的方式，实现人体骨骼关键点从粗略到精确的定位。

　　CPMs 网络结构图如图 3-25 所示。CPMs 共包含 6 个阶段，在第一阶段中，模型通过部分 VGG-19 和部分 CPMs 的网络结构提取原始输入图像的初始特征，将感受野限制在输出像素位置周围的小范围区域内，得到第一阶段的初始置信度图。在 Stage ≥ 2 的阶段，将该阶段的特征提取网络得到的输出特征图与上一阶段的置信度图融合作为当前阶段的输入，并使用 3 个卷积核为 11×11 的卷积层，获取图像的长距离依赖关系，极大的感受野可以对图像所有人体骨骼关键点的位置进行粗略提取，而不会局限在特征图的局部位置。最后，通过两个 1×1 卷积层输出人体骨骼关键点的置信度图。依次循环，得到人体骨骼关键点的最终细化结果。在此过程中，模型的每个阶段都会使用人体骨骼关键点高斯热图标签进行中间监督（Intermediate supervision），即用每个阶段产生的置信度图与人体骨骼关键点真值热图计算单个阶段的损失，解决模型在训练过程中梯度消失的问题。高斯热图标签 $H^k(\cdot)$ 是使用高斯函数依据真值坐标点计算得到的，其数学描述为

$$H^k(k) = \exp\left\{\frac{-[(x-x_k)^2 + (y-y_k)^2]}{2\delta^2}\right\} \tag{3-39}$$

式中，δ 表示高斯分布的固定标准差；x_k 和 y_k 表示第 k 个关键点的真实坐标信息；(x, y) 表示热图上所有空间点的笛卡儿坐标。

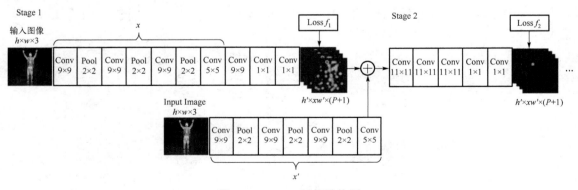

图 3-25　CPMs 网络结构图

　　CPMs 的大尺寸卷积核解决了传统卷积网络模型因没有较大的感受野，提取局部细节信息时产生人体骨骼关键点误差的问题。同时，由于大尺寸卷积核参数过多，以及网络深度带来的梯度消失问题，使用浅层的参数无法有效更新。CPMs 通过采用中间监督的方式来监督模型的中间层输出，保证模型整体的梯度传递，使模型每个层级都可以有效进行梯度更新，从而

取得较好的检测效果。此外，基于热图像的人体姿态估计算法，具有保持隐式体结构的优点，可以将人体骨骼关键点的坐标编码为高斯分布形式，既有效避免了模型过拟合的问题，又提高了对错误标注点的容错机制。

3.5.2　基于深度残差网络的改进 CPMs 模型

CPMs 模型在特征提取阶段使用 VGG-19 网络作为基础骨干网络，模型参数量较大。同时，输入图像经过 47 次卷积运算，在反向传播时梯度可能减小到最小值或消失，因此参数会更新得很慢或者不更新。为解决上述问题，本节提出了一种基于深度残差网络的改进 CPMs 模型，其依然延续了 CPMs 模型的多阶段细化结构、隐式建立了人体骨骼关键点的长距离依赖关系及中间监督的方式。其使用 ResNet-18 深度残差网络作为基础特征提取网络，降低了模型参数，并在特征提取层引入了通道注意力机制，快速选择最能代表人体骨骼关键点的局部特征通道，以提取人体骨骼关键点的局部特征。通过跨阶段置信度图融合策略，将该阶段前的所有阶段的输出置信度图与特征提取网络的输出特征图进行融合，保证之后的卷积操作可以接收完整的空间特征信息。依次循环，得到优化后的人体骨骼关键点置信度图。最后，将输出的人体骨骼关键点定位信息映射到原始图像中，得到目标姿态估计结果。

基于深度残差网络的红外人体姿态估计模型结构如图 3-26 所示。相关卷积网络结构如图 3-27 所示。人体姿态估计模型共有两个输入信息，一个是原始红外人体目标图像，另一个是中心约束。中心约束能预先生成高斯函数模板，将响应收敛至图像中心。模型包含 6 个阶段，每个阶段都能生成相应的置信度图，最后阶段的输出为模型最终的响应结果。

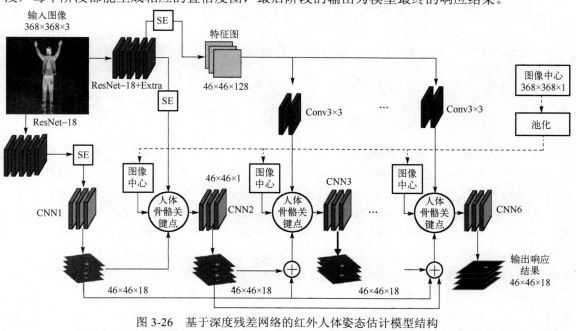

图 3-26　基于深度残差网络的红外人体姿态估计模型结构

（a）CNN1 卷积网络结构　　　　　（b）CNN2～CNN6 卷积网络结构

图 3-27　相关卷积网络结构

基于深度残差网络的红外人体姿态估计模型的具体实现流程如下。

Stage 1：将输入红外人体目标图像标准化为 368×368×3，通过基础特征提取网络获取图像的细节特征信息，并引入 SE 通道注意力机制模块，经过 CNN1 卷积网络直接预测人体骨骼关键点的置信度图，得到 46×46×18 的初始特征置信度图。

Stage 2：输入标准化图像，采用基础特征提取网络与两个卷积核分别为 9×9×128、5×5×32 的卷积层提取图像特征，并引入 SE 通道注意力机制，得到 46×46×32 的特征图，并与第一阶段的输出置信度图和中心约束通过通道融合的方式进行融合，得到 46×46×51 的特征图作为 CNN2 卷积网络的输入。CNN2 卷积网络包含图 3-27 中的 5 个卷积层，前三层卷积核的大小为 11×11×128，后两层卷积核的大小分别为 1×1×128、1×1×18。随后，得到第二阶段的人体骨骼关键点置信度图。

Stage 3：输入从第二阶段特征提取网络产生的 46×46×128 的特征图，通过两个卷积核为 3×3×32 的卷积层，得到 46×46×32 的纹理特征图，并与中心约束及前面所有阶段输出的置信度图进行融合，增强空间特征信息，将得到的特征图分别输入相应的 CNN3~CNN6 卷积网络生成对应阶段的人体骨骼关键点置信度图。

模型每个阶段都会产生 18 张人体骨骼关键点置信度图，包括 17 个人体骨骼关键点和 1 个背景的置信度图。定义第 k 个人体骨骼关键点的坐标为 $Y_k \in Z \subset R^2$，其中 Z 是图像中所有点 (u,v) 的集合。模型目标是预测图像上所有 K 个人体骨骼关键点的位置坐标 $Y = (Y_1, \cdots, Y_K)$。模型在每个阶段 $t \in \{1, \cdots, T\}$ 都会生成置信度图序列，其数学描述为

$$h_t(z) \rightarrow \{b_t^k(Y_p = z)\}_{\{0, \cdots, K\}} \tag{3-40}$$

式中，$\forall z \in Z$；$k \in \{1, \cdots, K\}$；$b_t^k(Y_p = z)$ 表示在 t 阶段模型预测的第 k 个人体骨骼关键点在原始图像 z 处的置信度图。

$h_t(z)$ 表示在 t 阶段产生的置信度图序列，其数学描述为

$$h_t(z) = \mathrm{Conv}_t[F(f_t, M_C, G_t)] \tag{3-41}$$

式中，$t \in \{2, \cdots, 6\}$；F 表示串联函数；f_t 表示各阶段卷积网络的特征提取结果；M_C 表示中心约束矩阵；G_t 表示前期所有阶段的置信度图序列。在 2~6 阶段进行跨阶段置信度图融合，融合后通过各阶段的卷积网络得到该阶段的置信度图 $h_t(z)$。

每个阶段都会生成人体骨骼关键点的预测结果，逐渐细化人体骨骼关键点的位置。最终，模型会输出第 6 阶段的 18 个置信度图，依据置信度图进行人体骨骼关键点提取，将人体骨骼关键点坐标映射至原图像，连接人体骨骼关键点以实现人体骨架提取。相较直接回归的方法，热图像可以更好地体现像素点在预测指定人体骨骼关键点时的置信度。

特征提取网络是人体骨骼关键点位置信息提取的关键，优质的特征提取网络对于人体骨骼关键点提取和人体骨骼关键点关联信息能提供良好的基础。VGG-19 网络计算量较大，同时，随着卷积网络深度不断加深，模型误差的反向传播会引发梯度消失或梯度爆炸的问题，这会导致模型训练效果差、检测精度低。使用 ResNet-18 网络作为基础特征提取骨干网络，使残差网络跳跃连接，解决了深度网络模型中的模型退化问题。ResNet-18 网络集成了 4 个残差模块，其完整的结构图如图 3-28 所示。

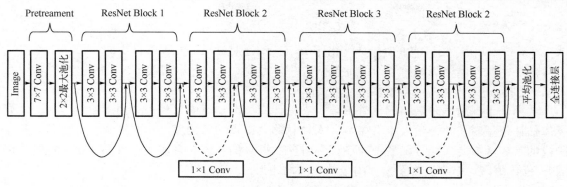

图 3-28　ResNet18 网络完整的结构图

在图 3-28 中，ResNet18 网络中共包含 17 个卷积层及 1 个全连接层，从输入到输出可分为 5 个阶段，其中第一阶段是对输入图像的预处理(Pretreament)阶段，连接 4 个残差块(ResNet Block)，每个残差块又由两个 Basic Block 组成，最后经过均值池化层和全连接层输出相应的映射结果。

基于深度残差网络的红外人体姿态估计模型的基础特征提取网络采用的是 ResNet-18 网络中预处理阶段到 ResNet Block2 的部分。VGG-19 与 ResNet-18 网络的通道数对比如表 3-5 所示。由表中的通道数可知，ResNet-18 网络的模型参数明显低于 VGG-19 网络的模型参数。

表 3-5　VGG-19 与 ResNet-18 网络的通道数对比

网络结构	Conv	Conv	Conv	Conv	Conv	Conv	Conv	Conv	Conv
VGG-19	64	64	128	128	128	256	256	256	256
ResNet-18	64	64	64	64	64	128	128	128	128

残差单元基本结构如图 3-29 所示，X 表示输入量，$H(x)$ 表示期望输出，$F(x)$ 表示经过一系列的处理后得到的残差函数。正如上文所述，残差网络最大的特点之一是引入了一种恒等映射关系的残差连接，使残差学习模块的实际输出 $H(x)$ 为 $F(x)$ 与残差块输入 X 的和，残差网络从学习 X 到 $H(x)$ 的映射转换为学习 $F(x)$ 到 0 的映射，从而减少了训练参数和计算量，使模型训练速度更快、效果更好。

其中，批量归一化是使用标准正态分布对非线性映射后的输入进行处理，使非线性变换函数的输入值保持在对输出结果比较敏感的区域，这样可以避免深层网络梯度消失的问题，还可以加快网络的收敛速度。批量归一化的数学描述为

$$\mu_R = \frac{1}{m}\sum_{i=1}^{m} x_i \qquad (3\text{-}42)$$

$$\sigma_R^2 = \frac{1}{m}\sum_{i=1}^{m}(x_i - \mu_R)^2 \qquad (3\text{-}43)$$

$$\hat{x}_i = \frac{x_i - \mu_R}{\sqrt{\sigma_R^2 + \varepsilon}} \qquad (3\text{-}44)$$

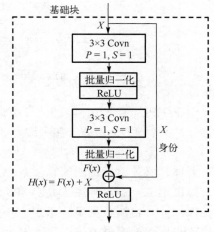

图 3-29　残差单元基本结构

$$y_i = \gamma \hat{x}_i + \beta \equiv BN_{\gamma,\beta}(x_i) \tag{3-45}$$

式中，$\hat{x}_i$、y_i 分别表示 BN 的输入与输出；μ_R 与 σ_R^2 分别表示第 R 训练批次的均值和方差；γ、β 分别表示残差网络训练时学习的标准参数；m 为输入数据样本的大小；ε 为假定的偏差；x_i 为第 i 个样本；σ_R 为标准差或均方差。

依据基于深度残差网络的红外人体姿态估计模型结构可知，模型采用多阶段结构。优化姿态估计模型时，每个阶段都会生成各人体骨骼关键点的置信度图，并进行中间监督。每个阶段的损失函数定义为预测置信度图人体骨骼关键点的位置与真实人体骨骼关键点位置之间的 L_2 范数距离。单阶段模型损失函数的数学描述为

$$f_t = \sum_{k=1}^{K+1}\sum_{z\in Z} b_t^k(z) - b_*^k(z)_2^2 \tag{3-46}$$

模型总损失的计算要对多个阶段的损失求和，其数学描述为

$$F = \sum_{t=1}^{T} f_t \tag{3-47}$$

式中，t 表示阶段数；$T=6$；$b_t^k(z)$ 表示在阶段 t 模型预测的第 k 个人体骨骼关键点在图像位置 z 处的置信度图；$b_*^k(z)$ 表示人体骨骼关键点 k 的真实置信度图。

红外视觉下的多目标姿态估计通过级联目标检测和单人姿态估计模型，能实现一种自顶向下的模式，采用改进 SSD 目标检测模型实现对人体边界框的提取，在边界框内使用基于深度残差网络改进的单人姿态估计（Single Person Pose Estimation，SPPE）算法实现对人体骨骼关键点的提取，从而实现红外多目标人体姿态估计，具体流程如图 3-30 所示。

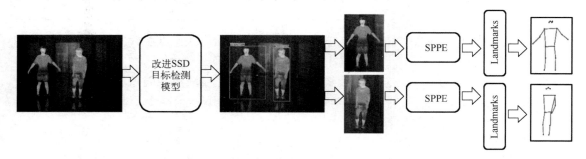

图 3-30　自顶向下模式的红外多目标姿态估计流程

3.5.3　实验与结果分析

IR-HPE 红外人体姿态估计数据集的标注格式参照 COCO 数据集人体骨骼关键点的标注格式，共有 17 个人体骨骼关键点。相较 LSP 数据集、FLIC 数据集、AI Challenger 数据集的 14 个、9 个、15 个人体骨骼关键点，17 个人体骨骼关键点有利于提升红外人体行为识别模型对人体骨骼关键点预测的容错率。人体骨骼关键点拓扑图如图 3-31 所示。

采用 Labelme 标注工具对 800 帧红外人体目标图像进行人体骨骼关键点标注，生成 JSON 文件。针对自制数据集在数量上不足的问题，为提升网络模型的性能，采用随机缩放和随机旋转两种数据增强方法丰富数据集。IR-HPE 数据集标注信息如图 3-32 所示。

使用 IR-HPE 数据集对红外人体姿态估计模型进行训练与性能评估。姿态估计实验参数

设置如下：初始化学习率设置为 0.001，训练使用 Adam 优化器进行优化，将 Batch Size 设置为 32，迭代次数设置为 500。基于深度残差网络的红外人体姿态估计模型训练集损失曲线图如图 3-33 所示。实线描述的是训练集损失曲线，曲线呈下降趋势，最终训练损失值稳定在 0～0.2。虚线描述的是验证集损失曲线，曲线呈下降趋势，相较训练集损失曲线震荡较明显，最终稳定在 0.1～0.4。

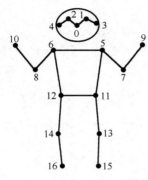

序号	位置	序号	位置
0	鼻子	9	左腕
1	左眼	10	右腕
2	右眼	11	左髋
3	左耳	12	右髋
4	右耳	13	左膝盖
5	左肩	14	右膝盖
6	右肩	15	左脚踝
7	左肘	16	右脚踝
8	右肘		

图 3-31　人体骨骼关键点拓扑图

```
{
    "version": "5.0.1",
    "flags": {},
    "shapes": [
        {
            "label": "nose",
            "points": [
                [
                    527.7692307692307,
                    152.3296703296703
                ]
            ],
            "group_id": 0,
            "shape_type": "point",
            "flags": {}
        },
        {
            "label": "left_eye",
            "points": [
                [
                    545.3516483516484,
                    136.94505494505495
                ]
            ],
            "group_id": 1,
            "shape_type": "point",
            "flags": {}
        },
        .............
    }
```

(a)样本标注可视化　　　　　　　　(b)标注信息概略

图 3-32　IR-HPE 数据集标注信息

为了定量评估基于 ResNet-18 深度残差网络的红外人体姿态估计模型的检测结果，绘制了模型在训练集与验证集上的检测精度。基于深度残差网络的红外人体姿态估计模型检测精度曲线图如图 3-34 所示。实线描述的是训练集检测精度变化曲线，最终检测精度稳定在 0.97 左右；虚线描述的是验证集检测精度变化曲线，最终检测精度维持在 0.88 左右。

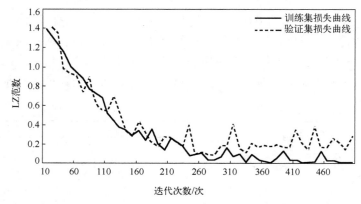

图 3-33　基于深度残差网络的红外人体姿态估计模型训练集损失曲线图

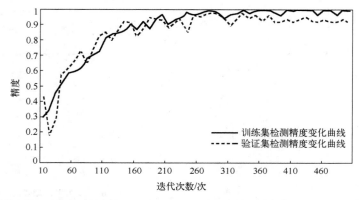

图 3-34　基于深度残差网络的红外人体姿态估计模型检测精度曲线图

为了综合分析各人体骨骼关键点的预测精度，使用 PCKh 指标对模型进行评估，人体骨骼关键点检测精度分析如图 3-35 所示。图中横坐标表示归一化距离，纵坐标表示人体骨骼关键点的检测率。经过分析可知，基于深度残差网络的红外人体姿态估计模型的算法相较 CPMs 算法在各个人体骨骼关键点预测精度上均有所提高，全身的平均检测精度在归一化距离为 0.5 时提高了 2.7%。同时，数据表明眼部的检测精度最高，在归一化距离为 0.5 时达到了 95.5%，其次是鼻子、肩部、肘部、膝盖、耳部、腕部、髋部、脚踝。对比图 3-35（j）与图 3-35（k）可知，在相同的归一化阈值范围内，上半身骨骼关键点的模型检测精度优于下半身骨骼关键点的模型检测精度。在阈值为 0.5 时，上半身的平均检测精度比下半身高出 7.5%。针对此问题，经过分析红外图像中的人体上半身与下半身空域特征可知，红外图像中目标人体下半身骨骼关键点由于人体本身温度的差异及衣物的空鼓导致相关位置的局部表征信息少，引起图像局部纹理特征匮乏，在阶段性细化过程中对最终输出结果产生影响。综上所述，基于深度残差网络的 CPMs 算法通过跨阶段置信度图融合策略对人体姿态估计的精度具有提升作用。

红外视觉人体姿态估计检测结果可视化图像如图 3-36 所示，其为模型改进前后针对常规目标、弱小目标、自遮挡目标的人体骨骼关键点的检测结果。

针对常规红外人体姿态估计问题，改进前后模型均具有较好的检测精度，但改进前模型对目标眼部、鼻部、耳部关键点的预测存在一定误差，改进后模型有效提升了面部细微关键点的检测精度。

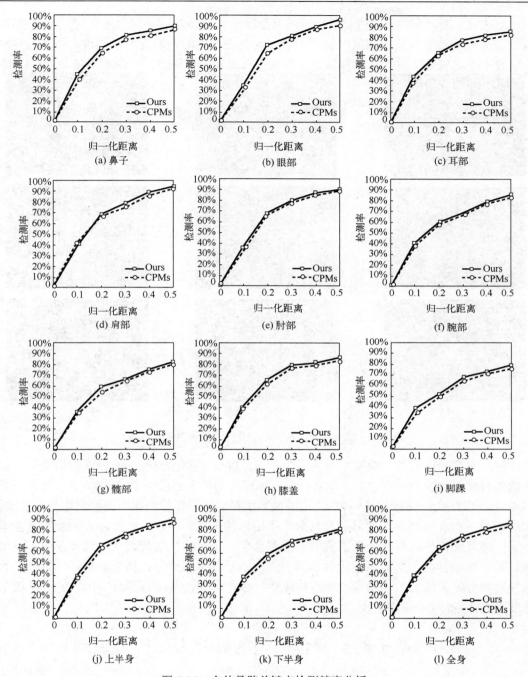

图 3-35　人体骨骼关键点检测精度分析

针对红外弱小目标姿态估计问题，由于光滑地面对目标热辐射的反射作用，使模型存在人体骨骼关键点紊乱、错误识别的现象，导致人体骨骼关键点误检率较高。基于深度残差网络的红外人体姿态估计算法，得益于自顶向下策略对红外人体弱小目标的区域限定作用，有效消除了人体热辐射地面反射成像的干扰，提高了人体骨骼关键点姿态的估计精度，使模型鲁棒性更强。

针对人体自遮挡问题，改进前后模型对弯腰动作的人体骨骼关键点具有良好的检测效果，但改进前后模型对存在遮挡情况的脸部关键点均存在一定的预测误差，改进后模型的检测误差相对较小，这表明通过跨阶段置信度图融合策略提升人体姿态估计模型的精度是可行的。

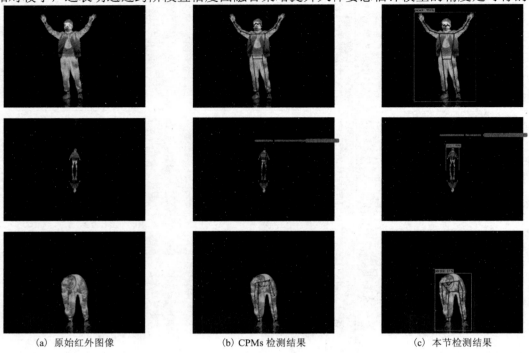

        (a) 原始红外图像   (b) CPMs 检测结果   (c) 本节检测结果

图 3-36   红外视觉人体姿态估计检测结果可视化图像

此外，本节提出的基于深度残差网络的改进 CPMs 模型受自顶向下模式的影响，目标数量的增加对模型速度的影响较大。单目标时，该模型的检测速度为 21.38 帧/s。当目标数量增加到 4 时，检测速度下降到 10.54 帧/s。该模型算法得益于目标检测模型的预测边界框的加持，极大地减少了输入图像的冗余信息及复杂背景信息的干扰。同时，跨阶段置信度图融合策略增强了空间特征信息，有效提升了模型的检测精度。针对信息表征较少的红外图像，在检测常规目标、弱小目标、自遮挡目标时，基于深度残差网络的红外人体姿态估计模型依然具有较高的人体骨骼关键点检测精度，模型鲁棒性较强，但算法基于自顶向下的模式，使模型检测速度受人体目标数量的影响较大。

3.6   基于时空混合模型的红外人体行为识别

人体行为识别技术在智能安防、运动员辅助分析、机器人技术等技术领域具有十分广阔的应用前景。传统人体行为识别技术极易受噪声、环境等因素的影响，识别模型的泛化能力、鲁棒性、适用性较差，无法应对更复杂的视觉任务。基于深度学习的人体行为识别技术中的双流网络、3D 卷积神经网络应用较广泛，但模型计算量大、可解释性差，不适用于进行实时人体行为识别。不同的人体行为识别模型具有不同的侧重点和优点，多种结构的混合模型往往可以更有效地提取时空特征信息。因此，基于时空混合模型的红外人体行为识别算法逐渐得到该领域研究学者的青睐。

时空混合模型通常指先提取空域特征信息，再提取时域特征信息，进而实现人体行为识别的网络模型。基于姿态估计的时序人体行为识别算法是一种典型的时空混合模型算法，模型以人体骨骼关键点信息作为空域特征，可以有效剔除目标人体骨骼关键点外的外场环境的干扰因素，只关注目标人体骨骼关键点的坐标信息，提高模型的检测效率与速度。早期，基于姿态估计的人体行为识别算法多针对单帧图像进行行为检测[56]，而人体行为通常包含时空连续性表征信息，基于静态图像无法获取目标行为的帧间时域变化特征。此外，基于静态图像的人体行为识别模型多采用人体骨骼关键点空间角度特征信息，即人体骨骼关键点的空间位置关系进行人体行为识别，模型的鲁棒性较差。

考虑到红外人体行为识别技术有人体行为非刚性、红外空域特征表征匮乏等问题。本节提出了一种基于姿态估计的时空混合模型，以实现红外视觉下的人体行为识别，将目标人体行为信息由连续的人体骨骼关键点进行描述，以人体骨骼关键点空间坐标信息作为空域特征信息，不同于传统定义的人体骨骼关键点空间位置的行为分类方法，高级时空特征映射关系具有更强的行为信息表征能力，行为分类的精度也会有较大的提升，模型的鲁棒性也会更强。

3.6.1　基于人体骨骼关键点的时空混合模型

混合模型具有速度快、检测精度高的特点，同时组合形式多样，但其难点在于模型组合困难，如何依据实际应用场景实现网络的有效组合是该领域研究的难点。基于姿态估计的时空混合模型，可以有效剔除原始数据中的冗余信息，提高模型的检测效率，可解释性强。本节提出的基于姿态估计的时空混合模型能通过目标检测、人体姿态估计模型、时序动作分类实现对红外人体目标的行为识别。

框架具体流程如下：首先，基于改进 SSD 目标检测模型对人体目标进行检测；然后，对预测框内的人体目标通过基于深度残差网络的目标姿态估计模型进行姿态估计，即获取人体骨骼关键点的笛卡儿坐标信息；再以人体骨骼关键点坐标信息作为空间表征信息，将时序骨骼特征点作为输入，构建长短时记忆网络[88]（Long short-term memory，LSTM）以实现对人体行为时空特征的高维度提取，以此来表征人体行为；最后，通过 Softmax 分类器对时序人体骨架特征信息进行分类，实现对红外视觉人体行为的识别。基于姿态估计的红外视觉时空混合模型流程图如图 3-37 所示。

时序分类网络以 LSTM 为基础时序特征提取单元处理视频中人体骨骼关键点的长序列信息，并融合视频上下文中的人体骨骼关键点坐标。LSTM 是循环神经网络的变体，通过使用一个叫作记忆单元状态的连接，决定当前记忆单元想要保存的内容。具体来讲，LSTM 是在循环神经网络的单元结构基础上通过增加遗忘门（Forget Gate）、输入门（Input Gate）及输出门（Output Gate）3 个门结构对记忆单元状态进行更新的，从而解决循环神经网络因长时间序列数据可能产生的梯度爆炸或梯度消失的问题。LSTM 单元结构示意图如图 3-38 所示。

在整个单元结构中，遗忘门 f_t 能控制上一时刻记忆单元状态 C_{t-1} 中信息的舍弃与保留。遗忘门利用上一时刻隐含的状态信息 h_{t-1} 和当前时刻的输入信息 x_t，通过 Sigmoid 函数返回一个 0 到 1 之间的数值。当返回的数值接近 0 时，信息被舍弃；当返回的数值接近 1 时，信息被保留。其数学描述为

$$f_t = \sigma_f(W_{xf}x_t + W_{hf}h_{t-1} + b_f) \tag{3-48}$$

输入门 i_t 能控制当前时刻记忆单元状态需要更新的信息，并将上一时刻隐含的状态信息

h_{t-1} 和当前时刻的输入信息 x_t 传递给 Sigmoid 函数和 tanh 函数。Sigmoid 函数能决定 tanh 函数创建的候选状态向量中需要保留的信息，其数学描述为

$$i_t = \sigma_i(W_{xi}x_t + W_{hi}h_{t-1} + b_i) \tag{3-49}$$

$$\tilde{C}_t = \tanh(W_{x\tilde{c}}x_t + W_{h\tilde{c}}h_{t-1} + b_{\tilde{c}}) \tag{3-50}$$

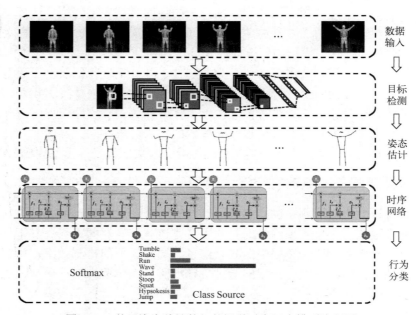

图 3-37　基于姿态估计的红外视觉时空混合模型流程图

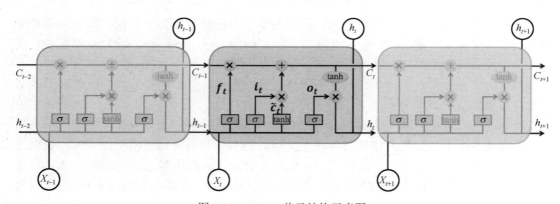

图 3-38　LSTM 单元结构示意图

单元状态更新时首先会将上一单元状态 C_{t-1} 与遗忘门的输出相乘，决定上一时刻单元状态保留的信息；然后加上输入门 i_t 的输出，即加上输入门中 Sigmoid 函数与 tanh 函数计算值的乘积，得到更新后的单元状态 C_t，其数学描述为

$$C_t = f_t C_{t-1} + i_t \tilde{C}_t \tag{3-51}$$

输出门 o_t 的作用是输出当前时刻的隐含状态 h_t，将上一时刻隐含状态 h_{t-1} 与当前时刻的输入 x_t 传送到 Sigmoid 函数，其数学描述为

$$o_t = \sigma_o(W_{xo}x_t + W_{ho}h_{t-1} + b_o) \tag{3-52}$$

将更新后的单元状态 C_t 先传送到 tanh 函数映射到[−1, 1]，再把 tanh 函数输出与输出门的结果相乘，得到新的隐含状态 h_t，其数学描述为

$$h_t = o_t\tanh(C_t) \tag{3-53}$$

式中，f_t、i_t、o_t 分别表示遗忘门、输入门、输出门；W 表示对应的权重矩阵；b 表示相应的偏移量；C_{t-1} 和 h_{t-1} 分别表示上一时刻的单元状态和上一时刻的隐含状态。

LSTM 就是通过 3 个门结构得到新的单元状态和新的隐含状态，并将信息传递给下一时刻的单元结构的。

人体骨骼关键点经过 LSTM 进行特征提取后，需要对相关特征进行分类。针对多分类问题的求解，常用的方法有 K 近邻（K-Nearest Neighbor，KNN）、支持向量机（Support Vector Machine，SVM）等。

Softmax 分类器是基于 Softmax 函数（归一化指数函数）的多元逻辑回归，是将逻辑回归一般化，实现在多分类问题上的扩展。其将输入向量从 N 维空间映射为 0～1 的实数，并以概率的形式显示分类结果，其数学描述为

$$P_i = \frac{e^{\theta_j^{\mathrm{T}}X}}{\sum_{c=1}^{C}e^{\theta_j^{\mathrm{T}}X}} \tag{3-54}$$

式中，$j = 1, 2, \cdots, C$；$\theta_c = [\theta_{c1}\ \ \theta_{c2}\ \ \cdots\ \ \theta_{cj}\ \ \cdots\ \ \theta_{cC}]^{\mathrm{T}}$ 表示权重矩阵，对应各个类别的分类器参数信息，总模型参数 θ 的数学描述为

$$\theta = \begin{bmatrix} \theta_1^{\mathrm{T}} \\ \theta_2^{\mathrm{T}} \\ \vdots \\ \theta_C^{\mathrm{T}} \end{bmatrix} \tag{3-55}$$

模型参数 θ 是由 Softmax 分类器训练得到的，可以计算输入向量对应各个类别的概率，进而判断其所属类别。

假设训练集的样本个数为 m：$\{(x^{(1)}, y^{(1)}), (x^{(1)}, y^{(1)}), \cdots, (x^{(m)}, y^{(m)})\}$，$x$ 表示输入向量，y 为每个 x 的类别标签。对于一个给定的测试样本 $x^{(i)}$，使用 Softmax 分类器能得到其对应的每个类别的概率，对应的数学描述为

$$h_\theta(x^{(i)}) = \begin{bmatrix} P(y^{(i)}=1\,|\,x^{(i)};\theta) \\ P(y^{(i)}=2\,|\,x^{(i)};\theta) \\ \vdots \\ P(y^{(i)}=C\,|\,x^{(i)};\theta) \end{bmatrix} = \frac{1}{\sum_{C=1}^{C}e^{\theta_c^{\mathrm{T}}x^{(i)}}} \begin{bmatrix} e^{\theta_1^{\mathrm{T}}x^{(i)}} \\ e^{\theta_2^{\mathrm{T}}x^{(i)}} \\ \vdots \\ e^{\theta_C^{\mathrm{T}}x^{(i)}} \end{bmatrix} \tag{3-56}$$

式中，$h_\theta(x^{(i)})$ 表示一个向量；其元素 $P(y^{(i)}=C\,|\,x^{(i)};\theta)$ 表示样本 $x^{(i)}$ 属于类别 C 的概率；向量中各元素的和为 1。

对于测试样本 $x^{(i)}$，概率值最大对应的 C 作为当前时序骨骼特征点的行为分类结果。训练模型参数 θ，使其能够最小化 Softmax 分类器的代价函数，代价函数的数学描述为

$$J(\theta) = -\frac{1}{m}\left[\sum_{i=1}^{m}\sum_{j=1}^{C}1\{y^{(i)}=j\}\log\frac{e^{\theta_1^{\mathrm{T}}x^{(i)}}}{\sum_{C=1}^{C}e^{\theta_C^{\mathrm{T}}x^{(i)}}}\right] \tag{3-57}$$

式中，$1\{*\}$ 表示指示函数，内部为真时等于 1，内部为假时等于 0。

时序分类网络采用三层堆叠的 LSTM 单元结构来提取人体骨骼关键点的时序特征，三层 LSTM 网络隐藏的神经元个数分别为 64、128、64。底层网络的输出状态作为输入传递给下一层神经网络，经过三层 LSTM 网络后将输出传入全连接层（Fully Connection Layer），两层全连接层的神经元个数分别为 64、32。最后，通过 Softmax 分类器对输入的时序骨骼关键点表征信息进行分类。在此过程中，时序分类网络模型提取了更高层次的时域特征信息，捕捉了目标行为的上下文信息。

时空混合模型的时序分类网络结构如图 3-39 所示。模型的输入包含两个超参数，其中 T 表示每个行为的视频帧数；$S = K \times D$ 表示人体骨骼关键点的数据维度，K 表示人体骨骼关键点的个数，D 表示人体骨骼关键点的维度信息。姿态估计输出为人体骨骼关键点的坐标及置信度信息，人体骨骼关键点向量的维度为 3，即 (x, y, v)。因此，单帧人体骨骼关键点的数据维度为 51。

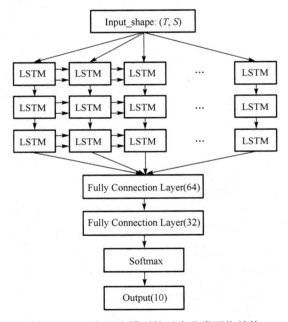

图 3-39　时空混合模型的时序分类网络结构

3.6.2　实验结果

依据实际场景需求，本节自定义了 10 种人体行为，分别是跌倒（Tumble）、挥拳（Shake）、奔跑（Run）、挥手（Wave）、站立（Stand）、弯腰（Stoop）、下蹲（Squat）、叉腰（Akimbo）、后仰（Hypsokinesis）及跳跃（Jump）。红外视觉人体行为视频数据均采用 VarioCAM®980HD 高清红外热像仪进行采集，10 种人体行为的红外视频关键帧如图 3-40 所示。

图 3-40 表征了 10 种人体行为的空域与时序变化信息。为了丰富数据集，提高 IR-HAR 数据集的多样性，同时降低红外视频帧间信息的冗余性，结合热像仪实际采集频率，对采集的

全辐射热像视频进行抽帧处理，构建子序列数据。按照步长为 S 对视频进行抽帧，组合成新的红外行为视频数据。红外人体行为视频抽帧演示效果如图 3-41 所示。

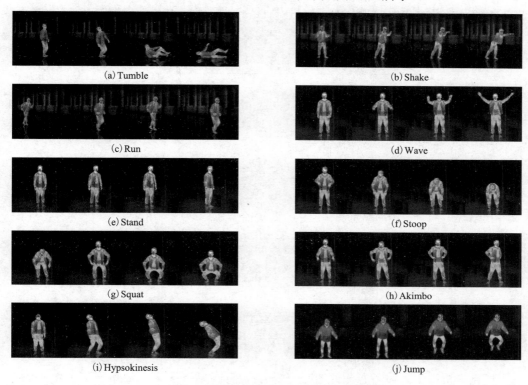

(a) Tumble

(b) Shake

(c) Run

(d) Wave

(e) Stand

(f) Stoop

(g) Squat

(h) Akimbo

(i) Hypsokinesis

(j) Jump

图 3-40 10 种人体行为的红外视频关键帧

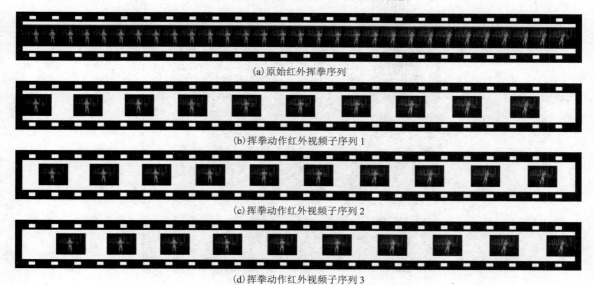

(a) 原始红外挥拳序列

(b) 挥拳动作红外视频子序列 1

(c) 挥拳动作红外视频子序列 2

(d) 挥拳动作红外视频子序列 3

图 3-41 红外人体行为视频抽帧演示效果

视频抽帧处理首先对红外序列中的相邻帧图进行抽取，然后组合成新的动作视频序列。以图 3-41 为例，红外视频帧率为每秒 30 帧，每隔两帧抽取一帧组成新的挥拳动作红外视频数据。30 帧红外视频抽帧后得到 3 个包含 10 帧图像的子序列样本。此操作既扩充了行为样本数量又降低了红外视频相邻帧间的冗余性，有效提高了数据集的质量。

采用 IR-HAR 数据集对时序分类网络进行训练，训练时将 Epoch 设置为 200，损失函数为交叉熵损失，优化算法选择 Adam 算法，其他参数均为默认值。时序分类网络模型训练损失曲线如图 3-42 所示。

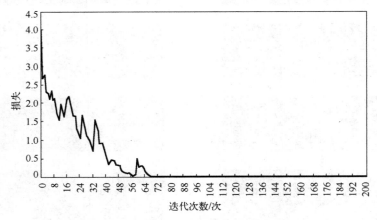

图 3-42　时序分类网络模型训练损失曲线

由图 3-42 可知，时序分类网络模型损失呈逐渐下降趋势，最终趋近于 0.1，处于收敛状态。

3.6.3　数据分析

为了量化分析基于人体姿态估计的时空混合模型的精度，采用混淆矩阵（Confusion Matrix）评估行为分类的准确性。时空混合模型红外人体行为识别检测结果的混淆矩阵如图 3-43 所示。

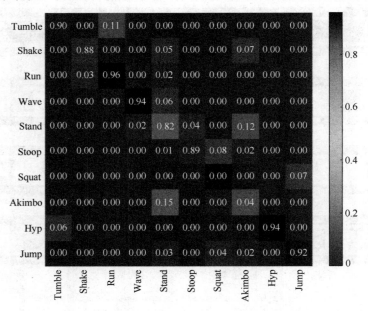

图 3-43　时空混合模型红外人体行为识别检测结果的混淆矩阵

由图 3-43 可知，基于人体姿态估计的红外视觉时空混合模型人体行为识别检测精度达到了 90.2%。奔跑、挥手、下蹲、后仰、跳跃动作的准确识别率均在 90%以上。其中，站立行为识别精度最低，其次是叉腰，两者分别是 82%和 84%。站立与叉腰的骨骼点时序变化特征存在短期相似性，两种行为的错误识别率较高。此外，跌倒动作与后仰动作、跳跃动作的预备动作与下蹲动作均存在短期的骨骼点时序变化相似性，存在一定的误判。综上所述，基于人体姿态估计的红外视觉时空混合模型的人体行为识别检测精度较高，但部分动作与动作之间的关键点时空特征差异小、相似度高，给识别精度的提升带来了不小的挑战。

使用训练好的模型对 IR-HAR 数据集进行测试，时空混合模型红外人体行为识别可视化结果如图 3-44 所示。

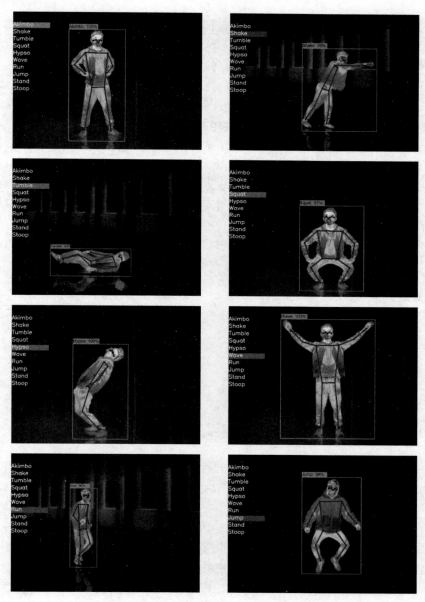

图 3-44　时空混合模型红外人体行为识别可视化结果

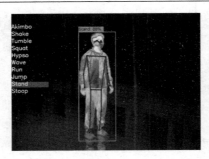

图3-44 时空混合模型红外人体行为识别可视化结果(续)

综上所述,本节提出的基于人体姿态估计的时空混合网络红外视觉人体行为识别算法,通过对红外视觉下人体骨骼关键点的获取,以人体骨骼关键点的空间坐标作为人体行为空域表征信息,结合LSTM实现对人体骨骼关键点的时序特征提取,并实现红外视觉下对10种人体行为的高效识别,满足了模型的设计要求。

为了验证时序分类网络模型的有效性,采用随机森林、逻辑回归、梯度提升决策树、KNN、SVM、LSTM分类器进行对比分析,相关动作分类精度统计如表3-6所示。由表3-6可知,基于LSTM的时序分类模型检测精度最高,相较随机森林、逻辑回归、梯度提升决策树、KNN、SVM分别提高了3.7%、5.9%、2.5%、4.8%和2.9%。由此可知,相较直接对行为特征进行分类的传统机器学习分类算法,通过LSTM提取人体骨骼关键点时序变化特征信息的时序分类网络能获取更高层次的时空特征,对于输入的时序人体骨骼关键点特征信息更加灵敏,检测精度更高。

同时,为了验证基于人体骨骼关键点的时空混合模型的检测精度,将本节(Ours)算法与LRCN、IDT人体行为识别算法进行检测精度对比,如表3-7所示。

表3-6 相关动作分类精度统计

模型	分类精度
随机森林	86.5%
逻辑回归	84.3%
梯度提升决策树	87.7%
KNN	85.4%
SVM	87.3%
LSTM	90.2%

表3-7 人体行为识别算法检测精度对比

行为识别算法	检测精度
LRCN[41]	88.6%
IDT[35]	72.5%
Ours	90.2%

分析对比结果可知,基于人体姿态估计的行为识别模型得益于人体姿态估计的高精度骨骼关键点预测,Ours算法较LRCN算法检测精度提高了1.6%,较IDT算法提高了17.7%。不同于传统的基于人体骨骼关键点的空间位置信息推断人体动作分类,本节以人体时序骨骼关键点作为动作表征信息,通过目标检测、姿态估计、时序行为分类实现对红外视觉下的人体行为识别。本章提出的基于特征融合与通道注意力机制的SSD红外人体目标检测模型对于红外目标具有较好的检测效果。同时,基于深度残差网络的红外人体姿态估计模型,有效提升了人体骨骼关键点的检测精度。在优质的目标检测模型与优质的红外人体姿态估计模型的加持下,基于时空混合模型的红外人体行为识别模型获得了表征能力更强的时序行为特征,模型的检测精度更高。

3.7　本章小结

本章针对红外人体行为识别技术展开了相关研究，以全辐射热像视频为研究对象，以卷积神经网络为核心特征提取工具，提出了一种融合红外人体目标检测、人体姿态估计、时序行为分类的多阶段人体行为识别框架。建立了 IR-HD、IR-HPE、IR-HAR 3 种数据集，同时构建了基于特征融合与通道注意力机制的 SSD 红外人体目标检测模型、基于深度残差网络的红外人体姿态估计模型及基于人体骨骼关键点的时空混合模型，并对相关模型的检测性能进行了定量与定性评估。研究工作如下。

1. 红外视觉人体目标检测的研究

本章提出了一种改进 SSD 红外人体目标检测算法。针对红外人体行为识别实时性的检测要求，对单阶段目标检测算法进行改进，采用 MobileNet V2 网络作为基础特征提取网络，降低了模型复杂度，实现了模型轻量化。针对 SSD 模型对弱小目标、遮挡等情况鲁棒性差的问题，引入了特征金字塔结构来实现多尺度特征融合，以增强低层特征图的语义信息，提高模型对红外人体弱小目标的检测能力。为了进一步提高模型的检测精度，融入了 SE 通道注意力机制，提高模型对主要通道信息的关注度。改进 SSD 红外人体目标检测模型相较 SSD 模型平均精度提高了 1.5%，检测速度提高了 21.61 帧/s。这表明通过改变骨干网络、多尺度特征融合及融入通道注意力机制的方式提升目标检测模型的性能是可行的。

2. 红外视觉人体姿态估计的研究

本章提出了一种基于深度残差网络的红外人体姿态估计算法。针对红外人体姿态估计研究不足及人体骨骼关键点检测精度低等问题，本章提出了一种改进的 CPMs 算法。通过跨阶段置信度图融合策略，提高了各个阶段输入特征图的空间特征信息及模型对人体骨骼关键点的识别精度。同时，针对 CPMs 红外人体姿态估计模型计算量大的问题，将 VGG-19 特征提取网络更改为 ResNet-18 网络以降低模型的参数量，并引入通道注意力机制快速选择最能代表人体骨骼关键点的局部特征通道，提取人体骨骼关键点的局部特征信息，以实现红外视觉下的人体姿态估计。最后级联改进 SSD 红外人体目标检测算法，实现了红外视觉多目标姿态估计。基于深度残差网络的红外人体姿态估计模型的平均精度达到了 87.3%，相较 CPMs 红外人体姿态估计模型提高了 2.7%，证明了所提算法的优越性。

3. 红外视觉人体行为识别的研究

本章提出了一种基于人体骨骼关键点的时空混合模型红外视觉人体行为识别算法。针对单帧红外图像进行行为识别，忽略了人体行为时域信息问题，以时序骨骼点坐标信息作为输入，构建 LSTM 以实现对人体骨骼关键点空间维度与时间维度的运动信息的高层次特征提取，并对运动特征进行分类，从而识别人体行为。实验结果表明，基于人体骨骼关键点的时空混合模型更有效地提取了运动目标的时空特征，对目标行为有较好的识别能力，满足了红外视觉下智能人体行为识别的要求。

参 考 资 料

[1]　周燕, 刘紫琴, 曾凡智, 等. 深度学习的二维人体姿态估计综述[J]. 计算机科学与探索, 2021, 15(4):

641-657.

[2] 裴利沈, 刘少博, 赵雪专. 人体行为识别研究综述[J]. 计算机科学与探索, 2022, (2): 305-322.

[3] Zhang W H, Smith M L, Smith L N, et al. Gender and gaze gesture recognition for human-computer interaction[J]. Computer Vision and Image Understanding, 2016, 149: 32-50.

[4] Camporesi C, Kallmann M, Han J J, et al. VR solutions for improving physical therapy[C]. Orlando: IEEE Virtual Reality Conference, 2013: 77-78.

[5] Takano W, Nakamura Y. Statistical mutual conversion between whole body motion primitives and linguistic sentences for human motions[J]. The International Journal of Robotics Research, 2015, 34(10): 1314-1328.

[6] Konig A, Junior C C, Covella A G U, et al. Assessment of autonomy in instrumental activities of daily living in pre-and demented patients using an automatic video monitoring system[J]. European Psychiatry, 2015, 30: 769.

[7] Wang X G. Intelligent multi-camera video surveillance: a review[J]. Pattern Recognition Letters, 2013, 34(1): 3-19.

[8] Akula A, Ghosh R, Kumar S, et al. Moving target detection in thermal infrared imagery using spatiotemporal information[J]. JOSA A, 2013, 30(8): 1492-1501.

[9] 麻文刚, 王小鹏, 吴作鹏. 基于人体姿态的 PSO-SVM 特征向量跌倒检测方法[J]. 传感技术学报, 2017 (10): 1504-1511.

[10] 宋菲, 薛质. 基于 OpenCV 的老人跌倒检测的设计和实现[J]. 信息技术, 2015, (11): 137-139.

[11] De M K, Brunete A, Hernando M, et al. Home camera-based fall detection system for the elderly[J]. Sensors, 2017, 17(12): 2864.

[12] Huang C D,Wang C Y,Wang J C. Human action recognition system for elderly and children care using three stream convnet[C]. Hong Kong: International Conference on Orange Technologies, 2015: 5-9.

[13] Min W,Cui H,Rao H,et al. Detection of human falls on furniture using scene analysis based on deep learning and activity characteristics[J]. IEEE Access, 2018, 6: 9324-9335.

[14] 王君涛, 潘长乐, 杨龙飞, 等. 基于改进的 ST-GCN 模型的跌倒检测算法[J]. 信息技术与信息化, 2022,(2): 69-71.

[15] Johansson G. Visual perception of biological motion and a model for it is analysis[J]. Perception and Psychophysics, 1973, 14(2): 201-211.

[16] Saurabh Gupta. Deep learning based human activity recognition (HAR) using wearable sensor data[J]. International Journal of Information Management Data Insights, 2021, 1: 100046.

[17] K Suwannarat, W Kurdthongmee. Optimization of deep neural network-based human activity recognition for a wearable device[J]. Heliyon, 2021, 7: 07797.

[18] R Janarthanan, Srinath Doss, S Baskar. Optimized unsupervised deep learning assisted reconstructed coder in the on-nodule wearable sensor for human activity recognition[J]. Measurement, 2020, 164: 108050.

[19] Andrey Ignatov. Real-time human activity recognition from accelerometer data using Convolutional Neural Network[J]. Applied Soft Computing, 2018, 62: 915-922.

[20] Muhammad M, Ling S, Luke S. A survey on fall detection: Principles and approaches[J]. Neurocomputing, 2013, 100(2): 144-152.

[21] 陈煜平, 邱卫根. 基于视觉的人体行为识别算法研究综述[J]. 计算机应用研究, 2019, 36(7): 1927-1934.

[22] A F Bobick, J W Davis. The recognition of human movement using temporal templates[J]. IEEE Transactions

on Pattern Analysis and Machine Intelligence, 2001, 23(3): 257-267.

[23] Dollar P, Rabaud V, Cottrell G, et al. Behavior recognition via sparse spatio-temporal features[C]. Beijing: IEEE International Workshop on Visual Surveillance and Performance Evaluation of Tracking and Surveillance, 2006: 65-72.

[24] Matikainen P, Hebert M, Sukthankar R. Trajectons: action recognition through the motion analysis of tracked features[C]. Kyoto: IEEE International Conference on Computer Vision, 2009: 514-521.

[25] Dalal N, Triggs B. Histograms of oriented gradients for human detection[C]. SanDiego: IEEE Conference on Computer Vision and Pattern Recognition, 2005: 886-893.

[26] R Chaudhry, A Ravichandran, G Hager, et al. Histograms of oriented optical flow and Binet-Cauchy kernels on nonlinear dynamical systems for the recognition of human actions[C]. Miami: IEEE Conference on Computer Vision and Pattern Recognition, 2009: 1932-1939.

[27] Lowe D G. Object recognition from local scale-invariant features[C]. Greece: IEEE International Conference on Computer Vision, 1999: 1150-1157.

[28] Sipiran I, Bustos B, Sipiran I, et al. Harris 3D: a robust extension of the Harris operator for interest point detection on 3D meshes[J]. The Visual Computer, 2011, 27(11): 963-976.

[29] Dollar P, Rabaud V, Cottrell G, et al. Behavior recognition via sparse spatio-temporal features[C]. Beijing: IEEE International Workspace on Visual Surveillance and Performance Evaluation of Tracking and Surveillance, 2005: 65-72.

[30] Klaser A, Marszałek M, Schmid C. A spatio-temporal descriptor based on 3d-gradients[C]. Leeds: British Machine Vision Conference, 2008.

[31] Ojala T, Pietikainen M, Maenpaa T. Multiresolution gray-scale and rotation invariant texture classification with local binary patterns [J]. IEEE Trans on Pattern Analysis & Machine Intelligence, 2002, 24(7): 971-987.

[32] Navneet D, Bill T, Cordelia S. Human Detection Using Oriented Histograms of Flow and Appearance[C]. Berlin: ECCV, 2006: 428-441.

[33] Laptev I. On space-time interest points[J]. International Journal of Computer Vision, 2005, 64(2-3): 107-123.

[34] Wang H, Klaser A, Schmid C, et al. Action recognition by dense trajectories[C]. Colorado Springs: IEEE International Conference on Computer Vision and Pattern Recognition, 2011: 3169-3176.

[35] Wang H, Schmid C. Action recognition with improved trajectories[C]. Sydney: IEEE International Conference on Computer Vision, 2014: 3551-3558.

[36] Simonyan K, Zisserman A. Two-Stream Convolutional Networks for Action Recognition in Videos[J]. Neural Information Processing Systems, 2014, 1(4):568-576.

[37] Wang L,Xiong Y,Wang Z,et al. Temporal segment networks: towards good practices for deep action recognition[C]. Springer: European Conference on Computer Vision, 2016: 20-36.

[38] Baccouche M, Mamalet F, Wolf C, et al. Sequential deep learning for human action recognition[C]. HeideLberg: Human Behavior Understanding, 2011: 29-39.

[39] Tran D, Bourdev L, Fergus R, et al. Learning spatiotemporal features with 3D convolutional networks[C]. Santiago: IEEE International Conference on Computer Vision, 2015: 4489-4497.

[40] Tran D, Ray J, Shou Z, et al. ConvNet architecture search for spatiotemporal feature learning[C]. Honolulu: IEEE International Conference on Computer Vision and Pattern Recognition, 2017.

[41] Donahue J,Anne H L,Guadarrama S,et al.Long-term recurrent convolutional networks for visual recognition and description[J]. IEEE Trans on Pattern Analysis and Machine Intelligence, 2017, 39(4):677-691.

[42] Andriluka M, Roth S, Schiele B, et al. Pictorial structures revisited: People detection and articulated pose estimation[C]. Miami: IEEE Computer Society Conference on Computer Vision and Pattern Recognition, 2009: 1014-1021.

[43] Wang J, Qiu K, Peng H, et al. AI Coach: Deep human pose estimation and analysis for personalized athletic training assistance[C]. Nice: ACM Multimedia, 2019: 2228-2230.

[44] Yang Y, Ramanan D. Articulated pose estimation with flexible mixtures-of-parts[C]. CoLorado Springs: IEEE Conference on Computer Vision and Pattern Recognition, 2011: 1385-1392.

[45] Alexander T, Christian S. DeepPose: Human Pose Estimation via Deep Neural Networks[C]. Columbus: IEEE Conference on Computer Vision and Pattern Recognition, 2014: 1653-1660.

[46] Tompson J, Jain A, Lecun Y, et al. Joint training of a convolutional network and a graphical model for human pose estimation[C]. Montreal: Neural Information Processing Systems, 2014: 1799-1807.

[47] Wei S, Ramakrishna V, Kanade T, et al. Convolutional Pose Machines[C]. LasVegas: IEEE Conference on Computer Vision and Pattern Recognition, 2016: 4724-4732.

[48] Newell A, Yang K, Deng J. Stacked hourglass networks for human pose estimation[C]. Amsterdam: European Conference on Computer Vision, 2016: 483-499.

[49] Fang H, Xie S, Tai Y, et al. RMPE: Regional Multi-person Pose Estimation[C]. Venice: IEEE International Conference on Computer Vision and Pattern Recognition, 2017: 2353-2362.

[50] Pishchulin L, Insafutdinov E, Tang S, et al. Deep-Cut: Joint Subset Partition and Labeling for Multi Person Pose Estimation[C]. LasVegas: IEEE Conference on Computer Vision and Pattern Recognition, 2016: 4929-4937.

[51] Cao Z, Hidalgo M G, Simon T,et al. OpenPose: Realtime Multi-Person 2D Pose Estimation using Part Affinity Fields[J]. IEEE Transactions on Pattern Analysis and Machine Intelligence, 2019(43): 172-186.

[52] Sun Ke, Xiao Bin, Liu Dong, et al. Deep High-Resolution Representation Learning for Human Pose Estimation[C]. Lang Beach: IEEE Conference on Computer Vision and Pattern Recognition, 2019: 5686-5696.

[53] Cheng B, Xiao B, Wang J, et al. Higher HRNet: Scale-Aware Representation Learning for Bottom-Up Human Pose Estimation[C]. Seattle: IEEE Conference on Computer Vision and Pattern Recognition, 2020: 5385-5394.

[54] Chen Y, Wang Z, Peng Y, et al. Cascaded pyramid network for multi-person pose estimation[C]. Salt Lake City: IEEE Conference on Computer Vision and Pattern Recognition, 2018: 7103-7112.

[55] Feng Zhang, Xiatian Zhu, Hanbin Dai, et al. Distribution-Aware Coordinate Representation for Human Pose Estimation[C]. Seattle: IEEE Conference on Computer Vision and Pattern Recognition, 2020: 7091-7100.

[56] 张恒鑫, 叶颖诗, 蔡贤资, 等. 基于人体关节点的高效动作识别算法[J]. 计算机工程与设计, 2020, 41(11): 3168-3174.

[57] 于乃功, 柏德国. 基于姿态估计的实时跌倒检测算法[J]. 控制与决策, 2020, 35(11): 2761-2766.

[58] 陈京荣. 基于姿态估计与 Bi-LSTM 网络的跌倒行为识别[J]. 现代计算机, 2021,(20): 80-85.

[59] Lie W N, Le A T, Lin G H. Human fall-down event detection based on 2D skeletons and deep learning approach[C]. Chiang Mai: International Workshop on Advanced Image Technology(IWAIT), 2018: 1-4.

[60] Jeong S, Kang S, Chun I. Human-skeleton based fall-detection method using LSTM for Manufacturing industries[C]. JeJu: IEEE International Technical Conference on Circuits /Systems, 2019:1-4.

[61] 徐劲夫. 基于人体骨架的行为识别算法研究[D]. 西安: 西安电子科技大学, 2020.

[62] 葛威. 基于人体姿态识别的跌倒检测[D]. 上海: 东华大学, 2021.

[63] 姜皓祖. 基于人体关节点的异常行为识别[D]. 大连: 大连理工大学, 2021.

[64] Han J, Bhanu B. Human Activity Recognition in Thermal Infrared Imagery[C]. San Diego: 2005 IEEE Computer Society Conference on Computer Vision and Pattern Recognition（CVPR'05）- Workshops, 2005: 17.

[65] Kitazume M, Katahara S, Aoki M. An incident detection for indoor activities of independent person through far infrared imaging[J]. The Institute of Electronics, Information and Communication Engineers, 2009.

[66] Lee E J, Ko B C, Nam J Y. Recognizing pedestrian's unsafe behaviors in far-infrared imagery at night[J]. Infrared Physics &Technology, 2016（76）: 261-270.

[67] Akula A, Shah A K, Ghosh R. Deep learning approach for human action recognition in infrared images[J]. Cognitive Systems Research, 2018, 50: 146-154.

[68] 徐世文. 基于红外图像特征的人体摔倒检测方法[D]. 绵阳: 西南科技大学, 2020.

[69] Javed I, Balasubramanian R. Deep residual infrared action recognition by integrating local and global spatio-temporal cues[J]. Infrared Physicals & Technology, 2019, 102: 103014.

[70] Ying Zang, Chunpeng Fan, Zeyu Zheng, et al. Pose estimation at night in infrared images using a lightweight multi-stage attention network[J]. Single Image and Video Processing, 2021, 15: 1757-1765.

[71] Ganbayar B, Dat T, Tuyen D, et al. Action recognition from thermal videos[J]. IEEE Access, 2019, 7: 103893-103917.

[72] 杨爽. 基于红外图像的人体姿势识别方法[D]. 沈阳: 沈阳航空航天大学, 2019.

[73] Chenqiang Gao, Yinhe Du, Jiang Liu, et al. InfAR dataset: Infrared action recognition at different times[J]. Neurocomputing, 2016, 212: 36-47.

[74] Graves A. Generating Sequences With Recurrent Neural Networks[J]. Computer Science, 2014.

[75] Schuster M, Paliwal K K. Bidirectional recurrent neural networks[J]. IEEE Transactions on Signal Processing, 1997, 45（11）: 2673-2681.

[76] Redmon J, Divvala S, Girshick R, et al. You only look once: Unified, real-time object detection[C]. Las Vegas: IEEE Conference on Computer Vision and Pattern Recognition, 2016: 779-788.

[77] Liu W, Anguelov D, Erhan D, et al. SSD: Single shot multibox detector[J]. Computer Vision-ECCV 2016, 2016, 21-37.

[78] Ren S, He K, Girshick R, et al. Faster R-CNN: Towards real-time object detection with region proposal network[J]. IEEE Transactions on Pattern Analysis and Machine Intelligence, 2017, 39（6）: 1137-1149.

[79] 邢素霞. 红外热成像与信号处理[M]. 北京: 国防工业出版社, 2011.

[80] 王海晏. 红外辐射及应用[M]. 西安: 西安电子科技大学出版社, 2014.

[81] 陈琛. 人体红外热成像分析系统算法开发及实现[D]. 哈尔滨: 哈尔滨工业大学, 2017.

[82] Andrew G, Menglong Zhu, Bo Chen, et al. MobileNets: Efficient Convolutional Neural Networks for Mobile Vision Applications[C]. IEEE Conference on Computer Vision and Pattern Recognition, 2017.

[83] Mark Sandler, Andrew Howard, Menglong Zhu, et al. MobileNetV2: Inverted Residuals and Linear Bottlenecks[C]. Salt Lake City: IEEE Conference on Computer Vision and Pattern Recognition, 2018: 4510-4520.

[84] Lin T Y, Dollar P, Girshick R, et al. Feature Pyramid Networks for Object Detection[C]. Honolulu: IEEE Conference on Computer Vision and Pattern Recognition, 2017: 936-944.

[85] Duan K, Bai S, Xie L, et al. Centernet: Keypoint triplets for object detection[C]. Seoul: IEEE International Conference on Computer Vision, 2019: 6569-6578.

[86] Tan M, Pang R, Le Q, et al. EfficientDet: Scalable and Efficient Object Detection[C]. Seattle: Conference on Computer Vision and Pattern Recognition, 2020: 10778-10781.

[87] Varun R, Daniel M, Martial H, et al. Pose machines: articulated pose estimation via inference machiens[C]. Zurich: ECCV, 2014: 33-47.

[88] Hochreiter S, Schmidhuber J. Long short-term memory[J]. Neural Computation, 1997, 9(8): 1735-1780.

第4章 红外弱小目标检测

4.1 概　　述

4.1.1 研究背景和意义

随着信息化时代的到来，现代战争中的作战规模和策略也在不断发生新的变化，在战争中能否掌握主动权和制空权是制胜的关键要素。未来战争的发展趋势主要包含以下两点。

（1）高效的信息处理系统：采用先进的信息处理技术和卓越的作战平台发现和监测目标，提高己方武器的精确打击能力和更加准确的信息交互作战能力，完善对信息情报的采集和处理方法。

（2）超远距离打击：使用远距离打击武器，如使用洲际导弹或无人机在超远距离进行精确指导并摧毁既定敌方的军事目标，为赢得战争奠定稳固基础。基于上述战略需求，许多军事发达国家相继开展了先进目标探测系统的研发工作。

较早的目标检测技术，如可见光检测技术、雷达检测技术等都具有较久远的历史。雷达检测技术需要主动发射电磁波并接收其反射的回波，实现对检测目标的定位和跟踪，其具有全天候工作、检测距离远等优点[1]，但其主动运行时向外发射的雷达波很容易将自身暴露，也容易受电磁干扰。随着材料科学的不断发展，一些先进战斗机都已采用吸收雷达波的隐身涂料，很大程度上限制了雷达检测的性能。可见光检测顾名思义要通过太阳光对目标的反射来实现检测和跟踪，其检测成像的图片具有非常高的分辨率及丰富的细节纹理，然而，由于可见光沿直线传播，且穿透力薄弱，因此可见光检测容易受光照强度、极端天气及遮挡等因素影响，而且当周边环境快速变换时，可见光检测实现会非常困难。红外检测通过感应目标的热辐射进行检测，检测系统本身并不能散发辐射或电磁波，相较于雷达检测，隐蔽性更强且不受极端天气及光照强度的影响[2]。而且，由于红外线具有抗电磁干扰能力，因此吸引了众多学者对该领域进行研究和探索。

如今，红外弱小目标检测技术已经成熟，并且在众多领域得到了广泛应用。例如，民用领域的智能监控、交通管制、森林预警及民航监控等[3-5]；军事领域的侦察系统、精确制导、红外预警系统等[6-8]。红外弱小目标检测技术是红外搜索与跟踪（Infrared Search and Tracking，IRST）系统的核心技术之一。IRST系统是指从红外热成像中检测向外散发热辐射能量的目标，如直升机或无人机等，该系统负责对其进行检测跟踪及轨迹预测。在军事应用背景下，为了掌握战争的主动性及信息差，对IRST系统的探测距离、准确性及实时性都有很高的要求[9]。在探测距离超过一定程度时，目标在成像系统中的占据尺寸会变小，而且目标散发的热辐射在远距离传播过程中也会损耗相当一部分，信号会逐渐变弱，所以目标在成像系统中表现为弱小目标。远距离成像过程会损耗较多能量导致图像信号杂波比（Signal-to-Clutter Ratio，SCR）低。国际光学仪器工程学会（Society of Photo-optical Instrumentation Engineers，SPIE）将成像尺寸小于9像素×9像素及占据面积小于整张图像的15%的目标定义为红外弱小目标[10]。当目标所处的背景图像中灰度方差较大，而且灰度值较高的成分比较多时，该背景被称为"复杂背景"，如目标处于高亮背景、高频云层、背景边缘及碎云区域等。

红外弱小目标检测面临着众多困难与挑战，其中包含复杂背景的多样性、目标在成像中占据面积"小"和信号"弱"，以及在传输过程中会造成红外图像所特有的噪声等。红外弱小目标检测的难点主要有以下几方面。

（1）复杂多样的背景及杂波干扰。在红外热成像中，如处于天空、海面、陆地等背景下，会出现一些高频云层、城市建筑及复杂植被等干扰背景，这些背景区域的信号强度与目标区域的信号强度容易被混淆，会对目标区域的检测形成干扰，造成虚警，降低系统的检测性能。

（2）目标区域信号弱、占据面积小，且没有明显的形状和细节纹理。在被探测目标与探测器距离较远时，目标在红外热成像上缺失可提供特征提取的细节纹理，因此传统的目标检测方法不再适用。同时，在上述情况中，由于成像距离较远，探测器所接收的目标信号经过大气衍射干扰，会造成目标热辐射信号减弱，表现在图像中为目标像素亮度低、信号弱，给检测带来一定程度的挑战。

（3）检测算法的实时性和鲁棒性要求高。众所周知，在目标检测中，衡量一个算法的重要评价指标之一就是该算法的实时性。随着硬件的发展，探测器的成像帧数不断变高，如何提高算法的实时性成了一个急需解决的问题。同样，由于存在不同程度的杂波和复杂多样的背景，为了克服这些情况，算法的鲁棒性也需要提高。

（4）受制作工艺和材料特性的影响，红外图像质量相较于可见光图像质量较差。红外热像仪在工作过程中产生的电噪声干扰会使成像中某些像元随机闪烁，表现在图像中，即一些孤立的噪声点，而这些噪声点在信号亮度方面及几何形态方面与红外弱小目标类似，在检测过程中极易造成较高的虚警率。

4.1.2　国内外研究现状

随着红外弱小目标检测技术在各大领域的广泛应用，越来越多的国内外研究机构不断对其进行深入研究，其中，美国海军研究实验室和美国空军研究实验室、加利福尼亚大学的数学应用中心，以及卡内基梅隆大学的众多实验室都致力于该项技术研究。国内的研究机构、大学及公司，如中国科学院光电技术研究所、国防科技大学、哈尔滨工业大学、南京航空航天大学、电子科技大学及中国航空工业集团有限公司等同样在该领域开展了大量的研究和工作。SPIE 每年会举行主题为 *Signal and Data Processing of Small targets* 的国际会议，该会议涵盖了红外弱小目标检测等热点问题。

在过去几十年间，国内外众多学者和研究人员在红外弱小目标检测领域展开了大量的研究[11-12]。根据检测原理可将检测分为单帧图像检测和多帧图像检测[13]。

基于多帧图像的检测算法首先通过将每帧之间的时空信息进行关联及处理，以获取连续多帧图像的弱小目标运动轨迹、能量波动，以及灰度变化等先验信息；然后将目标能量进行叠加求其概率；最后采用阈值分割判断该运动轨迹是否为所要求检测目标的运动轨迹。当前常见的多帧图像检测算法包括动态规划[14-16]、3D 匹配滤波[17]、最大似然估计[18-19]及粒子滤波[20-22]等。与单帧图像检测算法相比，多帧图像检测算法的优势在于，其不仅能对当前时刻的这一帧图像进行检测，而且能对多帧图像之间的信息进行联动，以实现目标能量的积累，抑制单帧图像中一些类似目标特性的孤立噪点，提高算法的检测率，降低虚警率[23]。但是，处理多帧图像之间的信息及计算累计的目标能量，意味着需要更大的计算资源，计算复杂度会偏高，算法的实时性会更低。因此多帧图像检测算法适用于帧频高、计算资源丰富及对算法实时性要求不高的情况。

当使用单帧图像检测算法时，先使用一些图像预处理步骤处理单帧图像，构建目标置信度图；然后通过结合时域信息来预测和跟踪目标的运动轨迹。在这种算法中，检测过程中的预处理步骤非常关键，因为它可以增强目标区域并抑制背景杂波，提高目标区域的对比度及整体图像的 SCR，置信度图中每个点的置信度表示该点是否属于所检测目标的概率；最后使用图像分割技术对置信度图进行目标分割，以获得候选目标。单帧图像检测算法不同于多帧图像检测算法，由于不需要处理多帧图像之间的关联信息，因此其计算量较小，而且算法结构较清晰，适用于对算法实时性要求较高的情况，但是，当图像中存在较多干扰噪声及杂波时，该算法的检测性能会出现较大幅度的下降。

红外弱小目标检测技术在军事预警中具有极高的重要性，军事预警需要及时捕捉来袭目标的信息以获得战场主动权，因此对检测算法的实时性要求很高。在这种背景下，算法结构更简单且实时性更好的单帧图像检测算法成了更好的选择，因此近年来备受国内外学者的关注。本节将重点研究基于单帧图像的红外弱小目标检测算法，并将现有的检测算法分为四类，包括基于背景估计滤波[24-40]的红外弱小目标检测算法、基于视觉显著性[41-55]的红外弱小目标检测算法、基于稀疏重构[56-68]的红外弱小目标检测算法和基于深度学习[69-80]的红外弱小目标检测算法。这些算法旨在提高检测算法在军事应用中的性能和效率。

4.1.2.1　基于背景估计滤波的红外弱小目标检测算法研究现状

基于背景估计滤波的红外弱小目标检测算法的基本策略是根据红外图像的背景特征，采用空域或频域滤波的方式来抑制背景信号，从而提高图像的 SCR。这类算法建立在红外图像背景相对平坦，且在亮度分布及空间位置上具有一定的连续性的假设基础上。具体而言，这类算法可以分为两类：一类是利用二维空域滤波器对红外图像进行处理的空域滤波算法，另一类是先通过空-频信号将红外图像转换为频域信号，然后利用频域高通滤波器来抑制低频背景信号的频域滤波算法。

1.　空域滤波法

早些时期，Deshpande 等人提出了最大均值(Max-Mean)及最大中值(Max-Median)滤波[24]，旨在通过从水平、垂直及对角线方向先计算图像灰度的均值及中位数再进行滤波操作，最后将3 个方向的滤波结果与原始图像差分，抑制背景和边缘噪声。另外，Soni 等人于 1993 年提出了二维最小均方(Two Dimensional Least Mean Square，TDLMS)滤波器[25]，并应用于红外弱小目标检测领域。该滤波器建立在目标分布在局部小范围图像空间内时，杂波背景具有一定的空间相关性的假设基础上，首先将预测的背景分量与输入图像进行差分运算，然后采用匹配滤波提取弱小目标信息。形态学滤波作为图像处理领域经典的方法之一[26-27]，由于其计算量小、鲁棒性强等优点，已被应用于红外弱小目标检测领域。经典 Top-hat[28]变换通过将原始图像与形态学开运算进行差分，除去平坦均匀的背景，提取目标区域。Bai 等人提出了一种环形结构元素的新型 Top-hat 变换[29]，引入了目标与背景邻域的结构差异性，利用提出的环形结构元素提高了算法的背景抑制能力，并在深入探究后提出了多种改进算法[30-33]。Deng 等人通过结合 M-estimator 和环形结构元素 Top-hat[34]，实现了自适应设置结构元素尺寸，以此提高算法的背景抑制能力。Zeng 等人提出了一种使用大量样本训练参数的 Top-hat 变换[35]，通过神经网络和遗传算法优化 Top-hat 的形态学参数，提高了算法的背景抑制能力和检测性能。

　　2.　频域滤波法

　　频域滤波法一般使用频域变换算法,如傅里叶变换算法、小波变换算法[36]等,将原始图像从空域信号转换为频域信号。经过频域分析表明,目标在图像中通常为高频部分,背景往往是图像中的低频部分,噪声通常与目标在同一部分或者在更高频部分。算法采用频域滤波器过滤低频信号,抑制背景后提取目标。Qi 等人提出了一种四元数傅里叶变换的相位谱算法用于红外弱小目标检测[37],该算法建立在目标信号近似于高斯分布的假设基础上,而且该信号的方位信息隐含在频域的相位谱中,通过 facet model 模型构造二阶有向导数图,能抑制复杂的背景纹理。Sun 等人提出了基于小波变换的红外弱小目标检测算法[38],其主要思路是通过小波的多尺度分析算法来区分目标和背景。原始图像经过离散小波变换后,会生成不同频域尺度的图像,因为处于不同尺度的频域空间,所以目标和背景的特征信息不同。Deng 等人提出了基于经验模态分解(Empirical Mode Decomposition,EMD)的红外弱小目标检测算法[39],该算法相较傅里叶变换算法及小波变换算法而言,具有固定的基函数,能够将信号进行自适应分解,在复杂背景下具有更强的鲁棒性。Lu 等人采用 Butter worth 小波低通滤波对原始图像进行预处理,先过滤高频信号,再利用小波变换后的多尺度空间信号特征进行多级处理,从而增强目标区域的信号强度[40]。

　　基于背景估计滤波的红外弱小目标检测算法建立在目标和背景信号分别分布在高频及低频空间中的假设基础上。然而,在实际应用中,当遇上复杂云层背景及地面背景等情况时,这种假设往往是不成立的。因此,虽然这类算法具有实现简单、计算量小等优点,但是其依赖的先验假设非常苛刻,很容易造成误检。

4.1.2.2　基于视觉显著性的红外弱小目标检测算法研究现状

　　基于视觉显著性的红外弱小目标检测算法是该领域近些年来非常前沿的算法。其基本原理是通过模仿人类视觉系统(Human Vision System,HVS)对目标特征信息进行处理,通过设定局部描述的对比度来对红外弱小目标进行检测,这种对比度可以理解为局部的区域中心和其邻域的信息差异,而人类视觉系统对此类局部信息非常敏感。

　　Itti 等人于 1998 年建立了较完善的人类视觉系统模型[41],有学者发现其特有的视觉显著性机制非常契合红外弱小目标检测领域,对提高目标的检测率、降低虚警率有积极的作用[42]。Kim 等人基于人类视觉系统机制,将 LoG(Laplacian of Gaussian)滤波器应用于红外弱小目标检测领域[43]。该滤波器通过中心为正,周围为负的空间分布实现对背景的抑制及目标区域的增强。同时通过调整尺度参数,实现对多尺度下的目标检测,但由于 LoG 滤波器模板为圆形,缺乏方向性,在遇见高亮背景和背景边缘部分时,检测性能能会大受影响。Wang 等人在其基础上,将红外图像分解成若干个图像子块,而且都具有与弱小目标区域相同的尺寸,采用了计算更简便的 DoG(Difference of Gaussian)滤波器[44],提高了算法的实时性,并且具有检测多尺度目标的能力,但同样由于滤波器模板为圆形,缺乏方向性。

　　Chen 等人提出了一种基于局部对比度(Local Contrast Measure,LCM)的红外弱小目标检测算法[45],该算法首先将图像分为若干个图像子块,在每个图像子块中通过计算中心区域最大值与邻域八方向区域均值的比值来定义 LCM;然后用比值替换中心区域的灰度值,以实现目标区域的增强和背景的抑制。采用多尺度技术检测 3 像素×3 像素～9 像素×9 像素的目标时,通常以多个尺度下的最大响应值作为最终输出。此后,有学者提出了许多 LCM 的改进算法,Han 等人直接在图像子块的尺度上进行操作[46],降低了计算量,而且引进了图像子块的灰度均值，提高了高亮背景的抑制能力，但由于在图像子块上进行操作，因此丢失了多尺度目标检测能力。之后，他们又提出了多尺度相对局部对比度(Multi-scale Relative Local Contrast Measure，RLCM)算法[47]，该算法加入了中心块图像与周围块区域的灰度值比值，明显提高了检测性能，但其缺点在于，当存在和弱小目标具有类似性质的孤立噪点时，弱小目标易被误判为孤立噪点，容易造成漏检情况。Wei 等人通过计算中心子块与八邻域方向子块的非相似性来定义 LCM，提出了一种多尺度块对比度量(Multi- scale Patch-based Contrast Measure，MPCM)算法[48]，既增强了目标也抑制了背景，但是不足之处在于，只使用差值来计算对比度，对目标区域的增强是有限的，在更复杂的背景情况下，检测性能会出现明显下滑。后续更多的算法被提出，如基于 High-Boost 的多尺度局部对比度(High-Boost-based Multiscale Local Contrast Measure，HBMLCM)[49]、加权局部对比度(Weighted Local Contrast Measure，WLCM)[50-51]和多尺度局部均质度量(Multi-scale Local Homogeneity Measure，MLHM)[52]等多种算法。

平均绝对灰度差分(Average Absolute Gray Difference，AAGD)算法[53]通过目标的灰度值特性及目标不同于背景杂波和噪声的局部特征来抑制背景和增强目标，该算法对高强度边缘背景非常敏感。为了解决此问题，在其基础上改进了累计方向导数加权的绝对灰度差(Absolute Average Difference weighted by Cumulative Directional Derivatives，AADCDD)算法[54]和基于绝对方向均值差(Absolute Directional Mean Difference，ADMD)算法[55]。这类算法能根据局部平均特性抑制背景，增强弱小目标，因为只通过局部平均和减法运算就能实现，所以具有较好的实时性，但是由于利用了局部背景窗口，因此当目标接近高强度背景时，容易造成目标漏检的情况发生。

基于视觉显著性的红外弱小目标检测算法建立在目标在图像中具有显著性特征的假设基础上，这是一个在实际场景中比较苛刻的先验假设，若目标为暗区域或图像中有和目标局部特性相似的噪点及杂波时，这类算法的检测性能会出现明显下滑。

4.1.2.3　基于稀疏重构的红外弱小目标检测算法研究现状

在红外弱小目标检测领域，稀疏重构这类算法根据红外图像的非局部自相关特性，把红外弱小目标看作一类特殊的噪声，并假设弱小目标分布在稀疏矩阵成分中，通过将具有低秩性质的红外背景进行分解重构后，将原始图像与重构后的低秩背景进行差分获得检测结果。近些年提出了许多基于稀疏重构的红外弱小目标检测算法[56-68]，该类算法主要通过对红外弱小目标的单帧图进行以下建模：

$$f(x,y) = f_{\mathrm{T}}(x,y) + f_{\mathrm{B}}(x,y) + f_{\mathrm{N}}(x,y) \tag{4-1}$$

式中，$f(x,y)$、$f_{\mathrm{T}}(x,y)$、$f_{\mathrm{B}}(x,y)$、$f_{\mathrm{N}}(x,y)$ 分别代表红外图像、具有稀疏性质的弱小目标图像、具有低秩性质的背景图像及噪声图像。以上建模建立在 $f_{\mathrm{T}}(x,y)$ 为稀疏成分，$f_{\mathrm{B}}(x,y)$ 为低秩成分，$f_{\mathrm{N}}(x,y)$ 符合某先验分布(通常假设为高斯分布)的基础上。其主要思想就是通过分解重构后，在包含弱小目标的稀疏矩阵上检测目标。

受鲁棒主成分分析(Robust Principal Component Analysis，RPCA)理论的启发，Gao 等人根据红外图像的非局部自相关特性[56]，假设背景具有低秩性，目标具有稀疏性，将原始图像进行成分分解，构建了红外块图像(Infrared Patch Image，IPI)模型，使用设计的滑动窗口对红外图像进行遍历，将每一步的块图像进行向量化后构造表征原始图像的块图像矩阵，将弱小目标检测问题转换为矩阵恢复的优化问题。但是这类算法在具有强烈边缘噪声的情况下，受噪声干扰严重，而且使用迭代方法对模型求解，会造成实时性较差的问题。Dai 等人利用空间相关性[57]，引入张量恢复算法至红外弱小目标检测领域，提出了重加权红外块张量（Reweighted Infrared Patch-Tensor，RIPT）模型。Zhang 等人提出了一种基于非凸秩逼近最小联合 $L_{2,1}$ 范数（Non-convex Rank Approximation Minimization joint $L_{2,1}$ norm，NRAM）[58]的模型，旨在填补 L_1 范数及核范数在去除稀疏矩阵中背景残差的不足，以及类似的使用非凸低秩约束张量核范数（Partial Sum of Tensor Nuclear Norm，PSTNN）[59]的模型。虽然解决了实时性差的问题，但是与弱小目标特性相似的边缘噪声和一些尖锐背景容易被分解至稀疏成分中。He 等人提出了一种稀疏低秩表示的模型[60]，在稀疏矩阵中进一步分离了目标和噪声，该模型对噪声特殊结构的有效描述是提升性能的重点。为了进一步抑制复杂边缘噪声，Dai 等人通过最小化奇异值的部分和来分离目标和背景成分[61]，提出了基于奇异值部分累加最小化的非负红外块图像（Non- negative Infrared Patch-image model based on Partial Sum minimization of singular values，NIPPS）模型。

基于稀疏重构的红外弱小目标检测算法相比前两类算法——基于背景估计滤波的红外弱小目标检测算法和基于视觉显著性的红外弱小目标检测算法，能够更好地消除背景杂波。但是，在遇见复杂尖锐的背景情况时，包含目标成分的稀疏矩阵中往往容易被混入此类尖锐背景，因此，对这种干扰噪声异常敏感。而且此类算法涉及矩阵的分解和重构运算，会消耗较多的计算资源，违背了红外弱小目标检测要求实时性高的初衷。

4.1.2.4 基于深度学习的红外弱小目标检测算法研究现状

深度学习是机器学习领域中一个新的研究方向，旨在学习样本数据的内在规律和表示层次。随着近几年深度学习的快速发展，已经有不少专家、学者将一些深度学习模型引用至红外弱小目标检测领域。例如，已经出现了一些融合神经网络算法的研究，通过使用某些特定的网络模型，完成对红外弱小目标的检测。

此类算法可以根据模型输出结果的不同形式分为两大类，一类是输出目标所在图像中外接矩阵的位置及形状信息的算法。例如，Wang 等人提出了一种基于 SSD[69]的多尺度融合端到端的红外弱小目标检测模型[70]，以 SSD 作为主干网络，提取多尺度下目标的语义信息和纹理细节，以提高检测的准确率。Huang 等人为避免因感受野扩大和池化层降维导致目标特征信息丢失的情况[71]发生，将 Faster R-CNN[72-73]模型中残差网络的低层特征共享至区域推荐网络，完成了红外遥感图像下超分辨率弱小目标识别的任务。Du 等人在 YOLO[74-75]模型上增加了聚焦和注意力机制模块[76]，当红外弱小目标处于被遮挡或者尺寸较小的情况时，其依然能保持不错的检测性能。另一类则是输出图像中所有像素点所属类别语义分割的算法，Zhao 等人提出了一种基于生成对抗网络（Generative Adversarial Network，GAN）[77]的红外弱小目标检测模型[78]，自动学习红外弱小目标独有的特征信息，直接预测目标强度，即检测问题被转换为图像到图像的转换问题。Li 等人提出了一种 DNANet（Dense Nested Attention Network）模型[79]，通过多个通道的空间注意力模块充分利用目标的多级特征及背景信息，避免了多层池化层可能带来的目标细节丢失的情况。Dai 等人提出了一种 ACM（Asymmetric Contextual Modulation）的网络结构[80]，针对红外弱小目标所特有的特征信息进行自上而下的特征传递，同时进行自下而上的逐点通道注意力反馈，旨在交换低层次的特征细节及高层次的语义信息，以提高检测性能。基于深度学习的红外弱小目标检测算法依赖数据驱动，自适应提取弱小目标所独有的特征信息，在一定程度上提高了检测精度，但是，对数据的需要量及模型所耗费的计算量会明显提升，虽然现在模型轻量化是行业趋势和研究热点，但是依然要求高质量和丰富的红外图像数据，在实际应用中很难满足。

4.2　基于 ADMM 和改进 Top-hat 变换的红外弱小目标检测

红外弱小目标检测是红外搜索跟踪系统中的一项关键技术，由于其具有探测距离远、全时工作、抗干扰等优点，在空中侦察、预警、军事监视等领域得到了广泛应用，然而，由于远距离成像中的光散射和能量损失，捕获的目标信号尺寸很小，并且往往带有杂波和噪声，导致图像信噪比较低。虽然如今已经提出了许多优秀的算法，但是在复杂背景下红外弱小目标检测仍然是一个挑战。

经典的 IPI 模型及形态学 Top-hat 变换是红外弱小目标检测领域的经典算法之一。本节首先介绍这两种算法的原理，并总结分析这两种算法的不足。IPI 模型根据红外图像的非局部自相关特性，假设目标和噪声具有稀疏性，背景具有低秩性，通过设置滑动窗口及滑动步长构建图像子块，将目标检测问题转换为矩阵恢复问题，该模型具有良好的检测性能但计算量偏大，算法实时性较差。Top-hat 变换通过设置结构元素作为卷积模板，将原始图像与形态学中的闭运算进行差分获得检测结果，算法结构简便、清晰，且具有一定的目标增强能力，但在背景抑制方面明显不足，容易出现高虚警情况。为了解决这一问题，本节提出了一种基于交替方向乘子法（Alternating Direction Method of Multipliers，ADMM）和改进 Top-hat 变换的红外弱小目标检测算法，首先根据红外图像非局部自相关特性构建稀疏低秩矩阵分解的凸优化模型，使用 ADMM 求凸优化模型的最优解，获得包含目标和噪声的稀疏矩阵及涵盖背景的低秩矩阵，完成初步背景抑制；然后根据红外弱小目标特性构建一种三重结构元素 Top-hat 变换，增强目标区域并且剔除低秩矩阵中残留的噪声，构建置信度图；最后采用自适应阈值分割获得检测结果。大量实验证明该算法具有优秀的检测性能及良好的实时性。

4.2.1　鲁棒主成分分析

红外弱小目标图像包括弱小目标、噪声和背景三部分，表示为

$$f_D(x,y) = f_T(x,y) + f_B(x,y) + f_N(x,y) \tag{4-2}$$

式中，(x,y) 为像素点的坐标；f_D 代表原始红外图像；f_T 代表弱小目标部分；f_B 代表背景部分；f_N 代表噪声部分。

红外弱小目标所占像素比例小于图像总尺寸的 15%，且目标和背景的 SCR 小于 4，因此可以将弱小目标 f_T 看成一个稀疏矩阵。

$$\|f_T\|_0 < k \tag{4-3}$$

式中，$\|\cdot\|_0$ 表示求零范数，图像矩阵的零范数表示矩阵中非零元素的个数；参数 k 由目标的尺寸和个数决定。

IPI 模型通过构造子块图像，并根据子块图像具有非局部自相关特性对矩阵进行重建。然而普通的红外图像存在非局部自相关特性[81]，大多数背景能构造简单的红外图像，其背景多数表现为低秩特性。图 4-1 所示为红外图像及其对应的奇异值分解曲线，虽然图像各自背景不同，但是其奇异值都快速收敛至零。因此，可以将红外背景 f_B 看成一个低秩矩阵，表示为

$$\text{rank}(f_\text{B}) \leqslant r \qquad\qquad (4\text{-}4)$$

式中，r 表示一个常数，约束图像的复杂程度，r 越大表示图像越复杂。

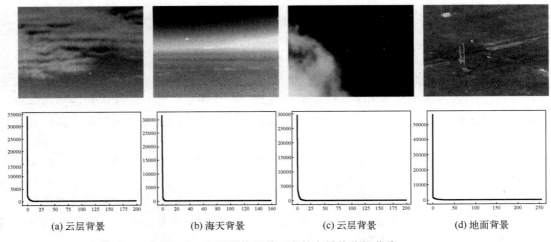

(a) 云层背景   (b) 海天背景   (c) 云层背景   (d) 地面背景

图 4-1   红外图像及其对应的奇异值分解曲线

4.2.2 ADMM

ADMM 是求解 RPCA 凸优化问题[67]的一种算法，将红外图像作为低秩数据观测矩阵 D，若 D 受到随机噪声影响，则 D 的低秩特性被破坏变成满秩特性，所以需要将 D 分解成包括其真实结构的低秩矩阵和稀疏矩阵，将约束问题通过凸优化转换成无约束问题，即将 RPCA 问题转换为如下形式：

$$\min_{A,E} \|A\|_* + \lambda \|E\|_1 + \gamma \|N\|_F^2 \quad \text{s.t.} \quad D = A + E + N \qquad\qquad (4\text{-}5)$$

式中，$\|A\|_* = \sum_{i=1}^{m} \delta_i(A)$ 表示矩阵 A 的核范数，$\delta_i(A)$ 表示 A 的第 i 个奇异值；λ 为噪声权重；$\|E\|_1 = \sum_{ij} |E_{ij}|$ 表示矩阵 E 中所有元素的绝对值之和；$\|N\|_F^2$ 表示随机噪声的 F 范数；A 为背景部分；E 为目标部分；N 为随机噪声部分；γ 为较小随机噪声权重。

式 (4-5) 的增广拉格朗日函数可以定义为如下形式：

$$
\begin{aligned}
L_\rho(A,E,N,G,\rho) = {} & \|A\|_* + \lambda \|E\|_1 + \gamma \|N\|_F^2 \\
& + \langle G, D - A - E - N \rangle + \frac{\rho}{2} \|D - A - E - N\|_F^2
\end{aligned}
\qquad (4\text{-}6)
$$

式中，ρ 为惩罚因子；G 为拉格朗日乘子；$\dfrac{\rho}{2}\|D-A-E-N\|_F^2$ 表示平方正则项，相比之前的拉格朗日函数多了一个约束项。

4.2.3 形态学 Top-hat 及 NWTH

在传统 Top-hat[35]算法中，通过将开运算后的图像结果与原始图像相减来分离目标。在形态学中，开运算是通过设计构造的结构元素从红外图像中消除明亮像素（目标）的。开运算定义如下：

$$f(x,y) \circ B = [f(x,y) \ominus B] \oplus B \tag{4-7}$$

式中，$f(x,y)$ 表示原始图像；B 表示结构元素；$\circ$ 表示开运算；$\oplus$ 表示膨胀操作；$\ominus$ 表示腐蚀操作。

为了更好地处理重杂波和噪声，改进的 Top-hat 即 NWTH 算法[29]提出了一个新的操作，通过交换腐蚀操作和膨胀操作的顺序，定义如下：

$$f(x,y) \blacksquare B_{oi} = [f(x,y) \oplus \Delta B] \ominus B_b \tag{4-8}$$

式中，$\blacksquare$ 代表新的开运算；B_{oi} 为结构元素 B_o 和 B_i 的统称；ΔB 由 B_i 和 B_o 组成，ΔB 和 B_b 分别代表膨胀操作和腐蚀操作的结构元素。NWTH 算法结构元素示意图如图 4-2 所示。

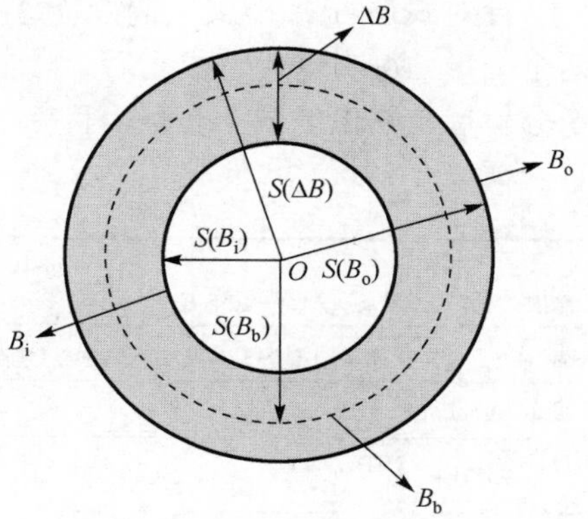

图 4-2 NWTH 算法结构元素示意图

4.2.4 改进算法

尽管基于 RPCA 的 IPI 模型[56]通常能产生较好的结果，但该模型的处理时间很长，实时性较差，在大多数情况下，要想取得较好的效果，处理时间需要在几到几十秒。这是由于通过图像子块重构矩阵，如果不从根本上改变算法，则很难解决该问题。使用形态学或 HVM 算法可以获得更快的运行速度，并且能够产生良好的结果，因此我们探索是否可以使用一种组合算法来实现更好的结果和更短的处理时间。

所提组合算法没有使用单一步骤直接分离目标矩阵 f_T，而是首先从图像中分离背景 f_B。通过将原始红外图像变换为满足低秩特性的背景图像和满足稀疏特性的包含噪声和弱小目标的前景图像，从而解决 RPCA 的优化问题。在采用奇异值分解去除大部分背景的情况下，进行改进形态学滤波。虽然形态学算法不善于处理复杂背景，但在所提组合算法中，这种缺点不会暴露出来，因为在第一步就已经去除了背景。之所以没有选择 HVM 算法，是因为它在处理具有明亮背景的图像时存在问题，在第一步中这种情况无法被缓解。所提组合算法的整体流程如图 4-3 所示。

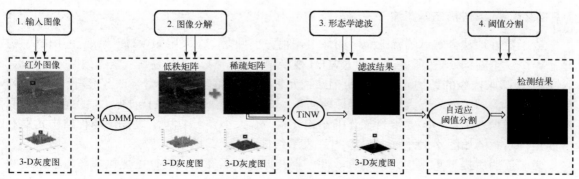

图 4-3 所提组合算法的整体流程

4.2.4.1 图像分解重构

该步骤是从图像中分离背景，背景和噪声都在一个过程中被抑制，图像分解步骤具有更高的容限，并可能会残留部分背景和噪声，这将在下一步骤形态学滤波中被抑制，即从式(4-2)中分离噪声 f_N。因此，此步骤是初步抑制，ADMM 可以直接应用于整张图像。与 IPI 模型相比，所提组合算法未使用滑动窗口对图像进行分块处理，因此可以显著缩短处理时间。

针对式(4-6)所定义的问题，每次迭代只将 A、E 和 G 中的一个当作未知变量，固定其余两个变量，每次迭代完成之后，再对 A、E 和 N 进行更新，ADMM 伪代码如表 4-1 所示。图像分解后，图像的剩余分量由目标 f_T 和噪声组成，噪声包括原始噪声 f_N 及残留的背景。

表 4-1 ADMM 伪代码

输入：原始图像； 输出：稀疏矩阵 A_k、低秩矩阵 E_k
let $\lambda = 1/\sqrt{\max(m,n)}$、$E_0 = 0$、$N_0 = 0$、$k = 1$、$\sigma = 2$
while（not converged）
$\left(U_k, \sum_k, V_k\right) = \mathrm{SVD}(D - E_k - N_k + \rho_k^{-1} G_k)$
$A_{k+1} = U_k S_{\rho_k^{-1}}\left(\sum_k\right) V_k^\mathrm{T}$
$E_{k+1} = S_{\lambda/\rho}(D - A_{k+1} - N_k + \rho^{-1} G_k)$
$N_{k+1} = \rho / \rho + 2\gamma(D - A_{k+1} - N_{k+1} + \rho^{-1} G_k)$
$G_{k+1} = G_k + \rho_k(D - A_{k+1} - E_{k+1} - N_{k+1})$
$\rho_{k+1} = \sigma \rho_k$
$k = k + 1$
End

表中，k 表示迭代次数；σ 表示惩罚因子每次迭代所乘系数；$\mathrm{SVD}(D - E_k - N_k + \rho_k^{-1} G_k)$ 表示对矩阵 $D - E_k - N_k + \rho_k^{-1} G_k$ 进行奇异值分解；U_k 和 V_k 表示矩阵 $D - E_k - N_k + \rho_k^{-1} G_k$ 奇异值分解的左右正交矩阵；$\sum_k$ 表示奇异值分解的特征值组成的对角矩阵；$S_{\rho_k^{-1}}$ 表示在指定惩罚因子 ρ_k^{-1} 下的收缩算子。

4.2.4.2 改进形态学滤波

为了更好地从分解后的稀疏矩阵图像中识别弱小目标，在采用 NWTH[29]算法的同时，构造了一个三重结构元素。所提改进的 NWTH 变换中三重结构元素的关系示意图如图 4-4 所示，S_p 是实现膨胀操作的结构元素，由两个结构元素 S_o 和 S_i 嵌套而成；S_o（正方形）代表 S_p 的外轮廓，其涵盖的区域需要大于弱小目标的面积；S_i（菱形）代表 S_p 的内轮廓，S_i 的面积小于弱小目标的面积；S_f（圆形）是腐蚀操作的结构元素，其大小介于 S_i 和 S_o 之间。两种结构元素对应的矩阵示意图如图 4-5 所示，其中"1"表示结构元素。

为了证明所提三重结构元素的有效性，将其形态学运算过程进行可视化，形态学滤波的过程如图 4-6 所示，第一行是弱小目标在图像区域中的放大图，第二行是其对应的矩阵。目标的尺寸为 5 像素×3 像素，其对应的像素在图 4-6(a)中以矩形框突出显示。利用特定构造的结构元素 S_p，目标周围区域中的像素都通过膨胀获得了局部最大值。图 4-6(b)中的目标被一个矩形（亮像素）突出显示，而目标本身被限制在一个较小的菱形（灰色像素）中。腐蚀操作如图 4-6（c）所示，其中目标区域被放大为一个矩形（灰色像素），并具有突出的外部边界（亮像素）。这是因为圆形结构元素 S_f 的大小介于 S_p 的外边界和内边界之间。图 4-6（a）减去图 4-6（c）即获得最终结果，其消除了所有背景和噪声，成功获得了目标。滤波结果如图 4-6（d）所示。

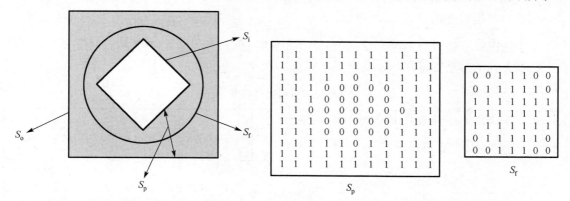

图 4-4　所提改进的 NWTH 变换中三重结构元素的关系示意图

图 4-5　两种结构元素对应的矩阵示意图

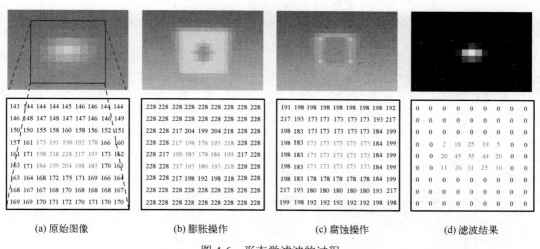

(a) 原始图像　　(b) 膨胀操作　　(c) 腐蚀操作　　(d) 滤波结果

图 4-6　形态学滤波的过程

在运算过程中，非目标区域中的像素可能会出现负值，应将其设置为 0。因此，所提算法 TiNW 变换定义如下：

$$\text{TiNW} = f(x, y) - \min[(f(x, y) \oplus S_p) \ominus S_f, f(x, y)] \tag{4-9}$$

4.2.4.3　自适应阈值分割

经过上述处理得到的目标图像中还存在少量虚警点，而残留的虚警点一般只占一到两个像元，采用自适应阈值分割对图像进行二值化处理，阈值 T 定义为

$$T = M + kS \tag{4-10}$$

式中，M 和 S 分别表示背景抑制后图像的平均值和标准差；k 为常数，通常取 20~45，此处 k 取 40。

4.2.5　实验结果与分析

在 MATLAB r2020b 环境下进行仿真实验，实验硬件使用 HPS-P18C32GB 工作站，搭载 Intel Xeon 8124 m 3.0 GHz 处理器和 32 GB DDR RAM。

4.2.5.1　实验参数设置

为了测试和验证改进的形态学滤波算法（本节用 Ours 算法表示）的性能，从开源红外图像数据集中选择了 5 个图像序列，实验数据信息如表 4-2 所示。

表 4-2　实验数据信息

序列号	目标范围/像素	帧数/帧	图像尺寸/像素	平均 SCR	图像描述
序列 1	5×5	30	256×200	0.62	天空背景；大部分被分散的云覆盖；固定摄像机位置，目标从左到右移动
序列 2	5×5	30	238×158	0.65	天空和海洋背景，具有清晰的水平边界；固定摄像机位置，目标从上到下移动
序列 3	5×5	30	302×202	0.51	天空背景；部分被厚云层覆盖；固定摄像机位置，目标从右向左移动
序列 4	4×4	30	256×256	3.81	陆地背景(快速变化)；跟踪摄像机位置，图中有弱小目标(16)
序列 5	3×3	30	256×256	1.63	陆地背景；跟踪摄像机位置，图中有超弱小目标(9)

为了验证 Ours 算法的优越性，本节选择了 6 种算法进行比较，包括传统最大均值（Max-Mean）算法[24]、两种形态学滤波算法（经典的 Top-hat 算法[28]和 NWTH 算法[29]）、两种基于人类视觉系统的算法（LCM 算法[45]和 RLCM 算法[47]）及 IPI 算法[56]，这些算法的实验参数如表 4-3 所示。

表 4-3　对比算法的实验参数

对比算法	实验参数
Max-Mean	Sliding window size = 21×21
Top-hat	Structuring element size = 5×5
NWTH	$R_O = 9, R_i = 4$ for sequences 1~4; $R_O = 8, R_i = 3$ for sequence 5
LCM	Cell size $v = 3$, $h = 3, 5, 7, 9$
RLCM	Scale = 3; $k_1 = 2,5,9$ $k_2 = 4,9,16$
IPI	Patch size = 80×80, sliding step = 5, $\lambda = 1/\sqrt{\max(m,n)}$
Ours	$S_o = 7, S_i = 3$ for sequences 1~4; $S_o = 5, S_i = 2$ for sequence 5; other parameters are shown in table 2~1

实验结果的评估指标是信号杂波比增益（Signal-to-Clutter Ratio Gain，SCRG）[23]、背景抑制因子（Background Suppression Factor，BSF）[58]及对比度增益（Contrast Gain，CG）[4]，定义为

$$SCR = \frac{|\mu_t - \mu_b|}{\sigma_b} \tag{4-11}$$

$$SCRG = \frac{SCR_{out}}{SCR_{in}} \tag{4-12}$$

$$\mathrm{BSF} = \frac{\sigma_{\mathrm{in}}}{\sigma_{\mathrm{out}}} \tag{4-13}$$

$$\mathrm{CG} = \frac{\left| \mu_{\mathrm{t}} - \mu_{\mathrm{b}} \right|_{\mathrm{out}}}{\left| \mu_{\mathrm{t}} - \mu_{\mathrm{b}} \right|_{\mathrm{in}}} \tag{4-14}$$

式中，μ_{t} 和 μ_{b} 分别代表目标区域像素的平均值和目标周围背景像素的平均值；σ_{b} 代表周围背景区域的标准差；σ_{out} 和 σ_{in} 则代表输出图像和输入图像中除目标区域外的图像标准差；out 和 in 分别代表输出图像和输入图像。

目标区域示意图如图 4-7 所示，目标尺寸大小为 $a \times b$，局部区域大小为 $(a + 2d) \times (b + 2d)$，此处 d 取 15。

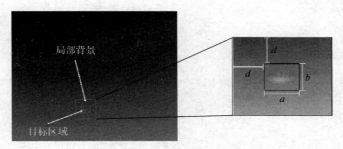

图 4-7   目标区域示意图

SCRG 越大表示弱小目标越明显，越容易被检测到，BSF 越大表示抑制背景的效果越好，然而在一些具有较好性能的算法中，会出现 SCRG 的值无穷大（Inf）的情况。从定义来看，若周围背景完全被剔除，则 σ_{b} 会出现无限趋于 0 的值，从而造成上述情况发生，因此引入 CG 这一评价指标，由于不需要除以周围背景区域的标准差，所以避免了上述情况。

虚警率 F_{a}[54-55]用于描述算法进行正确检测的能力，计算使用阈值分割后的结果。本节虚警率的定义为

$$F_{\mathrm{a}} = N_{\mathrm{f}} / N_{\mathrm{w}} \tag{4-15}$$

式中，N_{f} 和 N_{w} 分别代表误检的像素总和与整张图的像素总和。

为了评估算法对一系列红外帧的检测效果，将各评价指标的平均值定义如下：

$$\overline{\mathrm{SCRG}} = \frac{1}{N} \sum_{i=1}^{N} \mathrm{SCRG}_i \tag{4-16}$$

$$\overline{\mathrm{BSF}} = \frac{1}{N} \sum_{i=1}^{N} \mathrm{BSF}_i \tag{4-17}$$

$$\overline{\mathrm{CG}} = \frac{1}{N} \sum_{i=1}^{N} \mathrm{CG}_i \tag{4-18}$$

$$\overline{F_{\mathrm{a}}} = \frac{1}{N} \sum_{i=1}^{N} F_{\mathrm{a}i} \tag{4-19}$$

式中，N 表示序列图像中的总帧数；SCRG_i、BSF_i、CG_i 和 $F_{\mathrm{a}i}$ 分别表示第 i 帧的 SCRG、BSF、CG 和 F_{a} 的值。

4.2.5.2 各阶段实验结果

为了更好地说明 Ours 算法的工作流程，从 SIRST 数据集[80]中选择了 4 个典型背景，包括天空背景、云层背景、陆地背景及海面背景。4 个典型背景的每个阶段的模拟结果如图 4-8 所示。图 4-8（a）所示为原始红外图像，其中目标用矩形表示。图 4-8（b）所示为图像分解（ADMM）后的稀疏矩阵图像，其中背景被初步抑制。图 4-8（c）所示为形态学滤波（改进的顶帽变换）图像，其中目标被成功分离。在此阶段，完成了背景抑制，并且消除了大部分背景噪声。虽然噪声散射可能仍然存在，但在经过图像处理后，它们被完全剔除。图 4-8（d）所示为经过自适应阈值分割后的结果，即最终实验结果。

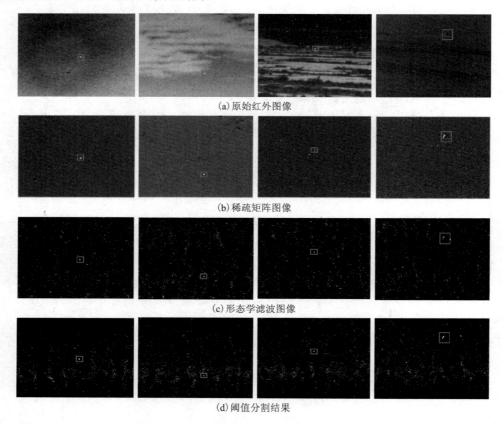

(a) 原始红外图像

(b) 稀疏矩阵图像

(c) 形态学滤波图像

(d) 阈值分割结果

图 4-8　4 个典型背景的每个阶段的模拟结果

图 4-9 所示为 TiNW 结果的三维视图（三维图中形态学滤波步骤后的图像），其中背景被有效抑制。在所有图像中，并无明显的虚警点。

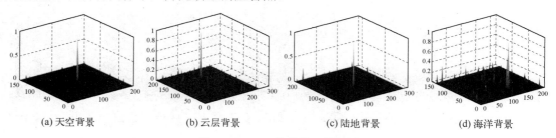

(a) 天空背景　　　　(b) 云层背景　　　　(c) 陆地背景　　　　(d) 海洋背景

图 4-9　TiNW 结果的三维视图

4.2.5.3　对比实验定性分析

为了评估 Ours 算法的有效性和适应性，将对比实验的结果进行定性与定量分析。6 种算法的背景抑制结果如图 4-10 所示(矩形表示目标，其他框显示错误报警点或未被抑制的背景)，在背景抑制方面，Max-Mean 算法的效果一般，在所有 5 个序列中，大多数高频背景被保留。Top-hat 算法和 LCM 算法在每张图像中都留下了大量连续的背景杂波。与前 3 种算法相比，RLCM 算法产生的结果更好。然而，在序列 1、2 和 5 中，由于对比度增强，使一些噪声点变得更加突出。在背景抑制方面，NWTH 算法、IPI 算法及 Ours 算法效果较好。

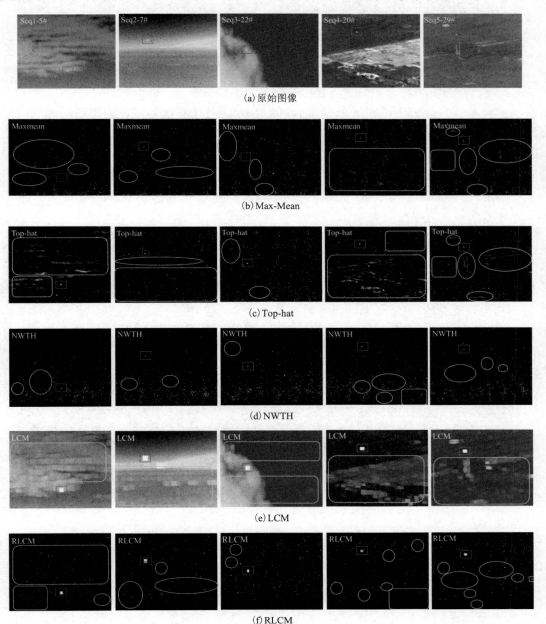

图 4-10　6 种算法的背景抑制结果

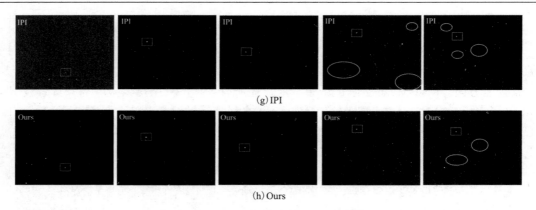

(g) IPI

(h) Ours

图 4-10 6 种算法的背景抑制结果(续)

在检测真实目标方面,虽然许多算法错误地突出了噪声点(在经过自适应阈值分割之后,这些噪声点不一定会成为错误的报警点),但是 6 种对比算法都能够突出目标区域。对于 Max-Mean 算法、Top-hat 算法和 LCM 算法、RLCM 算法,它们的检测能力受其背景抑制效果的限制,即残留的明亮背景将主要导致错误报警点。NWTH 算法在所有 5 个序列中都留下了亮点,表明可以针对具有复杂背景的图像序列细化形态学的结构元素。IPI 算法在序列 4 和序列 5 中产生了第二好的结果,其中序列 4 和序列 5 具有快速变化的背景和跟踪摄像机位置。Ours 算法在序列 5 中具有两个小噪声点的最佳视觉表现。

图 4-10 显示了每个图像序列中最具代表性的一帧图像,旨在展示该算法在给定序列上的整体性能。然而,某些算法在同一序列中的不同图像上检测性能参差不齐,会导致误检或漏检。RLCM 算法和 NWTH 算法在序列 3 中出现漏检情况,如图 4-11 所示。例如,NWTH 算法在序列 3 中第 11 帧到第 13 帧出现了漏检(见图 4-11);RLCM 算法在序列 3 中第 11 帧至第 15 帧同样出现了漏检(见图 4-11);IPI 算法保留了序列 1 中近一半帧(1~6 帧、10~12 帧和 16 帧)中的背景成分(见图 4-10 第 1 列第 7 行),导致 SCRG 值较低。由于图像数据集没有在每一帧上提供任何时间戳,无法识别这些图像中经过的实时时间,因此无法评估这些不一致的表现会在多大程度上影响监控或监视的准确性。

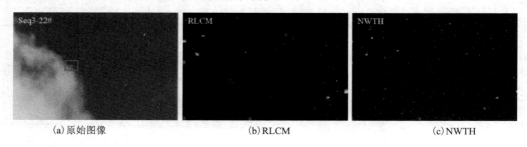

(a) 原始图像 (b) RLCM (c) NWTH

图 4-11 RLCM 算法和 NWTH 算法在序列 3 中出现漏检情况

4.2.5.4 对比实验定量分析

各算法的平均 SCRG 结果如表 4-4 所示。Ours 算法在序列 1、序列 2 及序列 4 中是最优结果,在剩余的序列 3 及序列 5 中都是次优结果,这表明 Ours 算法在突出目标方面具有优势。NWTH 算法、RLCM 算法和 IPI 算法的总体排名相似,明显优于 Max-Mean 算法、Top-hat 算法和 LCM 算法。Ours 算法在序列 1 和序列 2 中比所有对比算法产生的结果都好。在序列 3 中，RLCM 算法具有最优结果，Ours 算法为次优结果，并明显优于 NWTH 算法和 IPI 算法。在序列 4 中，Ours 算法为最优结果，而大多数对比算法的得分都在 10 左右。在序列 5 中，IPI 算法比其他算法具有明显的 SCRG 值，Ours 算法为次优结果。

表 4-4　各算法的平均 SCRG 结果

对比算法	序列 1	序列 2	序列 3	序列 4	序列 5
Max-Mean	10.48	26.91	4.10	9.67	14.87
Top-hat	6.77	6.89	24.96	7.28	10.27
NWTH	**79.46**	137.34	66.40	**22.52**	13.63
LCM	3.17	1.23	3.36	5.50	4.92
RLCM	65.23	136.16	**886.35**	14.49	12.72
IPI	21.24	**146.91**	142.91	9.95	**72.37**
Ours	**265.84**	**240.54**	**490.00**	**35.26**	**20.68**

各算法的平均 BSF 结果如表 4-5 所示。NWTH 算法、IPI 算法和 Ours 算法在所有 5 个序列中都优于 Max-Mean 算法、Top-hat 算法、LCM 算法和 RLCM 算法，而 IPI 算法和 Ours 算法比 NWTH 算法的结果更高，尤其在序列 1 和序列 4 中。与 IPI 算法相比，Ours 算法在序列 3 中获得了一个最优值，在剩余的 4 个序列中为次优值（序列 1、序列 2、序列 4 和序列 5）。由于序列 2 和序列 5 的差异仅为 2%，因此这些结果被认为与 IPI 算法相同（4 个最优和 1 个次优）。

表 4-5　各算法的平均 BSF 结果

对比算法	序列 1	序列 2	序列 3	序列 4	序列 5
Max-Mean	3.96	12.75	6.69	4.26	1.48
Top-hat	1.05	3.43	8.39	2.05	0.81
NWTH	5.65	13.20	20.07	11.92	3.29
LCM	0.92	0.93	0.95	1.54	0.54
RLCM	2.02	3.98	6.87	6.97	1.27
IPI	**10.96**	**14.41**	**22.92**	**17.76**	**3.99**
Ours	**7.17**	**14.15**	23.69	**14.09**	**3.98**

各算法的平均 CG 结果如表 4-6 所示。因为 LCM 算法及 RLCM 算法使用多尺度技术显著增强了目标区域，因此在 CG 方面，这两种算法明显优于其他算法。Ours 算法在序列 4 及序列 5 取得了次优结果。特别在序列 4 中仅次于最优的 RLCM 算法 0.03。

表 4-6　各算法的平均 CG 结果

对比算法	序列 1	序列 2	序列 3	序列 4	序列 5
Max-Mean	1.99	4.13	2.11	0.89	1.50
Top-hat	4.03	5.78	4.73	1.52	2.07
NWTH	4.15	2.90	4.29	1.31	2.00
LCM	**8.17**	**7.52**	**10.49**	2.71	2.59
RLCM	**19.17**	**16.64**	**13.79**	**2.84**	**4.33**
IPI	0.48	4.80	3.39	1.03	1.68
Ours	7.53	6.30	5.89	**2.81**	**2.94**

在运行时间上,3 种算法(NWTH 算法、IPI 算法和 Ours 算法)的平均处理时间结果如表 4-7 所示。NWTH 算法是一种使用形态学的算法,由于结构运算简单,处理时间非常短,为毫秒级的最佳处理时间,所有 5 个序列的平均时间为 0.016s。IPI 算法由于滑动步骤的复杂性,需要大量的处理时间,它的处理时间是 3 种算法中最差的,平均为 29.28s。尽管 Ours 算法结合了 RPCA 和形态学算法,但在图像分解中不需要对分块图像进行重构,因此时间复杂度比 IPI 算法小得多。Ours 算法的平均处理时间为 2.25s,与 IPI 算法相比,这是一个巨大的改进(减少了 92%)。

表 4-7　3 种算法的平均处理时间结果

对比算法	序列 1	序列 2	序列 3	序列 4	序列 5	处理时间/s
NWTH	**0.015**	**0.014**	**0.016**	**0.017**	**0.016**	**0.016**
IPI	17.39	13.03	60.62	31.93	23.45	29.28
Ours	<u>1.32</u>	<u>0.77</u>	<u>2.60</u>	<u>3.70</u>	<u>2.86</u>	<u>2.25</u>

图 4-12 所示为各序列图像虚警率随阈值变化的曲线图,可以看出 NWTH 算法、IPI 算法及 Ours 算法在所有序列中都优于 Max-Mean 算法、Top-hat 算法、LCM 算法和 RLCM 算法(序列 1 中的 IPI 算法除外)。与 NWTH 算法相比,Ours 算法在序列 1~3 中获得了更低的虚警率,在序列 4 和序列 5 中获得了更好的结果,其中背景变得更复杂、目标变得更小。与 IPI 算法相比,Ours 算法在序列 1~3 和序列 5 中具有更低的虚警率,而 IPI 算法在序列 4 中效果更好。IPI 算法在序列 1~3 中的低阈值下显示出较差的虚警率,如视觉观察部分所述,由于其不一致的背景抑制性能,因此导致此类结果。基于上述比较,在定性和定量结果比较中,NWTH 算法、IPI 算法及 Ours 算法都明显优于 Max-Mean 算法、Top-hat 算法、LCM 算法和 RLCM 算法。尽管在图 4-10 中显示了杂波和噪声,但 NWTH 算法能够通过阈值分割来消除其中的大部分,从而实现比其他 4 种算法更好的误报率。然而,除处理时间外,NWTH 算法几乎在所有方面都不如 IPI 算法及 Ours 算法。与 IPI 算法相比,Ours 算法显示出更好的视觉和 SCRG 结果,并且 BSF 中的结果相似,表明两种算法具有相似的目标检测性能。然而,由于 IPI 算法在某些情况下具有不稳定的背景抑制效果,因此在序列 1~3 中,IPI 算法显示出较高的虚警率。此外,IPI 算法的主要缺点是处理时间长,而 Ours 算法具有明显的优势,使用 IPI 算法的处理时间约为 8%。由于处理时间相对较短(平均为 2.25s),Ours 算法显示出最佳的总体性能,并且具有比 IPI 算法更广泛的应用。

4.2.5.5　结构元素对比实验

在形态学滤波中,提出了一个三重结构元素(见图 4-4),作为对 NWTH 算法所提元素的改进。为了进一步评估其有效性,使用改进的 TiNW 变换进行额外的实验,计算 5 个序列的 SCRG 和 BSF,并统计其与 NWTH 算法的性能差异,所提结构元素与 NWTH 结构元素性能对比如图 4-13 所示。所提结构元素在序列 1~3 中 SCRG 总体显示出更好的结果,除了少数帧(17~22 帧,序列 2 和序列 3),在序列 4 和序列 5 中对所有图像显示出更好的结果,这表明所提结构元素在处理复杂背景方面更优越。对于 BSF,所提结构元素在序列 1~3 中产生了更好的性能,但差异很小(约为 10%)。在序列 4 和序列 5 中,并未看出明显优势。然而,当在算法中结合图像分解时,所提结构元素变得更有效(见表 4-4 和表 4-5),Ours 算法在所有序列的 SCRG 和 BSF 中都获得了较好的结果。

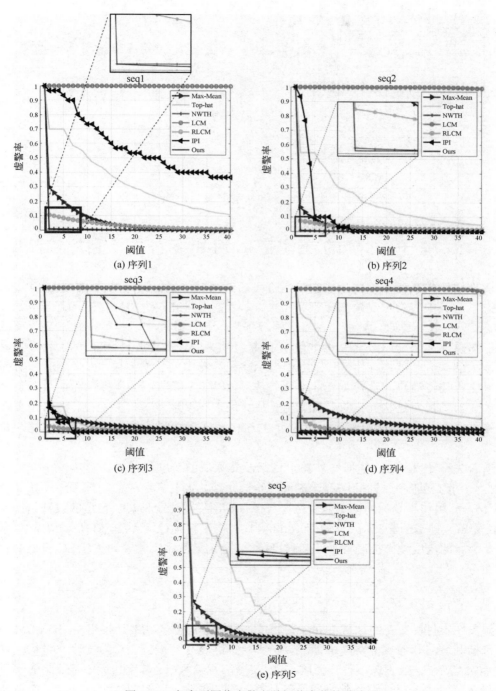

图 4-12 各序列图像虚警率随阈值变化的曲线图

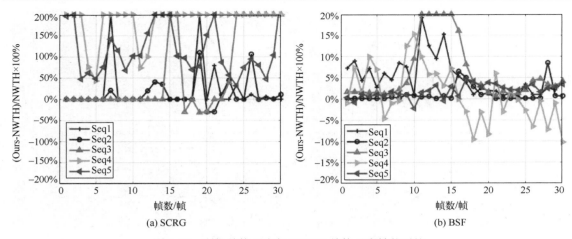

图 4-13　所提结构元素与 NWTH 结构元素性能对比

4.3　基于 LCM 的自适应 Top-hat 红外弱小目标检测

前面介绍了基于稀疏重构与形态学两阶段的红外弱小目标检测算法,然而该算法在第二阶段形态学运算中容易形成检测瓶颈,因此,本节重点研究改进和优化的形态学算法。形态学 Top-hat 变换由于其计算量小、鲁棒性强等优点,是红外弱小目标检测领域的关键技术之一,其基本原理是通过形态学中的膨胀、腐蚀、开运算及闭运算进行不同的操作,其中对结果影响较大的部分是结构元素,其作用相当于卷积运算中的卷积模板。许多学者和研究人员在其基础上提出了改进算法,如 Bai 等人提出了 NWTH 算法。这类算法存在两个不足,一个是需要先验信息对结构元素进行预设置,从而最大程度地发挥检测性能,然而在实际应用中难以得知图像的先验信息;另一个是简单的结构元素无法利用局部信息来抑制复杂背景和增强目标。

本节首先介绍 LCM,依据红外弱小目标及其邻域的灰度值差异,提出一种双结构元素 Top-hat,分别为膨胀和腐蚀操作设计各自的结构元素,调整开运算的运算顺序,在此基础上结合 LCM,利用弱小目标的视觉显著性,获得目标图像的先验信息,自适应设置结构元素的尺寸;还提出一种基于 LCM 的自适应 Top-hat 红外弱小目标检测算法(ATHLC 算法),利用目标区域及邻域的灰度差来抑制背景和增强目标。通过大量对比实验验证 ATHLC 算法的有效性和优越性。

4.3.1　LCM

红外图像中目标所在的区域不同于其邻域,目标在局部区域中是较明显的。LCM[45]能根据弱小目标区域与其邻域的灰度值差异,扩大目标区域与邻域的灰度对比度。目标区域示意图如图 4-14 所示,u 代表弱小目标区域;v 代表局部背景区域,其窗口大小一般为弱小目标区域的 3 倍。将滑动窗口 v 遍历整张图像得到若干个图像块,所得图像块可以用 9 个单元格表示。滑动窗口 v 的中心像素点用“0”表示,即目标可能出现的点,其余点的灰度均值 $m_k(k = 1, 2, 3, \cdots, 8)$ 为

$$m_k = \frac{1}{N} \sum_{i=1}^{N} P_k \tag{4-20}$$

式中，N 为第 k 个图像块包含的像素个数；P_k 为该区域的第 i 个像素点的灰度值；中心区域像素点与邻域第 i 个像素点之间的对比度 C_i^k 为

$$C_i^k = \frac{L_k}{m_k} \tag{4-21}$$

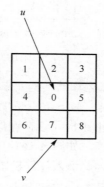

图 4-14　目标区域示意图

式中，L_k 为第 k 个图像块的中心区域的最大灰度值。为了突出弱小目标，中心区域的 LCM C_k 可变化为

$$C_k = \min L_k C_i^k = \min L_k \frac{L_k}{m_k} = \min \frac{L_k^2}{m_k} \tag{4-22}$$

若 C_k 的值越大，则该区域是弱小目标的可能性越高。用 C_k 取代中心像素点的值，计算所有图像块的 LCM 之后，生成 LCM 显著图。原始图像与 LCM 显著图如图 4-15 所示。分别使用 3 像素×3 像素、5 像素×5 像素、7 像素×7 像素滑动窗口对原图进行多尺度遍历，图像目标区域有明显的增强，但是，其他高亮的噪声部分也相应地被增强。

(a)原始图像　　　　　　　　　(b)LCM 显著图

图 4-15　原始图像与 LCM 显著图

4.3.2　改进双结构元素 Top-hat

红外图像中目标区域的灰度值通常高于周围背景区域的灰度值，而且与其局部背景区域的灰度值没有空间相关性。经典 Top-hat[35]在膨胀和腐蚀运算时使用的是相同的结构元素，忽

略了目标区域与周围背景区域之间的差异信息。为了解决这个问题，设计了两种适配膨胀运算和腐蚀运算的结构元素，示意图如图 4-16 所示。

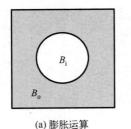
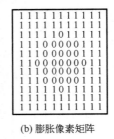
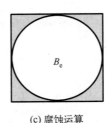
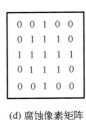

(a) 膨胀运算　　　(b) 膨胀像素矩阵　　　(c) 腐蚀运算　　　(d) 腐蚀像素矩阵

图 4-16　结构元素示意图

由 4-16(a) 可知膨胀运算的结构元素由一个圆形结构元素 B_i 和方形结构元素 B_o 组成，B_i 镶嵌在 B_o 的中心位置。图 4-16(b) 所示为膨胀像素矩阵。腐蚀运算的结构元素 B_e 同样是圆形结构元素，但是由于圆形结构元素在遍历图像时，会出现图像边缘无法遍历的区域，因此要将其补齐成一个外接方阵，如图 4-16(c) 所示。图 4-16(d) 所示为腐蚀像素矩阵。由于在像素点中没有圆形的概念，因此引入计算机图形学中的 Bresenham 算法，在像素点中构建了一个圆形结构元素（图 4-16 中 B_i 的半径为 4，B_e 的半径为 3）。

与传统 Top-hat 不同的是，改进双结构元素 Top-hat 为了适配两种结构元素，改变了开运算中腐蚀运算和膨胀运算的顺序，定义为

$$[f(x,y) \circ B_{\text{io-e}}] = (f \oplus B_{\text{io}}) \ominus B_e \tag{4-23}$$

式中，$f(x,y)$ 表示原始图像；$\circ$ 表示开运算；$\oplus$ 和 $\ominus$ 分别表示膨胀运算和腐蚀运算；$B_{\text{io-e}}$ 是对图 4-16 中两种结构元素的统称，B_{io} 和 B_e 分别为膨胀运算和腐蚀运算的结构元素。因此将改进双结构元素 Top-hat 定义为

$$N_{\text{t-hat}}(x,y) = f(x,y) - (f \circ B_{\text{io-e}})(x,y) \tag{4-24}$$

在 $f(x,y) \circ B_{\text{io-e}}$ 运算中，使用 $f \oplus B_{\text{io}}$ 将目标区域的像素替换为周围背景区域的像素，$\ominus$ 运算只针对周围背景区域的像素，这将减少参与运算的像素数量，从而抑制噪声的影响。

结构元素 B_{io} 用邻域像素替换了目标像素，若所处理的区域是非目标区域，则无法确定处理区域的像素及其邻域之间的关系，从而导致改进双结构元素 Top-hat 运算产生负值，因此可将式(4-24)变为

$$\begin{aligned} N_{\text{t-hat}} &= \max[f(x,y) - (f \circ B_{\text{io-e}})(x,y), 0] \\ &= \max[f(x,y) - (f \circ B_{\text{io-e}})(x,y), f(x,y) - f(x,y)] \\ &= f(x,y) - \min[(f \circ B_{\text{io-e}})(x,y), f(x,y)] \end{aligned} \tag{4-25}$$

$\text{NO}_{\text{io-e}}(x,y) = \min[(f \circ B_{\text{io-e}})(x,y), f(x,y)]$，从而将改进双结构元素 Top-hat 变换为

$$N_{\text{t-hat}}(x,y) = f(x,y) - \text{NO}_{\text{io-e}}(x,y) \tag{4-26}$$

在形态学中，使用大尺寸的结构元素进行运算可以平滑大面积区域。因此，若固定膨胀结构元素 B_{io} 的尺寸，则结构元素运算的边缘区域也是固定的，根据膨胀运算和腐蚀运算取最值的性质，若腐蚀结构元素 B_e 的尺寸越大，则 $(f \circ B_{\text{io-e}})(x,y)$ 运算平滑背景的能力越强，抑制噪声的能力也越强。

若 $B_{io} \neq B_e$，$(f \circ B_{io-e})(x, y)$ 运算会改变图像中区域的大小。膨胀运算增大了图像中的明亮区域，并随着结构元素尺寸的增大而减小了图像中暗区域的大小。此外，腐蚀运算减小了明亮区域的大小，并随着结构元素尺寸的增大而增加了暗区域的大小。$(f \circ B_{io-e})(x, y)$ 运算会通过 B_{io} 和 B_e 改变明亮区域和暗区域的大小。因此 $B_{io} \neq B_e$，参与运算的图像区域大小的增减是不同的。相反，如果 $B_{io} = B_e$，则不会改变图像中区域的大小。

改进双结构元素 Top-hat 算法首先通过 B_{io} 将目标区域的像素替换为邻域像素，然后通过小于 B_{io} 的结构元素 B_e 进行腐蚀操作，最后通过差分运算输出目标与邻域的差值，并且 B_e 可以改变计算目标区域的大小。因此，无论目标区域与邻域的差值有多小，都能在结果中输出这个差值，从而提高红外弱小目标检测的性能。

4.3.3 基于 LCM 的自适应 Top-hat

在 4.3.1 节中，计算 LCM 之后得到显著图，图中最突出的区域可能是目标。采用自适应阈值分割能得到目标的大致尺寸，阈值 T 定义如下：

$$T = \overline{I_{in}} + kS_{in} \tag{4-27}$$

式中，$\overline{I_{in}}$ 和 S_{in} 分别表示输入图像的平均值和标准差；k 是一个经验常数，为了不遗漏目标，取值较小，本节 k 取 $3 \sim 5$[45]。

得到目标的大致尺寸后，可以自适应设置两个结构元素的大小。膨胀运算结构元素 B_{io} 的半径比最大疑似目标半径长两个单位长度，腐蚀运算结构元素 B_e 的半径比 B_{io} 中的内置圆形结构元素 B_i 的半径短两个单位长度。结构元素尺寸设置示意图如图 4-17 所示，内框代表的是 B_e，外围框代表 B_{io}。

图 4-17　结构元素尺寸设置示意图

计算 LCM 会提高图像中的明亮区域的灰度值，用计算的 C_k 代替区域中心像素点的灰度值。由式 (4-21) 可知，$C_i^k = \dfrac{L_k}{m_k}$，m_k 为区域内各点的灰度均值，L_k 为区域内的最大灰度值。

$$C_k - m_k = \frac{L_k^2 - m_k^2}{m_k} \geq 0 \tag{4-28}$$

所以经过计算 LCM 后生成的显著图，整体的灰度值相较原始图像有所提高，特别是明亮区域，此类区域是目标区域的可能性也较大。经过最大值和最小值的膨胀运算和腐蚀运算，让目标区域更加突出，与原图像进行差分后，能显著抑制背景和噪声。为了提高目标的对比度，要对结果进行一次膨胀运算，所以目标看上去为方形。ATHLC 算法整体流程如图 4-18 所示。

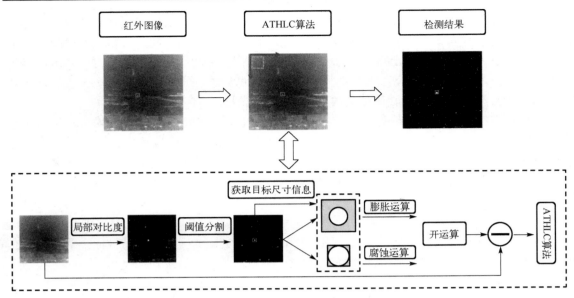

图 4-18　ATHLC 算法整体流程

4.3.4　实验结果与分析

4.3.4.1　实验参数设置

所有实验数据的 6 张红外序列图像[4,54]，包括复杂云层背景、复杂地面背景及复杂城市建筑背景等，序列图像信息如表 4-8 所示。

表 4-8　序列图像信息

序列号	目标大小/像素	帧数/帧	图像大小/像素	平均 SCR	细节信息
序列 1	5×5	30	256×200	0.62	云层背景大部分被分散的云覆盖，具有固定的视角和从左到右的弱小目标
序列 2	3×3	30	256×256	0.36	复杂地面背景，大部分被植被和山脉覆盖，从移动角度看，有一条倾斜的分界线
序列 3	3×3	30	256×256	1.46	复杂地面背景，部分被山林和地面覆盖，移动视角
序列 4	3×3	30	640×512	0.91	河流和建筑背景，桥梁从左上到右下，具有固定的视角，目标从左上到右下
序列 5	1×1	30	640×512	1.08	天空和建筑背景，固定视角，目标从右上到左上
序列 6	3×3	30	640×512	0.26	天空背景大部分被云覆盖，具有固定的视角和从右到左的目标

此外，实验还采用了接受者操作特征曲线(Receiver Operating Characteristic Curve，ROC 曲线)、精确率和召回率变化曲线(Precision-Recall Curve，PR 曲线)来检验实验的效果[4]，并用真阳性率(True Positive Rate，TPR)和假阳性率(False Positive Rate，FPR)绘制了一张序列图像在不同阈值下的 ROC 曲线，用精确率(Precision)和召回率(Recall)绘制了同一个序列在不同阈值下的 PR 曲线。定义如下：

$$TPR = \frac{TP}{TP + FN} \times 100\%$$

(4-29)

$$\text{FPR} = \frac{\text{FP}}{\text{TN} + \text{FP}} \times 100\% \qquad (4\text{-}30)$$

$$\text{Precision} = \frac{\text{TP}}{\text{TP} + \text{FP}} \times 100\% \qquad (4\text{-}31)$$

$$\text{Recall} = \frac{\text{TP}}{\text{TP} + \text{FN}} \times 100\% \qquad (4\text{-}32)$$

式中，TP、FN、FP 和 TN 分别代表样本的不同类别。检测结果中，目标为真样本，伪目标点为假样本。所有点至目标区域的中心点的像素距离小于某一阈值为正样本，否则为负样本(通常这个阈值等于 5，本节为 3)。在 ROC 曲线和 PR 曲线中，曲线下面积(Area Under Curve，AUC)越大，代表算法性能越好。AUC 可以通过顺序连接的点 $\{(x_1,x_1),(x_2,x_2),(x_3,x_3),\cdots,(x_m,x_m)\}$ 来估计，定义如下：

$$\text{AUC} = \frac{1}{2}\sum_{i=1}^{m-1}(x_{i+1} - x_i)\cdot(y_i + y_{i+1}) \qquad (4\text{-}33)$$

4.3.4.2　各阶段实验结果

为了更好地说明 ATHLC 算法的有效性，3 种背景各阶段的仿真结果如图 4-19 所示，实验选择了河流、天空及城市建筑背景的红外图像[4]。图 4-19(a)所示为 3 种不同背景的原始图像，方框表示目标在图中的位置；图 4-19(b)所示为经过计算 LCM 得到的显著图；图 4-19(c)所示为经过自适应阈值分割得到的二值图像，图中有较多类似目标的虚警点，能从中提取目标的大致尺寸；图 4-19(d)和(e)分别所示为双结构元素 Top-hat 中的膨胀运算结果和腐蚀运算结果；图 4-19(f)所示为最终的检测结果，背景和虚警点基本都被剔除。

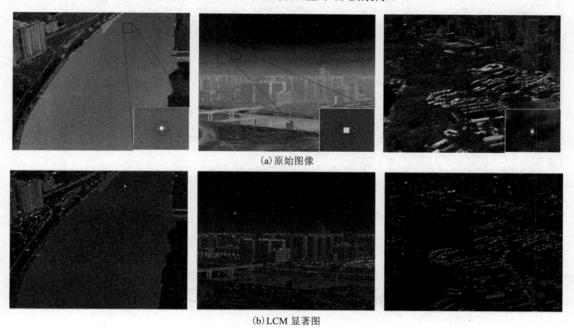

(a) 原始图像

(b) LCM 显著图

图 4-19　3 种背景各阶段的仿真结果

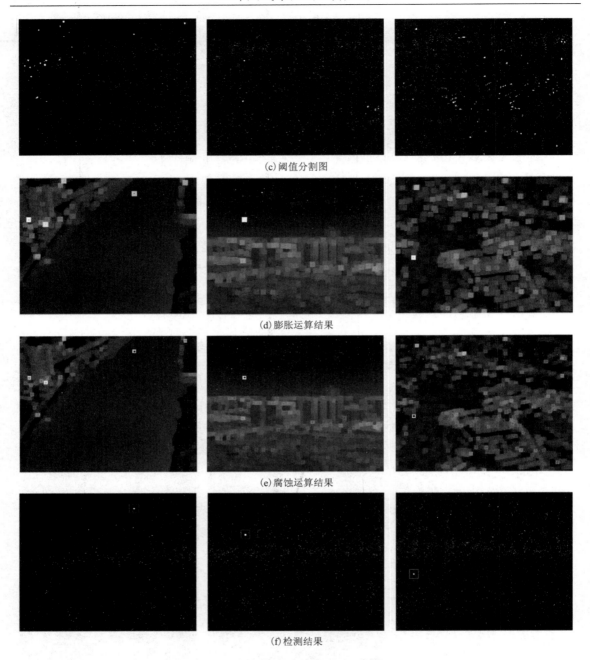

(c) 阈值分割图

(d) 膨胀运算结果

(e) 腐蚀运算结果

(f) 检测结果

图 4-19   三种背景各阶段仿真结果(续)

4.3.4.3   同类算法对比实验

为了验证所提算法的优越性,将 Top-hat 算法[28]、NWTH 算法[29],改进 Top-hat(Proposed improvements Top-hat,PITH)算法及基于 LCM 的自适应 Top-hat(Adaptive Top-hat based on local contrast,ATHLC)算法进行对比,对比算法参数设置如表 4-9 所示,对比算法的实验结果如图 4-20 所示。

表 4-9　对比算法参数设置

对比算法	参数设置
Top-hat	Structuring type: disk, Structuring element size = 5×5
NWTH	$R_O = 9$, $R_i = 4$ for sequences 1～3; $R_O = 7$, $R_i = 3$ for sequences 4～6
PITH	$B_O = 9$, $B_i = 4$, $Be = 3$ for sequences 1～3; $B_O = 7$, $B_i = 3$, $Be = 2$ for sequences 4～6
ATHLC	$B_O = 11$, $B_i = 5$, $Be = 4$ for sequences 1～3; $B_O = 9$, $B_i = 4$ $Be = 3$ for sequences 4～6, Scale = 3, 5; window size: 3×3, $k = 4$

图 4-20（a）和（b）分别所示为原始图像及其灰度三维图，图 4-20（c）～（f）分别所示为 Top-hat 算法、NWTH 算法、PITH 算法及 ATHLC 算法的灰度三维图。从灰度三维图中可以明显看出，PITH 算法在使用改进的双结构元素进行形态学运算后，图像的目标区域及其邻域的背景和杂波大部分被剔除，相较 Top-hat 算法具有更好抑制背景的能力，但仍然有小部分噪声残留。与 NWTH 算法相比，未见明显优势。ATHLC 算法经过计算 LCM 获得目标感兴趣区（Reqion of Interesting，ROI），能自适应选择大于目标的结构元素。计算 LCM 能增强目标区域的灰度值，也能增强背景区域的灰度值，经过开运算处理与原始图像进行差分运算，使背景得到大幅度抑制。通过灰度三维图可以看出，图中只残留了很小部分的噪声，在最后阶段通过一个膨胀运算，增大了目标对比度。

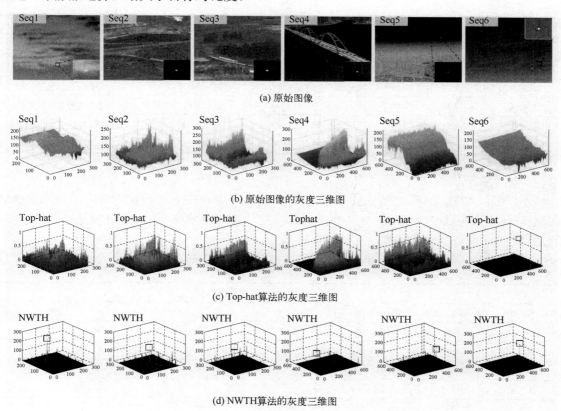

(a) 原始图像

(b) 原始图像的灰度三维图

(c) Top-hat算法的灰度三维图

(d) NWTH算法的灰度三维图

图 4-20　对比算法的实验结果

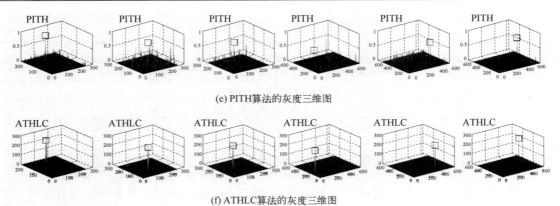

(e) PITH算法的灰度三维图

(f) ATHLC算法的灰度三维图

图 4-20　对比算法的实验结果(续)

此外，为了定量分析，本节统计了 4 种算法的 SCRG、BSF 及 CG 的平均值结果，如表 4-10 所示，最优结果加粗表示。结果中，ATHLC 算法在 6 个序列中，SCRG、BSF 及 CG 均为最优。PITH 算法在 4 个序列中，SCRG 达到了 Inf，BSF 在 6 个序列中表现优于 NWTH 算法和 Top-hat 算法，Top-hat 算法在 CG 中表现优于 NWTH 算法和 PITH 算法。

表 4-10　SCRG、BSF 及 CG 的平均值结果

序列号	Top-hat SCRG / BSF / CG	NWTH SCRG / BSF / CG	PITH SCRG/BSF/CG	ATHLC SCRG / BSF / CG
序列 1	15.66 / 1.08 / 8.53	**Inf** / 10.00 / 4.83	**Inf** / 11.78 / 4.59	**Inf / Inf / 16.24**
序列 2	16.04 / 0.88 / 9.12	345.99 / 5.66 / 9.01	434.45 / 6.76 / 8.90	**Inf / Inf / 29.73**
序列 3	3.60 / 1.23 / 2.32	23.97 / 10.83 / 1.97	27.45 / 12.25 / 1.95	**Inf / Inf / 6.78**
序列 4	4.16 / 1.57 / 1.70	**Inf** / 31.79 /1.87	**Inf** / 34.45 / 1.87	**Inf / 300.58 / 9.90**
序列 5	5.31 / 2.99 / 3.59	**Inf** / 50.40 / 3.59	**Inf** / 55.09 / 3.60	**Inf / 1550.09 / 19.79**
序列 6	179.92 / 9.46 / 52.28	**Inf** / 134.77 / 40.12	**Inf** / 149.33 / 40.26	**Inf / 310.57 / 573.06**

4.3.4.4　不同类算法对比实验

为了验证 ATHLC 算法的优越性和鲁棒性，将其与现有的 6 种算法进行对比，其中包括 ADMD 算法[55]、AADCDD 算法[54]、HBMLCM 算法[49]、RLCM 算法[47]、MPCM 算法[48]及 PSTNN 算法[59]。上述所有算法的参数设置如表 4-11 所示。

表 4-11　所有算法的参数设置

对比算法	参数设置
ADMD	Scale = 3, 5, 7, 9 window size: 3×3
AADCDD	Scale = 3, 5, 7, 9 window size: 3×3
HBMLCM	Scale = 3, 5, 7, 9 window size: 15×15
RLCM	Scale = 3；k_1 = 2, 5, 9；k_2 = 4, 9, 16
MPCM	Scale = 3, 5, 7, 9 mean filter size: 3×3
PSTNN	Patch size: 40×40, sliding step: 40，$\lambda = \dfrac{1}{\sqrt{\max(m,n)}}$
ATHLC	B_O = 11, B_i = 5, B_e = 4 for sequences 1～3；B_O = 9, B_i = 4 B_e = 3 for sequences 4～6, Scale = 3, 5; window size: 3×3，k = 4

图 4-21 所示为对比算法的对比实验结果,为了排版美观,将所有图像设置成相同大小,图 4-21(a)所示为原始图像的 6 个序列,方框为目标在图像中的位置。为了更加直观地对比实验性能,将所有算法的实验结果进行灰度值三维化。对比算法的三维灰度表示图如图 4-22 所示。在背景复杂的序列 2 至序列 5 中,由于目标在图像中占据像素的比例小,一些基于灰度值的滤波算法很容易出现目标漏检的情况,且容易出现大量虚警点,如 ADMD 算法及 AADCDD 算法。基于人类视觉系统算法在序列 2 至序列 5 中,同样出现了上述情况,HBMLCM 算法在序列 2、序列 4 及序列 5 中出现了未检测到目标的情况。另一种基于人类视觉系统算法的 RLCM 算法在检测性能上表现优异,但是,该算法增强了目标对比度,同样增强了背景的对比度,所以残留了部分噪声。MPCM 算法在这 6 张序列图像中残留了大量背景杂波。基于矩阵恢复的 PSTNN 算法在具有不规则边界背景的序列 2 和序列 3 中残留了部分背景噪声。ATHLC 算法在 6 张序列图像中,首先通过 LCM 增大了目标的灰度值,以及经过取最大值运算的膨胀运算最大程度地提升了目标区域的灰度值;然后经过最小值运算的腐蚀运算弱化了目标邻域的背景,与原始图像差分运算后,极大程度地抑制了目标区域外的背景;最后通过膨胀运算,增大了目标的对比度。

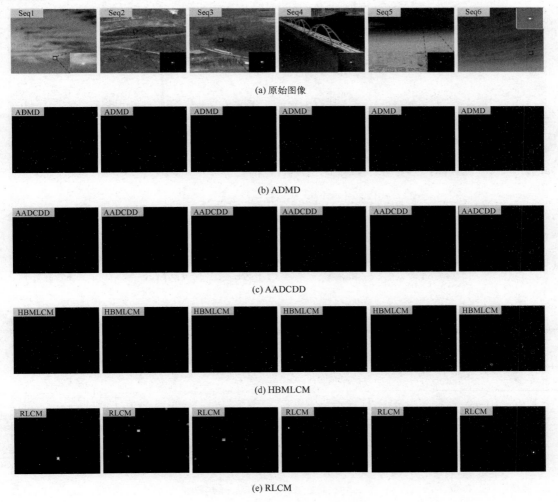

(a) 原始图像

(b) ADMD

(c) AADCDD

(d) HBMLCM

(e) RLCM

图 4-21　对比算法的对比实验结果

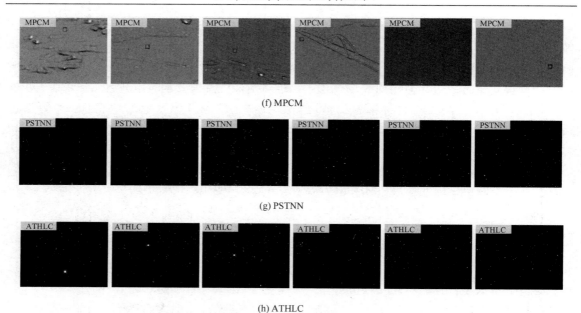

(f) MPCM

(g) PSTNN

(h) ATHLC

图 4-21　对比算法的对比实验结果(续)

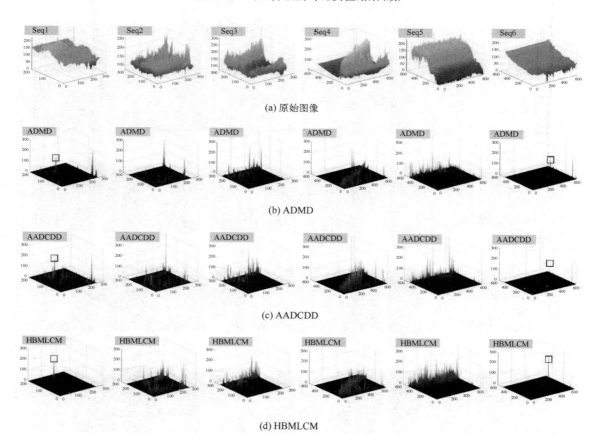

(a) 原始图像

(b) ADMD

(c) AADCDD

(d) HBMLCM

图 4-22　对比算法的三维灰度表示图

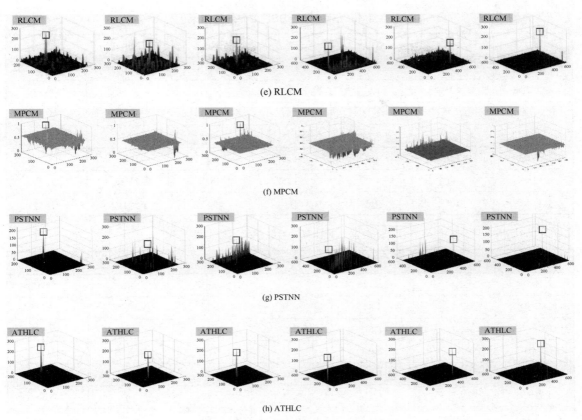

图 4-22　对比算法的三维灰度表示图(续)

　　此外，为了定量分析各种算法的性能，本节统计了所有算法的 SCRG、BSF、CG 及运行时间的平均值结果，如表 4-12 至表 4-15 所示，(表中所有数据均取各算法在 6 张序列图像中的平均值)。其中在 SCRG 方面，ATHLC 算法在 6 张序列图像中均达到 Inf(Inf 表示背景被完全抑制)；在 BSF 方面，ATHLC 算法同样为最大值，在序列 1 中，基于矩阵恢复的 PSTNN 算法 BSF 达到了 Inf；在 CG 方面，RLCM 算法在序列 1 和序列 3 中表现最优，ATHLC 算法在其余 4 个序列中表现最优；在运行时间方面，ADMD 算法及 HBMLCM 算法运行较快。

表 4-12　对比算法 SCRG 的平均值结果

算法	序列 1	序列 2	序列 3	序列 4	序列 5	序列 6
ADMD	224.59	**Inf**	30.71	**Inf**	**Inf**	3816.40
AADCDD	255.53	**Inf**	59.11	**Inf**	**Inf**	**Inf**
HBMLCM	89.14	120.94	29.66	49.78	82.70	1384.73
RLCM	112.66	48.78	27.98	120.97	**Inf**	**Inf**
MPCM	3.35	1.15	1.28	0.17	1.14	34.28
PSTNN	**Inf**	**Inf**	**Inf**	**Inf**	**Inf**	**Inf**
ATHLC	**Inf**	**Inf**	**Inf**	**Inf**	**Inf**	**Inf**

表 4-13　对比算法 BSF 的平均值结果

算法	序列 1	序列 2	序列 3	序列 4	序列 5	序列 6
ADMD	15.16	4.53	5.02	13.23	22.03	28.93
AADCDD	9.55	4.91	4.82	7.30	26.88	116.93
HBMLCM	24.31	3.18	3.41	8.15	13.36	107.05
RLCM	4.08	1.73	4.78	7.06	12.78	25.71
MPCM	2.10	3.26	4.04	4.21	18.17	8.07
PSTNN	**Inf**	4.08	3.35	15.02	33.92	130.54
ATHLC	**Inf**	**Inf**	**Inf**	**300.58**	**1550.09**	**310.57**

表 4-14　对比算法 CG 的平均值结果

算法	序列 1	序列 2	序列 3	序列 4	序列 5	序列 6
ADMD	2.63	3.12	2.39	0.67	2.99	182.73
AADCDD	3.71	1.88	1.20	0.19	0.88	36.62
HBMLCM	3.82	5.51	2.62	0.77	2.83	317.84
RLCM	17.86	26.84	9.28	9.60	18.37	231.67
MPCM	2.30	0.67	0.94	0.30	0.78	34.86
PSTNN	6.21	6.43	1.89	1.49	3.07	45.57
ATHLC	**16.24**	**29.73**	**6.78**	**9.90**	**19.79**	**573.06**

表 4-15　对比算法运行时间的平均值结果　　　　　　　（单位：s）

算法	序列 1	序列 2	序列 3	序列 4	序列 5	序列 6
ADMD	0.0253	0.0152	**0.0130**	**0.0380**	**0.0370**	**0.0358**
AADCDD	0.0260	0.0271	0.0265	0.0939	0.0940	0.0923
HBMLCM	**0.0153**	**0.0147**	0.0131	0.0543	0.0556	0.0470
RLCM	0.9791	1.3668	1.3906	7.1697	7.5835	6.7185
MPCM	0.0335	0.0423	0.0446	0.1742	0.1789	0.1779
PSTNN	0.0423	0.1697	0.1883	0.9150	0.7672	0.5253
ATHLC	0.0242	0.0367	0.0327	0.1331	0.1335	0.1289

　　为了进一步进行定量比较，将 ATHLC 算法、PITH 算法和其他算法进行 ROC 曲线和 PR 曲线比较。如图 4-23 和图 4-24 所示，ATHLC 算法在 ROC 曲线中除序列 1 外其余所有序列均表现最好，AUC 值最大，在序列 1 中的 AUC 值也仅次于 RLCM 算法和 HBMLCM 算法。在 PR 曲线中，ATHCL 算法在序列 1 和序列 6 中排第三，在其余 4 个序列中均为最优。PITH 算法在 ROC 曲线和 PR 曲线中，序列 2 至序列 6 均优于同类型形态学算法 NWTH 算法和 Top-hat 算法。一些基于灰度值的滤波算法和基于人类视觉系统的算法都有明显的性能恶化，尤其是在 PR 曲线中，由于 FP 值较大，其精度相应较低，相比之下，ATHLC 算法的虚警率较低，因此精度较高。

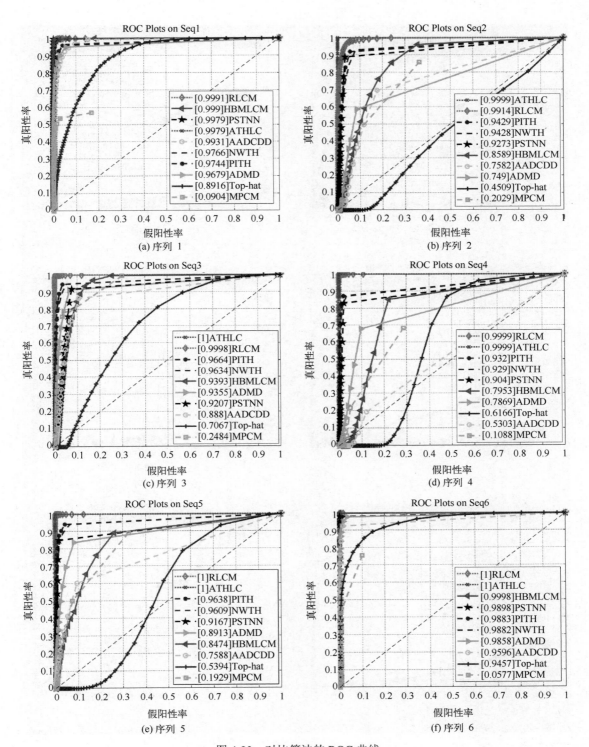

图 4-23　对比算法的 ROC 曲线

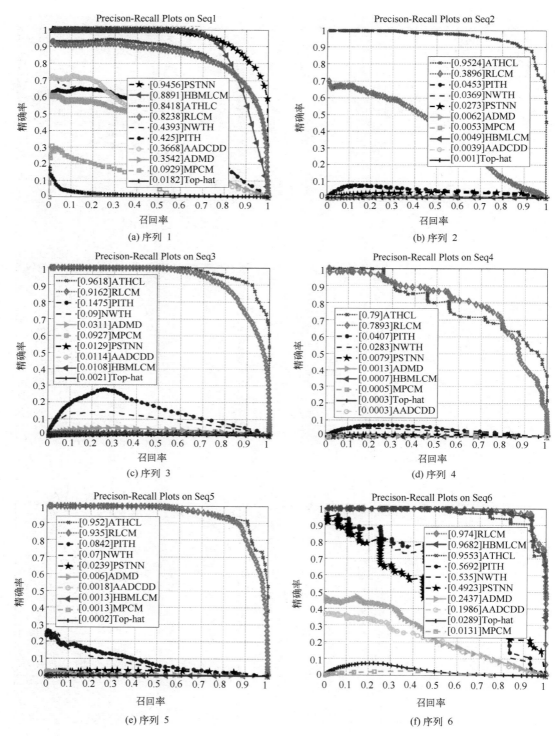

图 4-24　对比算法的 PR 曲线

4.4　基于 NSCT 和三层窗口 LCM 的红外弱小目标检测

4.3 节提出的基于 LCM 的自适应 Top-hat 红外弱小目标检测算法相比传统算法在检测性能上有了一定程度的提升，由于该算法使用固定窗口计算 LCM，并使用多尺度技术检测 3 像素×3 像素至 9 像素×9 像素的弱小目标，通常将输出多尺度下的最大响应值作为最终输出值，因此会增强目标周围的背景区域，造成"膨胀效应"，在面对多个目标相互靠近时，容易出现误检或漏检现象。

针对该问题，本节提出了一种基于非下采样轮廓波变换（Non-subsampled Contourlet Transform，NSCT）[82-83] 和三层窗口 LCM 的红外弱小目标检测（NSCT-TLC）算法。本节介绍并分析 NSCT 的基本原理，在使用该算法进行图像分解时，图像容易遗漏部分细节，弱小目标作为一种特殊的噪点，在分解时容易丢失。为了解决这一问题，首先将原始图像与所获得的背景低频图像进行差分运算，得到包含噪声及目标的差分图像；然后使用引导滤波对差分图像进行增强；最后为了避免产生"膨胀效应"，本节提出了三层滑动窗口 LCM，并对增强后的图像进行处理，构建置信度图。通过大量实验验证本节所提算法的有效性和鲁棒性。

4.4.1　NSCT

NSCT 是图像处理中应用非常广泛的一项技术，它是由轮廓波变换（Contourlet Transform，CT）衍生而来的，是一种多尺度、多方向扩展且可逆的线性变换。CT 中的拉普拉斯金字塔及方向滤波器组在图像分解时都分别使用了上采样及下采样操作，因此，CT 不具有平移不变性，会产生失真结果。为了减小滤波器组中样本的失真，得到平移不变的表达式，Da Chunha 等人用非下采样金字塔（Non-Subsampled Pyramid，NSP）代替了拉普拉斯金字塔，用非下采样方向滤波器组（Non-Subsampled Directional Filter Banks，NSDFB）代替了方向滤波器组，提出了 NSCT。由于在分解和重构过程中取消了上下采样，NSCT 不仅拥有 CT 的所有优点，而且具有平移不变性。

图 4-25 所示为 NSCT 的分解过程。首先通过 NSP 将图像分解为低通子代图像和方向子代图像，然后通过 NSP 将低通子代图像进一步分解为低通图像和另一方向的图像，以此类推。

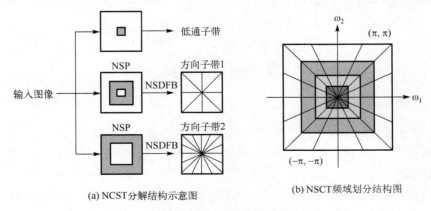

(a) NCST分解结构示意图　　　　　(b) NSCT频域划分结构图

图 4-25　NCST 的分解过程

4.4.1.1　NSP 分解

NSCT 采用双通道非下采样二维塔式滤波器组来实现 NSP 分解，分解过程如图 4-26 所示。其中，塔式分解滤波器 $H_0(z)$、$H_1(z)$ 和综合滤波器 $G_0(z)$、$G_1(z)$ 需满足 Bezout 约束条件：

$$H_0(z)G_0(z) + H_1(z)G_1(z) = 1 \tag{4-34}$$

式中，$H_0(z)$ 及 $H_1(z)$ 分别为低通及高通分解滤波器；$G_0(z)$ 和 $G_1(z)$ 分别为低通和高通重构滤波器。

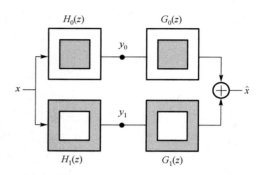

式（4-34）使 NSP 满足了完全重构的条件。此变换过程与 $\acute{\alpha}$ tr ous 算法的一维非下采样小波变换非常类似，且分解阶段数为 J 时，冗余度为 $J+1$。图像被 NSP 分解后，第 j 尺度下对应滤波器的理想传输频带的支撑区间为 $[-(\pi/2^j),(\pi/2^j)]^2$。而高通滤波器所对应的理想传输频带的支撑区间为上一阶段低通滤波器的补集，也就是 $[-(\pi/2^{j-1}),(\pi/2^{j-1})]^2 / [-(\pi/2^j),(\pi/2^j)]^2$。NSP 每分解一次可以获得一张低频子代图像及方向子代图像，随后的 NSP 分解都是在上

图 4-26　NSP 的双通道非下采样二维塔式滤波器组分解过程

一阶段所获得的低通分量上获取图像奇异值点的。所以，一张图像经过 k 次 NSP 分解后，会产生 $k+1$ 张与原始图像尺寸相同的子图，其中包括一张低通子图像及 k 张不同尺度下的方向子图像。

图 4-27 所示为二维图像经过三阶 NSP 分解的过程。

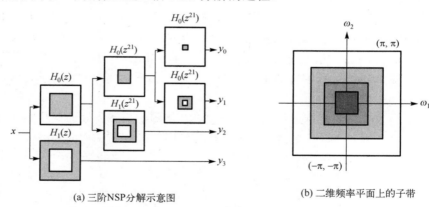

(a) 三阶NSP分解示意图　　　　　　　(b) 二维频率平面上的子带

图 4-27　二维图像经过三阶 NSP 分解的过程

4.4.1.2　NSDFB 分解

NSDFB 在 Bamberger 和 Smith 所提出的扇形方向滤波器组的基础上，构造了一组双通道非下采样滤波器组。双通道非下采样扇形滤波器组分解示意图如图 4-28 所示。首先在图像分解方面，使用扇形滤波器组和象限滤波器组将输入图像分解成 4 个方向的子图，然后使用平行滤波器组将其分解为不同方向的子图。扇形滤波器 $U_0(z)$ 和 $U_1(z)$ 基于理想频域支撑区间实现了双通道上的方向分解，并在方向分解上使用了不同的矩阵进行上采样，而且为了完成更精确的方向分解，对上阶段所得的方向子图进行了高通滤波。

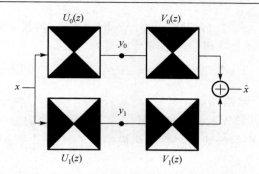

图 4-28　双通道非下采样扇形滤波器组分解示意图

图 4-29 所示为 NSDFB。NSDFB 将二维频域平面分割成多个不同方向的楔形结构块，每个结构块表示其在该方向上的细节特征，所以多个双通道的 NSDFB 组成了一个二叉树形状结构。若 NSDFB 将 NSP 分解后获得的某一尺度下的方向子图再进行分解，则可获得 2^l 张与原图尺寸相同的方向子图。因此，一张图像经过 NSCT 分解 k 阶后，可得到一张低通子带图像和 $\sum\limits_{j}^{k} 2^{l_j}$ 张方向子带图像。其中 l_j 为第 j 尺度下的分解方向数。

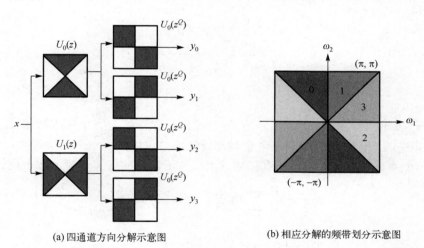

(a) 四通道方向分解示意图　　　　　　　　(b) 相应分解的频带划分示意图

图 4-29　NSDFB

4.4.2　引导滤波

引导滤波是一种以局部线性模型为基础的滤波算法[84]，在对图像进行预处理时，使用引导滤波可以去噪并增强背景之间的关联性，且该算法保留图像边缘的能力不错，运算复杂度低，在图像处理领域被广泛应用。

局部线性模型的思想在于，某函数上的任意一点与其附近的点具有线性关系，而多个局部线性函数就可以表示一个复杂的函数。若要求解这个复杂函数上某一点的解，则只需要计算包含该点的所有线性函数的值并做平均处理即可。将图像看作一个二维函数，引导图像 I 的输出 q 和输入 p 在一个二维窗口内满足如下线性关系：

$$q_i = a_k I_i + b_k, \quad \forall i \in w_k \tag{4-35}$$

式中，q_i 表示输出图像的像素值；I_i 表示引导图像的像素值；i 和 k 表示像素索引；a_k 和 b_k 为窗口 w_k 的线性系数。对上述公式进行两边取梯度得到

$$\nabla q = a \nabla I \tag{4-36}$$

表示引导图像 I 有梯度时，输出图像 q 具有类似的梯度，即引导滤波具有边缘保持性。

引导滤波的核心是计算输入图像 p 和引导图像 I 之间差值的最小常数 a_k 和 b_k。从输入图像 p 获得一些约束条件，根据一般的加性噪声模型，输入模型为输出图像减去部分噪声或纹理，可以得到

$$q_i = p_i - n_i \tag{4-37}$$

式中，n_i 表示需要去除的噪声或纹理

利用线性回归求解式(4-37)的线性系数，代价函数定义如下：

$$E(a_k, b_k) = \sum_{i \in w_k} [(a_k I_i + b_k - p_i)^2 + \varepsilon a_k^2] \tag{4-38}$$

式中，ε 表示正则化参数，用于约束 a_k 的取值范围，通过最小二乘法求解得到 a_k 和 b_k。

$$a_k = \frac{\frac{1}{|w|} \sum_{i \in w_k} I_i p_i - u_k \overline{p}_k}{\sigma_k^2 + \varepsilon} \tag{4-39}$$

$$b_k = \overline{p}_k - a_k u_k \tag{4-40}$$

式中，u_k 和 σ_k^2 表示引导图像 I 的均值和方差；$|w|$ 表示窗口 w_k 包含的像素数量；$\overline{p}_k$ 表示输入图像 p 在窗口中的均值。上述提到，多个局部线性函数可以描述一个复杂函数，同样可以描述图像中的单个像素点，所以求出所有描述该点线性函数值的均值，即该像素点的输出值。

$$q_i = \frac{1}{|w|} \sum_{k:i \in w_k} (a_k I_i + b_k) = \overline{a}_i I_i + \overline{b}_i \tag{4-41}$$

式中，$\overline{a}_i$ 和 $\overline{b}_i$ 表示 a_k 和 b_k 的平均值。

当把引导滤波用作边缘保持滤波器时，往往有引导图像 I = 输入图像 P。若 $\epsilon = 0$，则滤波器没有发挥作用，而将输入图像直接输出。若 $\epsilon > 0$，则在像素强度变化小的区域，要做一个加强均值滤波；相反，在像素强度变化大的区域，对图像的滤波效果较弱，有利于保护边缘。在窗口大小不变的情况下，滤波效果随 ϵ 的增大而增大。

4.4.3 三层滑动窗口 LCM

基于人类视觉系统的红外弱小目标检测算法因其良好的检测性能和实时性而被该领域相关学者广泛关注，然而，传统的局部对比度(LCM)、改进的局部对比度(ILCM)及相对局部对比度(RLCM)采用多尺度技术检测 2 像素×2 像素至 9 像素×9 像素的弱小目标时，对于红外图像中小于 9 像素×9 像素的弱小目标，LCM 等算法要采用多尺度技术增强目标周围的背景区域，将检测到的目标尺寸扩大至 9 像素×9 像素，这种现象称为"膨胀效应"。三种基于人类视觉系统算法造成的"膨胀效应"如图 4-30 所示，由于"膨胀效应"会将两个相互靠近的

目标重叠，因此不能准确地检测目标的数量。使用多尺度技术能输出多个尺度下的最大响应值，若滑动窗口的尺寸大于目标尺寸，则目标区域的背景也会被增强，因此视觉看到的目标尺寸会被增大。

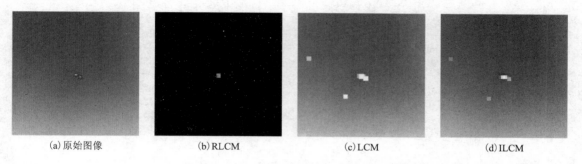

(a) 原始图像　　　　(b) RLCM　　　　(c) LCM　　　　(d) ILCM

图 4-30　三种基于人类视觉系统算法造成的"膨胀效应"

针对上述现象，本节构造了一种新的三层滑动窗口来计算 LCM（LCM 在 4.3 节已做了详细阐述，本节不再赘述），为了在固定尺寸下检测 2 像素×2 像素至 9 像素×9 像素的弱小目标，在 LCM 算法的 N 像素×N 像素窗口的基础上，增加了一层外围邻域单元 OB_1 至 OB_{16}，以保证在固定尺度下对多尺度目标的检测性能。由于未采用多尺度算法，因此避免了由多尺度算法造成的"膨胀效应"，而且降低了运行时间。三层滑动窗口 LCM 如图 4-31 所示。整个窗口被划分为三个区域，分别是目标区域、内邻域及外邻域，其中第一层窗口 T 表示目标可能出现的区域，第二层窗口即内邻域总共有 8 个单元，第三层窗口即外邻域有 16 个单元。当目标位于三层窗口的中心时，无论目标有多大，灰度值差异都会反映在三个区域中，利用这些差异可以检测不同大小的目标。内邻域窗口用于小尺寸目标的检测，外邻域窗口用于较大尺寸目标的检测。弱小目标检测的目的是尽可能地增加目标对比度，有效突出目标区域，根据所提三层窗口的 LCM，利用三个区域之间的差异来测量对比度。中心区域 T 单元和邻域单元之间的最小灰度差定义为对比度，具体如下：

$$D_{IB} = \begin{cases} m_T - \max(m_{IB_i}), & m_T > \max(m_{IB_i}) \\ 0, & \text{其他} \end{cases} \tag{4-42}$$

$$D_{OB} = \begin{cases} m_T - \max(m_{OB_j}), & m_T > \max(m_{OB_j}) \\ 0, & \text{其他} \end{cases} \tag{4-43}$$

式中，D_{IB} 和 D_{OB} 分别表示内邻域和外邻域的灰度差对比度；m_T 表示中心区域 T 的灰度均值；m_{IB_i} 表示第 i 个内邻域单元的灰度均值；m_{OB_j} 表示第 j 个外邻域单元的灰度均值。使用两层邻域窗口的灰度均值差来计算 LCM，能有效减少高亮背景的影响。

利用两层邻域窗口灰度差对比度的乘积来增强目标区域，具有最大乘积的区域很有可能是目标区域。若 D_{IB} 和 D_{OB} 其中任意一个为 0，则该区域排除为目标区域，具体定义如下：

$$TLC = D_{IB}D_{OB} \tag{4-44}$$

当三层滑动窗口逐步遍历图像时，会出现以下 4 种情况。

（1）当滑动窗口移动到较小尺寸目标上时，如图 4-32（a）所示，D_{IB} 和 D_{OB} 通常会比较大，而对应的 TLC 也会偏大，所以目标区域会得到增强。

(a) 滑动窗口在图像中的示意图　　　　　　(b) 三层窗口结构示意图

图 4-31　三层滑动窗口 LCM

（2）当目标周围的背景区域位于滑动窗口中心时，如图 4-32（b）所示，D_{IB} 会非常小，若 D_{OB} 等于 0，则 TLC 等于 0，即目标周围的背景区域被抑制。

（3）当滑动窗口移动到较大尺寸目标时，如图 4-32（c）所示，目标区域 T 整体灰度值较高，而第二层窗口，即内邻域也有部分灰度值较高，所以 D_{IB} 通常大于 0。虽然目标区域的灰度值不是整张图像中的最大值，但是通常要大于目标周围区域的灰度值，所以 D_{OB} 较大，TLC 也会偏大，大尺寸目标同样会得到增强。

（4）当滑动窗口移动至高亮背景或边缘时，如图 4-32（d）所示。由于整个窗口绝大部分都位于高亮部分，即得到的 D_{IB} 和 D_{OB} 都等于 0 或近似于 0，所以相应的 TLC 等于 0。

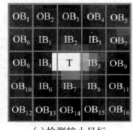
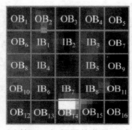
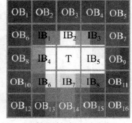
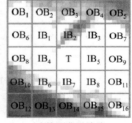

(a) 检测较小目标　　　(b) 检测目标周围的背景区域　　　(c) 检测较大尺寸目标　　　(d) 检测背景边缘

图 4-32　滑动窗口遍历图像时出现的 4 种不同情况示意图

4.4.4　相关算法

一般弱小目标检测可以认为先将原始图像通过一系列图像预处理操作，构建置信度图，然后采用阈值分割从置信度图中分割目标。基于上述机制，本节提出了一种基于 NSCT 和三层窗口 TLC 的红外弱小目标检测算法。其整体流程示意图如图 4-33 所示。首先将输入图像进行 NSCT 处理，图像分解后获得一张低频图像及多张高频图像，目标在不断进行图像分解时出现了丢失，为了解决这一问题，将原始图像与低频背景图像进行差分操作，得到差分图像，从图 4-33 可以看出，差分图像中目标区域的灰度值非常微弱，可采用引导滤波增强差分图像，但相应的，部分云层等高频信息同样会被增强；然后采用三层窗口 TLC 进行背景抑制和目标增强，并构建置信度图；最后采用自适应阈值分割将目标从置信度图中分割出来（此处使用的自适应阈值分割在第 2 章及第 3 章中均有介绍），得到最终检测结果。

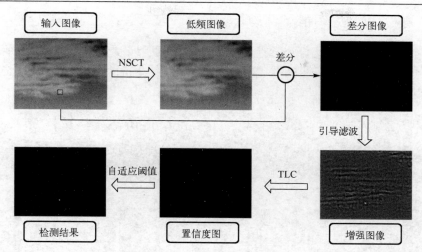

图 4-33　基于 NSCT 和三层窗口 TLC 的红外弱小目标检测算法整体流程示意图

4.4.5　实验结果与分析

4.4.5.1　实验参数设置

为了测试基于 NSCT 和三层窗口 TLC 的红外弱小目标检测算法(本节介绍时用 Ours 算法)的有效性，选取 6 组开源红外序列图像[55,85]进行对比实验，包括复杂云层背景、复杂地面背景、海面背景及天空背景。每组序列包括 30 帧图像，具有不同背景且差异较大，实验所用数据集详细信息如表 4-16 所示。

表 4-16　实验所用数据集详细信息

序列号	目标大小/像素	帧数/帧	图像大小/像素	平均 SCR	细节信息
序列 1	5×5	30	256×200	0.62	云层背景大部分被分散的云覆盖，具有固定的视角和从左到右的弱小目标
序列 2	5×5	30	256×256	2.67	复杂地面背景，大部分被植被覆盖，无人机目标从右上移动到左下
序列 3	4×4	30	256×256	1.25	天空背景，两个目标，下方目标从远到近逐渐靠近上方目标
序列 4	4×4	30	256×256	0.75	天空背景，右侧有部分植被背景被遮挡，目标移动缓慢且信号微弱
序列 5	8×8	30	484×335	3.44	海面和云层背景，图形中间有明显的背景分界线，目标移动缓慢
序列 6	7×7	30	275×183	3.48	天空及多厚重云层背景，目标从左上移动到右下

将 Ours 算法和该领域的 7 种算法进行对比，包括 1 种传统形态学算法 Top-hat 算法[28]，4 种基于人类视觉系统的算法(LCM 算法[45]、RLCM 算法[47]、MPCM 算法[48]、HBMLCM 算法[49])，1 种红外图像块算法 IPI 算法[56]及一种基于目标灰度差异的算法 ADMD 算法[55]。Top-hat 算法是一种经典的非线性滤波算法，LCM 算法是基于人类视觉系统非常经典的一种算法。ADMD 算法是一种多尺度灰度差算法。RLCM 算法、MPCM 算法及 HBMLCM 算法都是近几年提出的实现简单且检测效果优良的算法。IPI 算法是一种非常经典的矩阵分解重构算法。评价指标与第 4.3 节保持一致，且上述对比算法复现皆与其论文中保持一致。

4.4.5.2　实验结果定性分析

在 6 张序列图中，各对比算法的置信度图如图 4-34 所示，其中图 4-34(a)所示为序列图的原始代表帧图，方框表示目标区域（漏检情况未标出），同时为了排版美观，将所有图像设置成相同大小。

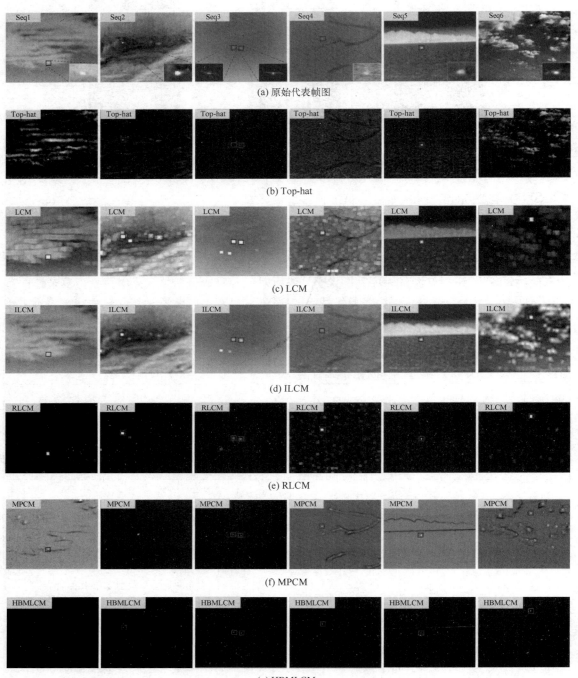

(a) 原始代表帧图

(b) Top-hat

(c) LCM

(d) ILCM

(e) RLCM

(f) MPCM

(g) HBMLCM

图 4-34　各对比算法的置信度图

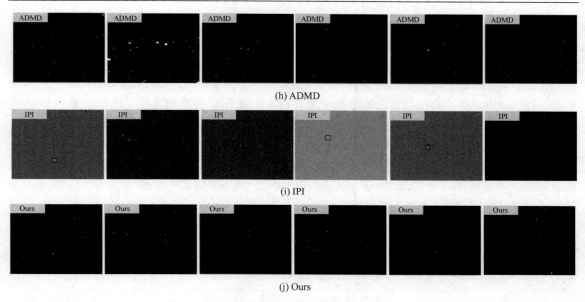

图 4-34 各对比算法的置信度图(续)

Top-hat 算法在 6 张序列图中,只有在背景较简单的序列 3 图像中整体效果明显。在复杂多云层背景的序列 1 和序列 6 图像中,残留了多数高频的云层信息。在复杂的地面背景和海天背景的序列 2 和序列 5 中同样效果不理想,序列 4 图像中的植被背景未被剔除[见图 4-34(b)]。

LCM 算法作为经典的基于人类视觉系统的算法,在背景抑制方面效果不太理想[见图 4-34(c)],目标区域整体效果显著增强。由于使用的是滑动窗口中心区域的最大值作为对比度,所以部分背景区域同样会被增强,而且为了适应目标的不同尺寸,使用了多尺度算法,因此 LCM 算法的置信度图具有"膨胀效应"。

ILCM 算法是在 LCM 算法的基础上进行改进的,将最大值替换成均值作为对比度,并且改变了图像的尺寸,因此在置信度图中整体背景抑制效果比 LCM 算法优秀,处理结果如图 4-34(d)所示。但是在序列 4 图像中,由于该序列图像中的目标较暗淡,而且目标区域的梯度较低,所以在该算法置信度图中的目标区域未得到显著增强,同样存在"膨胀效应"。

RLCM 算法相较前两种所提的基于人类视觉系统的算法,在背景抑制方面有了较大提升。从图 4-34(e)中可以明显看到,图中的背景基本被抑制,但是一些高亮部分的杂波及一些类似目标区域的噪点同样被增强,如在序列 4 图像中,除方框标出的目标区域外,还残留较多的伪目标区域。目标区域仍然为图中较显著的区域,但是该算法如同 LCM 算法及 ILCM 算法一样,存在"膨胀效应"。

MPCM 算法作为一种新颖的视觉对比算法,在本次实验中,效果并不突出,在序列 1、序列 4、序列 5 及序列 6 图像中,背景部分均有残留。在序列 2 图像中,甚至出现了目标漏检现象,只有在序列 3 的天空背景图像中,检测性能良好[见图 4-34(f)]。

HBMLCM 算法在 6 张序列图像中,检测性能都非常卓越,从图 4-34(g)中可以明显看到,除序列 3 和序列 5 外,其余图像背景和杂波基本被抑制。序列 3 中目标区域左下方出现的伪目标点未被剔除,序列 5 中图像中间部分的背景分界线还有残留。

ADMD 算法对目标区域的增强效果明显,由于使用的是简单的灰度值计算算法,所以在

　　背景复杂的序列 2、序列 5 及序列 6 图像中，杂波残留较明显［见图 4-34(h)］，但是因为计算简便，因此该算法实时性很高。

　　IPI 算法作为经典的成分分析算法，如图 4-34(i)所示，在前 3 个序列中，出现了背景灰度残留的现象(该算法将先重构背景再与原图进行差分，所以若重构背景与原图有灰度差异，则会出现上述情况)，虽然整体背景和杂波未出现，但同样影响检测性能，而且在有部分尖锐背景的序列 5 和序列 6 图像中，不仅出现了背景灰度残留情况，一些噪点同样被保留。

　　可以看出，相比其他对比算法，Ours 算法在这 6 张序列图像中的检测结果较显著［见图 4-34(j)］，而且背景和杂波残留较少，这是因为在经过原图与 NCST 重构的低频图差分之后，背景基本被剔除，先经过引导滤波增强，再经过三层窗口 LCM 显著增强了目标区域，且避免了"膨胀效应"。

　　为了更加直观地对比检测性能，将所有对比结果进行灰度值三维化表示。各对比算法实验结果的灰度三维表示图如图 4-35 所示。

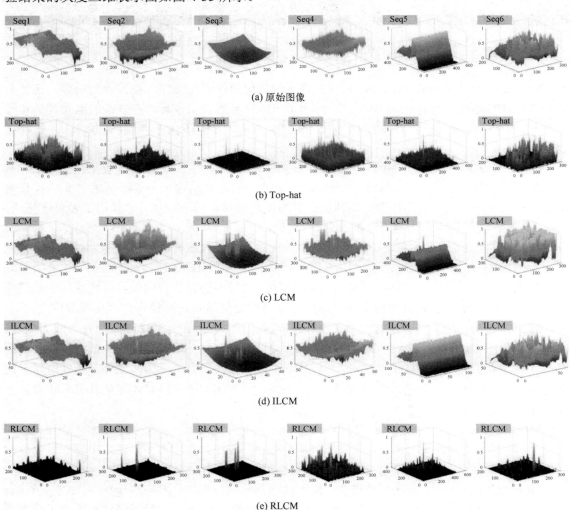

图 4-35　各对比算法实验结果的灰度三维表示图

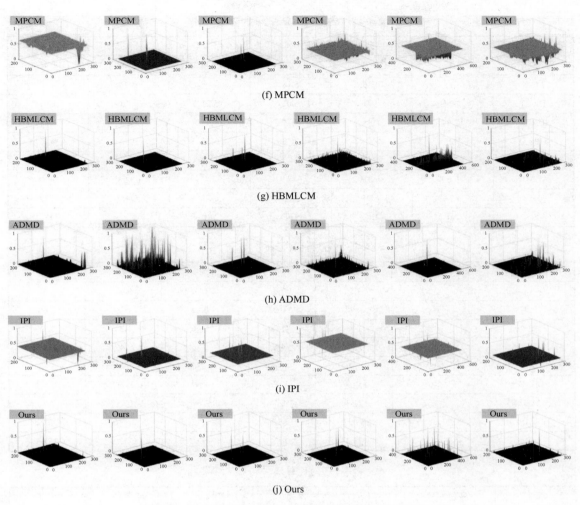

图 4-35　各对比算法实验结果的灰度三维表示图(续)

4.4.5.3　实验结果定量分析

此外，为了定量分析上述提到的各种对比算法的检测性能及背景抑制能力，分别统计了所有算法的 SCRG 结果、BSF 结果、CG 结果及算法平均运行时间，如表 4-17 至表 4-20 所示(其中最优值用加黑的下画线表示，次优值用下画线表示)。在 SCRG 方面，Ours 算法在所有序列图像中，除序列 5 之外，其余均为最优值，其中序列 1 至序列 4 更是达到了 Inf(表示在目标区域内，背景杂波完全被抑制)，在序列 6 中，也是优于所有对比算法。而 HBMLCM 算法基本都是次优值。MPCM 算法只有在序列 3 中为次优值。在 BSF 方面，Ours 算法皆为最优值，但由于图像背景较复杂，所以未出现 Inf 情况，而次优值则较分散，故不做详细阐释。在 CG 方面，由于 Ours 算法未使用多尺度技术，所以在对比了一些使用多尺度技术的算法(如 LCM 算法、ILCM 算法、RLCM 算法等)，Ours 算法在 CG 方面，均不如其他算法，但在序列 1 和序列 2 中为次优值。在平均运行时间方面，由于 Ours 算法用了 3 个步骤分别进行处理，所以在该方面表现较差，最优值为算法结构简单的 Top-hat 算法。

表 4-17　各对比算法平均 SCRG 结果

算法	序列 1	序列 2	序列 3	序列 4	序列 5	序列 6
Top-hat	5.13	1.66	10.08	2.74	2.66	1.95
LCM	3.28	0.86	5.18	4.07	0.91	1.56
ILCM	3.74	0.97	6.07	5.21	1.18	1.91
RLCM	12.94	2.81	10.21	8.42	5.59	4.47
MPCM	1.25	NaN	<u>196.30</u>	3.58	0.80	0.40
HBMLCM	<u>77.59</u>	<u>29.26</u>	164.20	<u>37.09</u>	<u>6.50</u>	<u>16.81</u>
ADMD	29.59	6.32	64.39	13.48	**<u>43.63</u>**	14.45
IPI	4.73	4.89	3.38	0.21	0.48	1.29
Ours	**<u>Inf</u>**	**<u>Inf</u>**	**<u>Inf</u>**	**<u>Inf</u>**	4.20	**190.92**

表 4-18　各对比算法平均 BSF 结果

算法	序列 1	序列 2	序列 3	序列 4	序列 5	序列 6
Top-hat	2.59	3.81	7.97	1.74	9.42	1.60
LCM	0.71	0.94	0.93	0.87	1.29	2.00
ILCM	0.92	1.75	1.24	0.96	1.85	3.21
RLCM	2.68	5.79	4.11	<u>6.86</u>	9.49	6.45
MPCM	2.28	10.10	<u>13.91</u>	1.34	5.20	3.82
HBMLCM	<u>20.42</u>	<u>159.36</u>	11.03	4.69	11.99	15.97
ADMD	4.86	2.31	6.44	3.64	<u>107.19</u>	7.61
IPI	6.58	31.22	11.61	3.33	16.40	<u>18.02</u>
Ours	**<u>41.32</u>**	**<u>173.41</u>**	**<u>14.37</u>**	**<u>15.47</u>**	**<u>121.29</u>**	**<u>25.05</u>**

表 4-19　各对比算法平均 CG 结果

算法	序列 1	序列 2	序列 3	序列 4	序列 5	序列 6
Top-hat	4.53	1.07	1.60	5.20	<u>2.33</u>	1.35
LCM	5.23	2.07	10.10	<u>11.65</u>	2.28	**<u>4.18</u>**
ILCM	5.96	1.97	**<u>11.32</u>**	12.71	**<u>2.76</u>**	<u>4.07</u>
RLCM	**<u>13.66</u>**	**<u>3.99</u>**	8.81	**<u>25.62</u>**	2.17	3.84
MPCM	0.88	0.35	5.15	3.15	0.77	0.39
HBMLCM	2.61	0.53	5.25	5.86	0.60	0.45
ADMD	2.04	2.84	<u>10.26</u>	5.50	1.35	0.79
IPI	1.82	0.86	1.64	0.28	0.40	0.40
Ours	<u>7.36</u>	<u>3.64</u>	6.33	5.01	1.71	1.45

表 4-20　各对比算法平均运行时间

算法	序列 1	序列 2	序列 3	序列 4	序列 5	序列 6
Top-hat	**<u>0.0134</u>**	**<u>0.0376</u>**	**<u>0.0315</u>**	**<u>0.0178</u>**	**<u>0.0274</u>**	**<u>0.0196</u>**
LCM	<u>0.1057</u>	0.1052	0.1105	0.1097	0.3148	0.1230
ILCM	0.0326	<u>0.0391</u>	<u>0.0357</u>	<u>0.0372</u>	<u>0.0594</u>	<u>0.0330</u>
RLCM	1.0630	1.3834	1.3659	1.5944	3.5501	1.0345

续表

算法	序列 1	序列 2	序列 3	序列 4	序列 5	序列 6
MPCM	0.0634	0.0810	0.0758	0.0764	0.1188	0.0659
HBMLCM	0.0767	0.0479	0.0477	0.0500	0.0625	0.0474
ADMD	0.1017	0.0689	0.0682	0.0701	0.0849	0.0739
IPI	3.4891	4.5221	3.7928	4.5561	4.1856	3.7746
Ours	1.0532	1.4432	1.2628	1.3463	1.8964	1.0927

为了进一步对各种算法进行定量分析，采用 ROC 曲线、PR 曲线及 AUC 值进行评估，详细结果如图 4-36 和图 4-37 所示。可以看到，与其他算法相比，Ours 算法在序列 1、序列 2 及序列 6 中，始终在相同的虚警率下保持更高的检测率，且 AUC 值为所有算法中的最优值，在剩余的序列 3、序列 4 及序列 5 中，AUC 值也为次优值。同样，在 PR 曲线中，Ours 算法在序列 2 及序列 3 中在相同的召回率下保持了最高的精确率，AUC 值达到了 0.9309 及 0.9506。

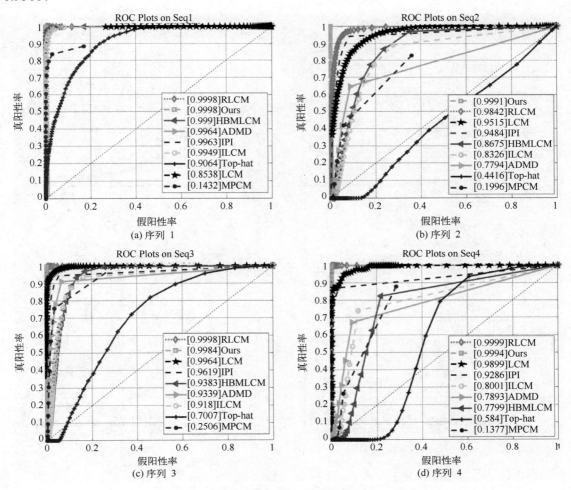

图 4-36　各对比算法在 6 张序列图像中的 ROC 曲线

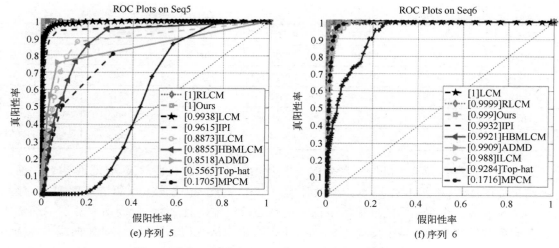

图 4-36　各对比算法在 6 张序列图像中的 ROC 曲线（续）

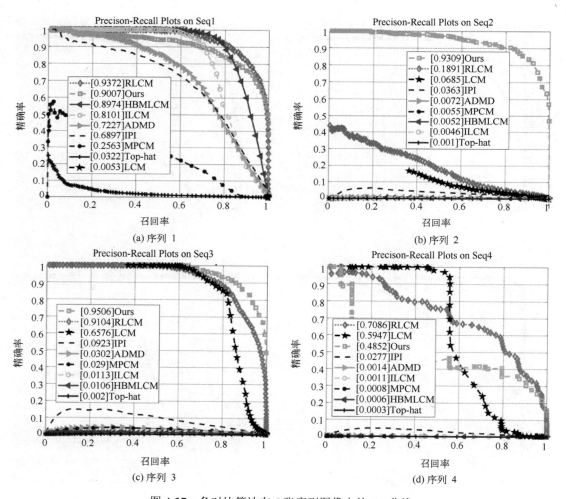

图 4-37　各对比算法在 6 张序列图像中的 PR 曲线

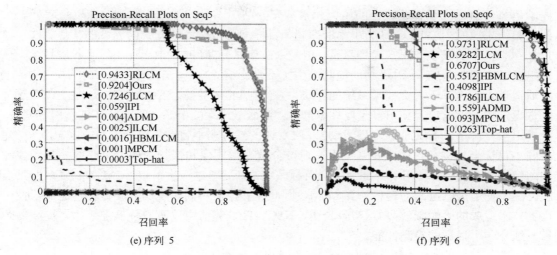

图 4-37　各对比算法在 6 张序列图像中的 PR 曲线(续)

　　RLCM 算法、HBMLCM 算法、ADMD 算法、LCM 算法、IPI 算法、ILCM 算法及 Top-hat 算法均能检测到 30 个目标,而不会出现漏检情况,此外,RLCM 算法在序列 1、序列 4 及序列 5 中同样保持着最优的 AUC 值。ROC 曲线方面,LCM 算法在序列 6 中,对比其他算法,始终在相同的虚警率下保持最高的检测率,AUC 值达到了 1,相应的,在 PR 曲线方面,其为次优值,仅次于 RLCM 算法,AUC 值为 0.9282,而 MPCM 算法及 Top-hat 算法则表现欠佳,结果均较差。

4.5　本章小结

　　针对复杂背景下红外弱小目标检测虚警率过高、检测性能不足、实时性低等问题,本章提出了 3 种单帧红外弱小目标检测算法,并通过大量实验验证了所提 3 种算法的有效性及优越性。

　　红外弱小目标检测的难点在于,目标远距离成像所造成的目标信号弱、尺寸小及细节纹理不足或缺失,而且在复杂背景情况下此项检测任务的难度急剧升高。在保持算法良好实时性的同时,尽可能地通过增强弱小目标来提高检测性能、抑制复杂边缘杂波及高亮噪声等来降低虚警率,以上问题成了急需解决的问题。

　　在上述思想指导下,通过对 IPI 算法、形态学算法等的研究及分析,本章对红外弱小目标进行探索,初步提出了基于 ADMM 和改进 Top-hat 变换的红外弱小目标检测算法(ADMM-TiNW)。ADMM 是解决 RPCA 问题的一种算法,首先通过对红外图像进行分解重构,获得包含目标的稀疏矩阵;然后结合改进形态学算法针对低秩矩阵中残留的伪目标,充分利用结构元素的差异来限制噪点并增强目标区域;最后通过简单的自适应阈值分割实现对红外弱小目标的检测,该算法结合了 IPI 算法的背景抑制能力及形态学算法的目标增强优点,弥补了 IPI 算法实时性低及形态学算法检测性能不足的缺点。但从检测结果的背景抑制因子及 SCR 不难看出,此算法的背景抑制能力还有待提升。

　　本章分析了基于人类视觉系统的部分算法后,在上一部分所提形态学算法的基础上,通过改良结构元素,并结合红外弱小目标的视觉显著性特性,提出了一种基于 LCM 的自适应 Top-hat 红外弱小目标检测(ATHLC)算法。通过计算 LCM 获取形态学算法所缺少的目标图像的先验信息，自适应设置所改良的结构元素，充分利用了目标区域与邻域的灰度值差异。大量的实验结果证明，ATHLC 算法在背景抑制和目标增强方面都领先于同领域的其他算法，在 ROC 曲线及 PR 曲线中，同样优势明显。但是，在计算 LCM 时，由于使用了多尺度技术，使目标出现了"膨胀效应"，对后续的检测产生了不良影响。

通过深入分析基于人类视觉系统的算法，了解到 LCM 算法、ILCM 算法及 RLCM 算法等所特殊设定的滑动窗口及使用多尺度技术产生"膨胀效应"的根源。结合 NSCT 及引导滤波，本章提出了一种基于 NSCT 和三层滑动窗口 LCM 的红外弱小目标检测（NSCT-TLC）算法，建立在弱小目标全局稀疏性的假设基础上，通过分解高频图像和低频图像，以获得高频图像和低频图像的差分图像，使用引导滤波增强目标区域，最后通过三层窗口 LCM 抑制残余背景及杂波。由于使用了三层滑动窗口计算 LCM，因此能够检测不同尺度的弱小目标，避免了使用多尺度技术造成的"膨胀效应"。实验表明，NSCT-TLC 算法可以有效降低虚警率，提高复杂背景下红外弱小目标的检测性能。

参 考 资 料

[1] 夏超群. 基于局部和全局特征表示的红外小目标检测算法研究[D]. 杭州: 浙江大学, 2021.

[2] 郑兆平, 曾汉生, 丁翠娇, 等. 红外热成像测温技术及其应用[J]. 红外技术, 2003, (1): 96-98.

[3] Yavari M, Moallem P, Kazemi M, et al. Small infrared target detection using minimum variation direction interpolation[J]. Digital Signal Processing, 2021, 117: 103174.

[4] Xu L, Wei Y, Zhang H, et al. Robust and fast infrared small target detection based on pareto frontier optimization[J]. Infrared physics and technology, 2022, 123: 104192.

[5] Lahiri B B, Bagavathiappan S, Jayakumar T, et al. Medical applications of infrared thermography: A review[J]. Infrared Physics & Technology, 2012, 55(4): 221-235.

[6] Paugam, Ronan, Wooster, et al. Use of Handheld Thermal Imager Data for Airborne Mapping of Fire Radiative Power and Energy and Flame Front Rate of Spread[J]. IEEE Transactions on Geoscience & Remote Sensing, 2013, 51(6): 3385-3399.

[7] Shripad P. Mahulikar, Hemant R. Sonawane, G. Arvind Rao. Infrared signature studies of aerospace vehicles[J]. Progress in Aerospace Sciences, 2007, 43(7):218-245.

[8] P Dobrzyński, Lipski S, Machowski B, et al. The Problems of Standardization of Ground-to-Air Missiles[J]. DEStech Transactions on Computer Science and Engineering, 2019, 234-249.

[9] 王忆锋, 余连杰, 陈洁, 等. 基于探测距离的军用红外探测器分类[J]. 红外, 2011, 32(6): 34-38.

[10] 杨兰兰. 复杂背景下的弱小红外目标检测[D]. 北京: 中国科学院大学, 2022.

[11] Bai X, Shan Z, Du B, et al. Survey on Dim Small Target Detection in Clutter Background: Wavelet, Inter-Frame and Filter Based Algorithms[J]. Procedia Engineering, 2011, 15:479-483.

[12] Rawat S S, Verma S K, Kumar Y. Review on recent development in infrared small target detection algorithms[J]. Procedia Computer Science, 2020, 167: 2496-2505.

[13] 任向阳, 王杰, 马天磊, 等. 红外弱小目标检测技术综述[J]. 郑州大学学报, 2020, 52(2): 1-21.

[14] Hubbard W A, Page G A, Carroll B D, et al. Feature measurement augmentation for a dynamic programming-based IR target detection algorithm in the naval environment[J]. Proceedings of SPIE-The International Society for Optical Engineering, 1999, 3698: 2-11.

[15] Tonissen S M, Evans R J. Peformance of dynamic programming techniques for Track-Before-Detect[J]. IEEE Transactions on Aerospace and Electronic Systems, 1996, 32(4): 1440-1451.

[16] Gao F, Zhang F, Zhu H, et al. An improved tbd algorithm based on dynamic programming for dim SAR target detection[C]//2014 12th International Conference on Signal Processing(ICSP). Hangzhou: IEEE. 2014: 1880-1884.

[17] Reed I, Gagliardi R, Shao H. Application of Three-Dimensional Filtering to Moving Target Detection[J]. IEEE Transactions on Aerospace and Electronic Systems, 1983, AES-19(6): 898-905

[18] Gu Y, Wang C, Liu B, et al. A kernel-based nonparametric regression method for clutter removal in infrared small-target detection applications[J]. IEEE Geoscience and Remote Sensing Letters, 2010, 7(3): 469-473.

[19] Hou W, Long G, Lei Z, et al. The Small Target Detection based on Maximum Likelihood Estimation and spot detection operator[P]. Photoelectronic Technology Committee Conferences, 2014.

[20] Zhang X, Ren K, Wan M, et al. Infrared small target tracking based on sample constrained particle filtering and sparse representation[J]. Infrared Physics & Technology, 2017, 87: 72-82.

[21] Fan X, Xu Z, Zhang J. Dim small target tracking based on improved particle filter[J]. Guangdian Gongcheng/Opto-Electronic Engineering, 2018, 45(8): 14-23.

[22] Chen Z, Tian M, Bo Y, et al. Improved infrared small target detection and tracking method based on new intelligence particle filter[J]. Computational Intelligence, 2017, 34(3): 917-938.

[23] Gao C, Wang L, Xiao Y, et al. Infrared small-dim target detection based on Markov random field guided noise modeling[J]. Pattern Recognition, 2017, 76: 463-475.

[24] J. Barnett. Statistical analysis of median subtraction filtering with application to point target detection in infrared backgrounds[C]. Los Angeles: Proceedings of SPIE, 1989: 10-18.

[25] Soni T, Zeidler J R, Ku W H. Performance evaluation of 2-D adaptive prediction filters for detection of small objects in image data[J]. IEEE Transactions on Image Processing, 1993, 2(3): 327-340.

[26] V. T. Tom, T. Peli, M. Leung, et al. Morphology-based algorithm for point target detection in infrared backgrounds[C]. Orlanolo: Signal and Data Processing of Small Targets,1993:2-11.

[27] Yao R, Guo C, Deng W, et al. A novel mathematical morphology spectrum entropy based on scale-adaptive techniques[J]. ISA Transactions, 2021, (126):691-702.

[28] Zeng M, Li J, Peng Z. The design of Top-Hat morphological filter and application to infrared target detection[J]. Infrared Physics & Technology, 2006, 48(1): 67-76.

[29] Bai X Z, Zhou F. Analysis of new top-hat transformation and the application for infrared dim small target detection[J]. Pattern Recognition, 2010, 43(6): 2145-2156.

[30] Bai X Z, Zhou F, Y. Xie, et al. Modified Top-Hat transformation based on contour structuring element to detect infrared small target[C]. Singapore: IEEE Conference on Industrial Electronics and Applications, 2008: 575-579.

[31] Bai X Z, Zhou F. Infrared small target enhancement and detection based on modified Top-Hat transformations[J]. Computers & Electrical Engineering, 2010, 36(6): 1193-1201.

[32] Bai X Z, Zhou F, Jin T. Enhancement of dim small target through modified Top-Hat transformation under the condition of heavy clutter[J]. Signal Processing, 2010, 90(5): 1643-1654.

[33] Bai X Z, Zhou F. Morphological operator for infrared dim small target enhancement using dilation and erosion through structuring element construction[J]. Optik-International Journal for Light and Electron Optics, 2013,

124(23): 6163-6166.

[34]　Deng L, Zhang J, Xu G, et al. Infrared small target detection via adaptive M-estimator ring top-hat transformation[J]. Pattern Recognition, 2020, 112(1): 107729.

[35]　Zeng M, Li J, Peng Z. The design of Top-Hat morphological filter and application to infrared target detection[J]. Infrared Physics & Technology, 2006, 48(1): 67-76.

[36]　Gregoris D J, Yu S K W, Tritchew S, et al. Wavelet transform-based filtering for the enhancement of dim targets in FLIR images[J]. Proceedings of SPIE, 1994, 2242: 573-583.

[37]　Qi S, Ma J, Li H, et al. Infrared small target enhancement via phase spectrum of quaternion Fourier transform[J]. Infrared Physics & Technology, 2014, 62: 50-58.

[38]　Sun Y Q, Tian J W, Liu J. Background suppression based-on wavelet transformation to detect infrared target [C]. Piscataway: IEEE Proceedings of the Fourth International Conference on Machine Learning and Cybernetics, 2005: 4611-4615.

[39]　Deng H, Liu J, Li H. EMD based infrared image target detection method [J]. J Infrared Milli Terahz Waves, 2009, 30(11): 1205-1215.

[40]　Lu L. Research on infrared small target detection and tracking algorithms based on wavelet transformation[J]. Sensors & Transducers, 2013, 156(9): 116.

[41]　Itti L, Koch C, Niebur E. A model of saliency-based visual attention for rapid scene analysis[J]. IEEE Transactions on Pattern Analysis and Machine Intelligence, 1998, 20(11): 1254-1259.

[42]　VanRullen R. Visual saliency and spike timing in the ventral visual pathway[J]. Journal of Physiology-Paris, 2003, 97(2): 365-377.

[43]　Kim S, Yang Y, Lee J, et al. Small target detection utilizing robust methods of the human visual system for IRST[J]. Journal of Infrared Millimeter and Terahertz Waves, 2009, 30(9): 994-1011.

[44]　Wang X, Lv G, Xu L. Infrared dim target detection based on visual attention[J]. Infrared Physics & Technology, 2012, 55(6): 513-521.

[45]　Chen C L P, Li H, Wei Y T, et al. A local contrast method for small infrared target detection[J]. IEEE Transactions on Geoscience and Remote Sensing, 2014, 52(1): 574-581.

[46]　Han J, Ma Y, Zhou B, et al. A robust infrared small target detection algorithm based on human visual system[J]. IEEE Geoscience and Remote Sensing Letters, 2014, 11(12): 2168-2172.

[47]　Han J, Liang K. Infrared small target detection utilizing the multiscale relative local contrast measure[J]. IEEE Geoscience and Remote Sensing Letters, 2018, 15(4): 612-616.

[48]　Wei Y T, You X, Li H. Multiscale patch-based contrast measure for small infrared target detection[J]. Pattern Recognition, 2016, 58: 216-226.

[49]　Shi Y F, Wei Y T, Yao H, et al. High-boost-based multiscale local contrast measure for infrared small target detection[J]. IEEE Geoscience and Remote Sensing Letters, 2018, 15(1): 33-37.

[50]　Deng H, Sun X, Liu M, et al. Small infrared target detection based on weighted local difference measure[J]. IEEE Transactions on Geoscience and Remote Sensing, 2016, 54(7): 4204-4214.

[51]　Liu J, He Z, Chen Z, et al. Tiny and dim infrared target detection based on weighted local contrast[J]. IEEE Geoscience and Remote Sensing Letters, 2018, 15(11): 1780-1784.

[52]　Nie J, Qu S, Wei Y, et al. An infrared small target detection method based on multiscale local homogeneity measure[J]. Infrared Physics & Technology, 2018, 90: 186-194.

[53] Deng H, Sun X P, Liu M L, et al. Infrared small-target detection using multiscale gray difference weighted image entropy[J]. IEEE Transactions on Aerospace and Electronic Systems, 2016, 52(1): 60-72.

[54] Moradi S, Moallem P, Sabahi M F. A false-alarm aware methodology to develop robust and efficient multi-scale infrared small target detection algorithm[J]. Infrared Physics & Technology, 2018, 89: 387-397.

[55] Moradi S, Moallem P, Sabahi M F. Fast and robust small infrared target detection using absolute directional mean difference algorithm[J]. Signal Processing, 2020, 177: 107727.

[56] Gao C Q, Meng D Y, Yang Y, et al. Infrared patch-image model for small target detection in a single image[J]. IEEE Transactions on Image Processing, 2013, 22(12): 4996-5009.

[57] Dai Y M, Wu Y Q. Reweighted infrared patch-tensor model with both nonlocal and local priors for single-frame small target detection[J]. IEEE Journal of Selected Topics in Applied Earth Observations and Remote Sensing, 2017, 10(8): 3752-3767.

[58] Zhang L, Peng L, Zhang T, et al. Infrared Small Target Detection via Non-Convex Rank Approximation Minimization Joint l2,1 Norm[J]. Remote Sensing, 2018, 10(11):1821.

[59] Zhang L, Peng Z M. Infrared small target detection based on partial sum of the tensor nuclear norm[J]. Remote Sensing, 2019, 11(4): 382.

[60] He Y, Li M, Zhang J, et al. Small infrared target detection based on low-rank and sparse representation[J]. Infrared Physics & Technology, 2015, 68: 98-109.

[61] Dai Y, Wu Y, Song Y, et al. Non-negative infrared patch-image model: Robust target-background separation via partial sum minimization of singular values[J]. Infrared Physics & Technology, 2017, 81: 182-194.

[62] Li Z, Chen J, Hou Q, et al. Sparse representation for infrared dim target detection via a discriminative over-complete dictionary learned online[J]. Sensors, 2014, 14(6): 9451-9470.

[63] Wang X, Shen S, Ning C, et al. A sparse representation-based method for infrared dim target detection under sea-sky background[J]. Infrared Physics & Technology, 2015, 71: 347-355.

[64] Wang C, Qin S. Adaptive detection method of infrared small target based on target-background separation via robust principal component analysis[J]. Infrared Physics & Technology, 2015, 69: 123-135.

[65] Zhu H, Liu S, Deng L, et al. Infrared small target detection via low-rank tensor completion with top-hat Regularization[J]. IEEE Transactions on Geoscience and Remote Sensing, 2019, 58(2): 1004-1016.

[66] Zhu H, Ni H, Liu S, et al. TNLRS: Target-aware non-local low-rank modeling with saliency filtering regularization for infrared small target detection[J]. IEEE Transactions on Image Processing, 2020, 29: 9546-9558.

[67] Dai Y, Wu Y, Song Y. Infrared small target and background separation via column-wise weighted robust principal component analysis[J]. Infrared Physics & Technology, 2016, 77: 421-430.

[68] He Y, Li M, Zhang J, et al. Infrared target tracking based on robust low-rank sparse learning[J]. IEEE Geoscience and Remote Sensing Letters, 2015, 13(2): 232-236.

[69] Liu W, Anguelov D, Erhan D, et al. Ssd: Single shot multi-box detector[C]. Cham: European Conference on Computer Vision,2016:21-37.

[70] 王芳, 李传强, 伍博, 等. 基于多尺度特征融合的红外小目标检测方法[J]. 红外技术, 2021, 43(7): 688-695.

[71] 黄硕. 基于学习的红外遥感超分辨率目标识别算法研究[D]. 上海: 中国科学院上海技术物理研究所, 2020.

[72] Girshick R. Faster r-cnn [C]. Santiago: IEEE International Conference on Computer Vision, 2015: 1440-1448.

[73] Ren S, He K, Girshick R, et al. Faster r-cnn: Towards real-time object detection with region proposal networks[C]. Neural Information Processing Systems 28, 2015.

[74] Redmon J, Divvala S, Girshick R, et al. You only look once: Unified, real-time object detection[C]. Lag Vegas: IEEE Conference on Computer Vision and Pattern Recognition, 2016:779-788.

[75] Redmon J, Farhadi A. Yolov3: An incremental improvement[J]. ar Xiv preprint arXiv:1804.02767, 2018.

[76] Du S, Zhang B, Zhang P, et al. FA-YOLO: An improved YOLO model for infrared occlusion object detection under confusing background[J]. Wireless Communications and Mobile Computing. Early Access, 2021.

[77] Goodfellow I, Pouget-Abadie J, Mirza M, et al. Generative adversarial nets[J]. Advances in Neural Information Processing Systems, 2014, 27: 2672-2680.

[78] Zhao B, Wang C, Fu Q, et al. A novel pattern for infrared small target detection with generative adversarial network[J]. IEEE Transactions on Geoscience and Remote Sensing, 2020, 59(5): 4481-4492.

[79] Li B, Xiao C, Wang L, et al. Dense nested attention network for infrared small target detection[J]. IEEE Transactions on Image Processing, 2023, 32:1745-1758.

[80] Dai Y, Wu Y, Zhou F, et al. Asymmetric contextual modulation for infrared small target detection[C]. IEEE/CVF Winter Conference on Applications of Computer Vision, 2021:950-959.

[81] Wright J, Ganesh A, Rao S, et al. Robust Principal Component Analysis: Exact Recovery of Corrupted Low-Rank Matrices[J]. IEEE Trans on Pattern Analysis and Machine Intelligence,2009,31(2):210-227.

[82] Da, Cunha, Arthur, et al. The Nonsubsampled Contourlet Transform: Theory, Design, and Applications[J]. IEEE Transactions on Image Processing, 2006, 15(10):3089-3101.

[83] Xi A, Fz A, Htb C, et al. Multi-focus image fusion based on nonsubsampled contourlet transform and residual removal[J]. Signal Processing, 2021, 184(4): 108062.

[84] He K, Jian S, Tang X. Guided image filtering[J]. IEEE Transactions on Pattern Analysis and Machine Intelligence, 2013, (6): 35.

[85] 回丙伟, 宋志勇, 范红旗, 等. 雷达回波序列中弱小飞机目标检测跟踪数据集[J]. 中国科学数据, 2020, 5(3): 272-285.

第 5 章　红外图像与可见光图像融合

5.1　概　述

5.1.1　研究背景和意义

图像是自然物的一种客观反映，也是人类认识世界的一种工具[1]。在复杂场景和恶劣环境下，单一传感器能够获取的信息十分有限，这加速了传感器的发展，使传感器可以获取图像的种类和手段也随之增加。图像融合技术的对象分为两大类，一类是描述同一场景但通过不同类型的传感器采集图像，另一类是通过一张传感器采集图像，但描述的是不同时刻或不同角度的同一场景信息[2-4]。融合图像与单一图像相比具有更多的细节信息，对复杂场景的描述能力更强，有利于后续处理或决策。

红外图像与可见光图像融合是图像融合中最常见的融合任务之一，目的就是整合红外图像和可见光图像之间的互补信息，即用一张图像去描述同一场景下两类图像的内容[5-7]。红外图像捕获的是物体的热辐射信息，目标图像的呈现效果与场景物体温度密切相关，场景物体温度越高，目标越明显，光照等外界条件并不能影响红外图像的成像质量，但是其分辨率低，细节描述能力弱。相反，通过捕获反射光而得的可见光图像包含了丰富的场景空间细节，其成像效果受限于光照条件[8-9]。因此，红外图像与可见光图像融合的目的就是集合这两类图像的优势，从而生成高质量且清晰描述场景的图像。这种融合图像不仅可以在复杂环境中捕捉目标信息，而且能通过场景细节描述来确认目标位置，以提高观察者发现目标的能力。正因为这一优势，图像融合技术在目标识别[10]、图像增强[11]、监控安防[12]、检测[13]和军事伪装[14]等领域被广泛应用。

由于成像镜头的位置偏差、红外与可见光图像的成像原理不同，以及红外与可见光图像对可能存在空间位置上的差异，直接影响了融合图像的质量，因此为了解决图像在空间位置上出现的偏差，提高图像的融合质量，降低出现带有"伪影"的融合图像的可能性，需要在融合前配准采集的图像对。

5.1.2　国内外研究现状

5.1.2.1　图像配准研究现状

图像配准的概念于 1970 年由 Anuta P E[15]首次提出，主要研究固定图像和待配准图像之间的映射关系。随着科学技术的发展，图像配准吸引了广大学者的深入研究，并在越来越多的领域体现其应用价值。图像配准算法大致可划分为基于区域的图像配准算法、基于特征的图像配准算法和基于深度学习的图像配准算法三类[16]，本节主要介绍前两类。

（1）基于区域的图像配准算法通常以参考图像为准，利用极大化相关性指标来搜索待配准图像的最佳位置。通过构建合适的相似度匹配准则，对两张图像的相似性进行评估，遍历寻找两张图像相似性最大时的变换模型参数[17]。图 5-1 所示为基于区域的图像配准算法流程图。

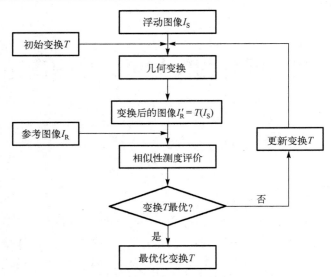

图 5-1　基于区域的图像配准算法流程图[17]

在相似性测度选择上，以互相关算法[18]、互信息算法[19]为代表的相关性计算算法应用较广泛。互相关算法最早用于基于区域的图像配准算法中，如 Sarvaiya J N 等人[20]利用 Cauchy-Schwartz 不等式提出了一种基于归一化互相关（Normalized Cross-Correlation，NCC）的模板匹配算法，该算法通过分析 Cauchy-Schwartz 不等式选择模板的最佳匹配位置，并计算模板区域的最大互相关系数；但该算法要对模板与待配准图像中相同大小的窗口进行比较，所以计算复杂度高、计算时间长。当窗口中图像变换复杂或窗口区域是不包含任何突出细节的平滑区域时，利用该算法配准会非常受限。2013 年，Fouda Y 等人[21]为了解决传统互相关算法中计算量大的问题，提出了通过引入金字塔结构减少在源图像中的搜索区域，使储存空间小于源图像的方法，同时省略了在 NCC 的模板匹配算法中需要填充图像的步骤。尽管互相关算法配准精度高，但是其主要用于估计刚体的平移和旋转参数，适用范围小，在医学图像配准中应用较多[22-23]。互信息算法选择互信息度量最大化两张图像的相关性，并建立像素对应性[24]。Costantini M 等人[25]利用互补几何的互信息度量超高分辨率合成孔径雷达和光学图像之间的相似性来消除图像间的差异，减少错误匹配的同时优化处理过程。由于红外图像与可见光图像之间有明显的纹理差异，因此互信息算法的优越性只能体现在图像的部分区域，如可检测到的前景这样的显著区域[26]。另外，这类算法还可用于提取共同明显的特征[27]，如 Yu K 等人[28]提出的灰度权重加窗算法（Grayscale Weight with Window Algorithm，GWW 算法）就是通过提取红外和可见光图像的共同强边缘特征进行归一化互信息计算的。相对于传统的归一化互信息算法，灰度权重加窗算法的鲁棒性有显著提高，配准精度也有明显提升，但不适用非线性变换的校正问题。

不同于以上的空间域算法，以傅里叶算法[29]为代表的在频域中对两张图像配准也是常用算法之一。傅里叶算法的主要思想是将图像从二维空间转换到频率域来计算图像间的相关性，最初的傅里叶算法只能处理图像平移，随着研究的慢慢深入，扩展到解决旋转和缩放问题[30]。例如，在伪极分数傅里叶变换（Pseudo-polar Fractional Fourier Transform，PPFFT）[31]中将图像变换为用对数极坐标傅里叶表示，使旋转和缩放问题简化为平移问题。2013 年 Li Z 等人[32]提出的多层伪极分数傅里叶变换（Multilayer Pseudo-polar Fractional Fourier Transform，

MPFFT），为了减少插值误差，引入了新的极坐标傅里叶变换，同时采用多层的坐标转换概念提高了大比例因子和大旋转角度的精度。这是一种高效率的算法，其鲁棒性高，频率噪声的变化不会影响算法性能，但是其对图像形变敏感，计算复杂度高。

（2）基于特征的图像配准算法，首先选择对两张图像中相似的显著特征进行操作，其关键在于如何提取和描述待配准图像和参考图像中相似的特征信息；然后确定所采集特征的对应关系，制定合适的匹配准则对相同特征进行匹配；最后剔除误匹配的特征。当面临外观变化和场景移动的挑战时，该算法的鲁棒性比基于区域的图像配准算法更强、配准效率更高。基于特征的图像配准算法如图 5-2 所示。

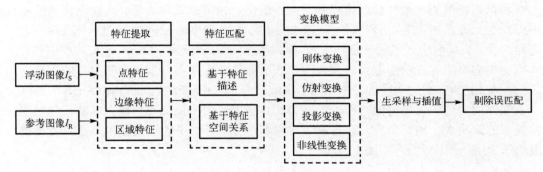

图 5-2　基于特征的图像配准算法

基于点特征的图像配准关键是找到待配准图像与参考图像中特征突出的点（如交叉点、角点、边缘点等）进行匹配。点特征检测算法中有 Harris[33]、SUSAN[34]、SIFT[35] 等众多点特征算子，其中 SIFT 算子鲁棒性较好。蔡天旺等人[36]为降低传统 SIFT 算法的复杂度，选取特征点时在同尺度下以像素点为圆心，划分了一个包含 16 像素邻域的圆形区域，若圆形区域内至少 80% 的像素点与圆心的差值满足阈值则可将圆心看作特征点。Bay H 等人[37]提出的 SURF 算子借助 Hessian 矩阵，在计算梯度信息时采用了箱式滤波和图像积分，提高了检测速度。刘妍等人[38]利用 Fast 算子，减少了特征误匹配的问题，但其提取效果过度依赖阈值的设定。

边缘特征通常包含更多图像的结构信息，常用于检测图像边缘和纹理结构，不论是成像条件发生变化还是成像模式发生变化，它都能保持一定的稳定性。使用较频繁的边缘特征检测算法包括 LOG 算法[39]、直方图算法、Sobel 算法[40]、Roberts 算法[41]、Canny 算法[42]、Prewitt 算法[43]、霍夫变换[44]等。以上几种算法中，Canny 算法应用较广泛，其处理噪声性能好、定位误差低，但对于图像边缘不够敏感。许多学者对边缘特征进行了应用和改进，如陈亮等人[45]为了克服红外与可见光图像之间相关性差的缺点，将 Canny 算法与互相关系数相结合，以提取图像边缘及附近区域，计算区域间的互相关性，并剔除相似度低的区域，避免多源图像因灰度差异引起的配准不精确。徐敏等人[46]将 Canny 算法与 SIFT 算法相结合，SIFT 算法用于提取 Canny 边缘特征点，建立了 18 维的描述子，配准效率得到了有效提升，配准精度也得到了有效提高。李云红等人[47]利用 Canny 算法获取边缘轮廓，通过寻找最大曲率点作为候选点，并与填充轮廓的 T 角点进行比较，获得小尺度下的特征点，同时引入 Freeman 链码差，有效提高了特征点提取的准确性。Cheng T 等人[48]同样先利用 Canny 算法，通过边缘检测获取电力设备红外与可见光图像的轮廓点云，再利用 Clifford 代数计算轮廓角的主方向，对于旋转角度大的待配准图像的误差接近于无明显旋转的图像，该算法具有旋转不变性和稳定性。边缘特征展现了图像的纹理特征，该类算法提取的特征丰富且稳定，对于不同传感器所获得的图像也能取得很好的效果，但是缺陷在于要求图像具有明显的轮廓信息，计算时间相对较长。

区域特征相较点特征和边缘特征包含的信息较丰富，是 3 种特征中较稳定的特征。区域特征是指图像中特征提取的具有高对比度和明显界限的区域，往往能通过图像分割获取这样的连通域。张雍吉等人[49]在处理光学图像与 SAR 图像配准问题时提出了共有区域特征配准算法，即先通过边缘检测获取图像边缘，然后对获取的图像边缘进行形态学运算，以提取图像边缘连接所形成的连通域，最后提取目标时利用区域生长法对图像中连通域面积最大的区域进行匹配，由于区域特征属性多，能更好地描述图像，此算法在自动配准中可靠性较高。Ma J 等人[50]将高斯场准则从刚性情况推广到非刚性情况，在可见光和热红外人脸图像的非刚性配准中引入了一种正则化高斯场准则。该算法利用再生核 Hilbert 空间中的非刚性变换实现了图像之间的变换，同时引入了稀疏近似变换，以避免高计算复杂度。Liu G 等人[51]利用视觉显著性模拟了生物系统的视觉注意力机制，并在获取显著性特征点时利用调幅傅里叶变换构造显著区域，在 SIFT 特征的降维过程中引入了主成分分析（Principal Component Analysis，PCA），实现了红外图像与可见光图像的鲁棒配准。此算法提取的特征更容易被人理解，但是受图像分割算法的影响大。相较而言，在多源图像配准任务中，更多的还是选择基于点特征的图像配准算法来解决图像变形等问题。

在红外图像与可见光图像配准中，为了更好地提取特征，在正式配准操作前可对可见光图像进行预处理，即采用传统算子或神经网络对可见光图像进行跨模态转换。例如，Wang L 等人[52]提出了 TAN（Transformer Adversarial Network）模型，用于解决复杂背景下的红外图像与可见光图像的配准问题。该模型分为两个步骤，首先转换图像模态，然后在生成的网络结构中加入变换模块，通过卷积网络获取参考图像的变形场，通过获取的变形场对待配准图像进行重采样，生成的图像即改进后的配准图像。但由于红外图像与可见光图像成像条件的变化导致图像在呈现内容上有所不同，因此图像数据对之间很难找到相似的灰度分布，这对于深度学习来说非常有挑战性。

5.1.2.2　图像融合研究现状

图像融合是一种图像增强技术，针对两张或更多张图像，目的是将这些图像中不同的互补信息进行融合，生成一张可用于取代多张图像的鲁棒图像，以便后续处理或辅助决策[53]。目前，融合算法主要分为传统算法和深度学习算法两大类。

早期的图像融合采用相关的数字变换在空间域或频率域对活动水平进行手工测量，并人工选择融合规则，称为传统融合算法[54-57]。典型的传统融合算法包括基于多尺度变换的算法[58]、基于稀疏表示的算法[59]、基于子空间的算法[60]、基于显著性的算法[61]。

（1）多尺度变换用不同尺度的子图像集合来表示源图像[62]。肉眼观察到的客观物体通常由不同尺度的分量构成，为了使融合结果更符合人类的视觉特性，更便于主观观测，多尺度变换算法才得以广泛应用。基于多尺度变换的图像融合步骤如图 5-3 所示。

基于多尺度变换的图像融合步骤有三步：第一步将源图像分解为一系列不同尺度的子图像；第二步根据人工选取的融合规则对源图像的每组对应分量进行融合；第三步通过对融合分量进行逆变换来获得融合图像。Liu G 等人[63]提出了一种基于可调金字塔和期望最大的图像融合算法，相比传统的可调金字塔融合算法有了较大的改进。Yan X 等人[64]提出了光谱图小波变换的融合算法，这种算法展示了图像的不规则区域。

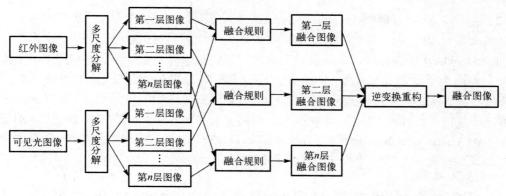

图 5-3　基于多尺度变换的图像融合步骤[7]

（2）稀疏表示是一种用于描述人类视觉系统的有效工具[65]，在众多领域都有应用，如图像分析、计算机视觉、模式识别和机器学习等领域[66-68]。通常将稀疏表示算法分为四个步骤：第一步源图像由滑动窗口裁剪成大小一致的重叠图像块；第二步重叠图像块通过学习大量图像获取的完备字典进行稀疏编码，获得其稀疏表示系数；第三步人工选取合适的融合规则来融合稀疏表示系数；第四步重构融合系数。Liu Y 等人[69]提出了一种自适应学习算法，用于在高质量图像块中学习更完备的子字典，从而减少融合图像的伪影及降低计算量，这类算法最大的困难在于建立对目标数据表示良好的过完备字典。

（3）将高维输入图像映射到低维空间进行处理是图像处理中的基于子空间的算法。低维子空间能够捕获原始图像的内在结构信息，且拥有更少的冗余信息。在图像处理过程中，为了加快处理速率、节省内存空间，常在低维子空间中处理数据。因此 PCA 算法[70]、ICA 算法[71]等基于子空间的算法被成功用于图像融合任务中。Bavirisetti D P 等人[72]使用 PCA 算法对通过四阶微分所获取的图像细节层进行融合，这种算法能获取细节信息传到融合图像的权重。

（4）视觉显著性以自下而上的方式吸引人类视觉的注意力，即人类通常更容易关注比当前像素点的像素值更高的邻域[73]。依据这种机理，基于显著性的融合算法更能保持完整的目标区域，从而提高融合图像的可视性。Zhang B 等人[74]采用逐像素显著性模型来提取红外图像的显著区域，更好地保存了红外图像的目标区域。

随着神经网络和深度学习技术的快速发展，为了提高图像融合的效率，更好地实现实时图像融合，许多基于神经网络的算法被应用于图像融合任务中。根据所用的主干网络，可以将这类算法分为两类，一类是基于卷积神经网络的算法，另一类是基于生成对抗网络的算法[75]。

（1）Li H 等人[76]提出的 DenseFuse，其结构与自编码器一致，由编码器、融合策略和解码器组成，在编码器特征提取过程中采用密集块的操作将浅层特征与高层特征进行级联从而避免浅层特征的丢失，但是需要人工选择融合策略才能通过解码器重构图像。为了让融合图像能同时保留红外图像和可见光图像中的重要特征信息，Li H 等人[77]从多尺度的角度保留了图像特征，提出了 NestFuse，与 DenseFuse 结构一致，它也由编码器、融合策略和解码器组成，不同的是该算法的融合特征要分别由每层卷积层提取的特征进行融合后才能提供，但是该算法也需要人工对融合策略进行选择。为设计一种可学习的融合策略，Li H 等人[78]提出了RFN-Nest，其在 NestFuse 的基础上对融合策略进行改进，先将红外图像特征图与可见光图像特征图分为级联后卷积与卷积一次后级联的两路通道，然后对这两路通道的特征图进行叠加，但是这种算法生成的图像对比度低，目标不明显。

（2）由于生成对抗网络（Generate Adversarial Networks，GAN）[79]在各领域应用中都取得了不错的效果，因此 Ma J 等人[80]首次将生成对抗网络应用到图像融合任务中，提出了一种端到端的 FusionGAN 融合算法，该算法由生成器和判别器组成，通过两者的对抗学习来生成融合图像。然而由于缺乏真实图像，在判别器中的分类对象只有融合图像和可见光图像，判别过程中融合图像不断学习可见光图像的细节，但忽略了红外图像的作用。为了弥补 FusionGAN 融合算法中缺失的红外细节信息，Ma J 等人[81]提出了双判别器生成对抗网络（Dual-Discriminator conditional Generative Adversarial Network，DDcGAN）算法，该算法通过设计双判别器使生成器在生成图像时能同时考虑两种源图像的重要特征。

5.2　红外图像与可见光图像配准与融合的相关理论

5.2.1　图像配准理论

5.2.1.1　图像配准的变换模型

图像配准是将不同时间、不同传感器（成像设备）或不同条件（如气候、照度、摄像位置和角度等）下获取的两张或多张图像进行匹配、叠加的过程，它已被广泛应用于遥感数据分析、计算机视觉、图像处理等领域。它能以几何方式对齐空间位置有差异的图像，变换方式[82]为

$$V(x,y) = g[I(h(x,y))] \tag{5-1}$$

式中，$V(x,y)$ 为参考图像；$I(x,y)$ 为待配准图像；g 为灰度变换函数；h 为空间坐标变换函数。

图像配准的本质是求解式（5-1）中的两个变换函数，找到合适的空间变换模型以缩小图像间的差异。变换模型有刚体变换模型、仿射变换模型、投影变换模型和非线性变换模型。

（1）刚体变换模型将整张图像看作一个刚体，变换前后只有物体的位置和朝向发生改变，即图像间的像素点的距离不变，目标物的形状也不会发生改变。变换前的像素点 (x',y') 和变换后的像素点 (x,y) 的位置关系可表示为

$$\begin{bmatrix} x \\ y \end{bmatrix} = \begin{bmatrix} \cos\theta & -\sin\theta \\ \sin\theta & \cos\theta \end{bmatrix} \begin{bmatrix} x' \\ y' \end{bmatrix} + \begin{bmatrix} t_x \\ t_y \end{bmatrix} \tag{5-2}$$

式中，θ 为图像间的旋转角度；t_x、t_y 表示平移量，分别对应水平方向和垂直方向的平移量。

（2）仿射变换组合了对原图像空间的线性变换和整体空间的平移，具有"平移不变性"，即变换不影响图像中的直线关系，模型表达式为

$$\begin{bmatrix} x \\ y \end{bmatrix} = \begin{bmatrix} A_1 & A_2 \\ A_3 & A_4 \end{bmatrix} \begin{bmatrix} x' \\ y' \end{bmatrix} + \begin{bmatrix} t_x \\ t_y \end{bmatrix} \tag{5-3}$$

式中，A_n 为自由变换参数。

仿射变换多了刚体变换中没有的剪切和缩放两种操作，在仿射变换中同一个点引出的线、一条线上的点及平行线的几何关系不会因变换模型而发生改变，但是线段的长度和线段之间的夹角可能会随之改变。仿射变换操作示意图如图 5-4 所示。

（3）投影变换的操作很简单，它组合了平移、旋转、缩放等基本操作。投影变换有改变

线与线之间平行关系的可能，尽管平行的几何关系会发生改变，但直线属性不会有任何改变。投影变换操作示意图如图 5-5 所示。

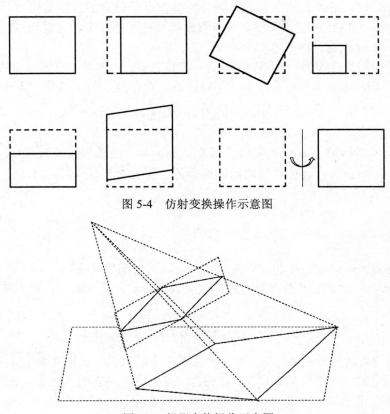

图 5-4　仿射变换操作示意图

图 5-5　投影变换操作示意图

投影变换前后的模型并不在同一个空间平面，与前面两种在同一图像空间进行变换的模型不同，投影变换前后的模型映射关系建立在三维立体空间上（见图 5-5）。投影模型可以表示为矩阵乘法表达式，为

$$\begin{bmatrix} x \\ y \\ z \end{bmatrix} = \begin{bmatrix} A_{11} & A_{12} & A_{13} \\ A_{21} & A_{22} & A_{23} \\ A_{31} & A_{32} & A_{33} \end{bmatrix} \begin{bmatrix} x' \\ y' \\ z' \end{bmatrix} \tag{5-4}$$

（4）由于非线性变换有可能使待配准图像出现扭曲现象，因此也将其称为弯曲变换，非线性变换模型比上述三种变换模型都要复杂。具体的变换形式由模型中的变换参数所决定，该变换可描述为

$$\begin{cases} x = a_{00} + a_{10}x + a_{11}y + a_{20}x^2 + a_{21}xy + a_{22}y^2 + \cdots \\ y = b_{00} + b_{10}x + b_{11}y + b_{20}x^2 + b_{21}xy + b_{22}y^2 + \cdots \end{cases} \tag{5-5}$$

式中，a_{ij}、b_{ij} 为多项式系数。

5.2.1.2　基于点特征的图像配准机理

基于点特征的图像配准算法的整体过程分为三步：特征点检测、特征点描述、特征点匹配。其首要任务是找到代表图像重要特征的特征点；然后利用特征点的邻域信息来描述该特征点，从而区分各特征点；最后根据特征点之间的相似性进行对应匹配。

（1）特征点检测是图像配准中的关键环节，特征点以最少的数据量保留了图像的重要特征，在后续处理中能够代替整张图像，可以有效提高匹配过程中的计算速度。特征点检测算法有很多，如 Harris 算法、DoG 算法等。

Harris 角点检测通过选择一个局部窗口，平移该窗口，比较平移前窗口内的像素和平移后窗口内的像素差异，如果差异很大，则证明该区域内存在角点[83]。其数学表达式为

$$E(u,v) = \sum_{x,y} \omega(x,y)[I(x+u,y+v) - I(x,y)]^2 \tag{5-6}$$

式中，$E(u,v)$ 为能量函数；(u,v) 为窗口偏移量；$\omega(x,y)$ 为高斯加权函数；$I(x,y)$ 为图像移动前的像素值；$I(x+u,y+v)$ 为图像移动后的像素值。通过泰勒展开式可将式(5-6)简化为一个自相关矩阵，如式(5-7)所示：

$$M = \sum_{x,y} \omega(x,y) \begin{bmatrix} I_x^2 & I_x I_y \\ I_x I_y & I_y^2 \end{bmatrix} \tag{5-7}$$

式中，I_x、I_y 分别表示对应图像的水平方向和垂直方向的偏导函数。

在实际应用中，需要根据角点的响应程度来确定角点，为获取角点的响应值，构造角点响应函数为

$$R = \det(M) - k[\mathrm{tr}(M)]^2 = \lambda_1 \lambda_2 - k(\lambda_1 + \lambda_2)^2 \tag{5-8}$$

式中，k 为人为设置的经验常数；λ_1、λ_2 表示像素变换的强度，是矩阵 M 的特征值。

选取角点时会设置一个阈值 T（$T \in [0,255]$），若 $R > T$，则表明该像素点是图像中的角点，否则是图像边缘。可见阈值的设定对角点选取有直接影响，阈值设定越高，角点数越少。

DoG 特征点检测是金字塔式结构，要构造不同的尺度空间，需借助高斯函数[84]。公式如下：

$$L(x,y,\sigma) = G(x,y,\sigma) \otimes I(x,y) \tag{5-9}$$

$$G(x,y,\sigma) = \frac{1}{2\pi\sigma^2} e^{-\frac{x^2+y^2}{2}} \tag{5-10}$$

式中，$I(x,y)$ 为原图像；$G(x,y,\sigma)$ 为方差，是 σ 的高斯函数。

高斯差分尺度空间构造公式为

$$D(x,y,\sigma) = [G(x,y,k\sigma) - G(x,y,\sigma)] \otimes I(x,y) \tag{5-11}$$

图 5-6 所示为 DoG 尺度空间的构造过程。特征点检测是将 DoG 尺度空间中的待检测像素和其邻域内的 26 像素进行比较，如果该像素是图像中的一个特征点，则当前像素大于或小于所有像素。DoG 尺度空间中的特征点检测如图 5-7 所示。

（2）特征点描述是为了用特征点的邻域信息组成可以描述检测到的特征点的一组向量，为了保证匹配精度，每个向量只能描述一个特征点，且该特征点的描述向量也只能是这一个。特征描述子的好坏直接影响最终匹配点对的个数及匹配精度。常见的有 SIFT 和 GLOH 等特征描述子。

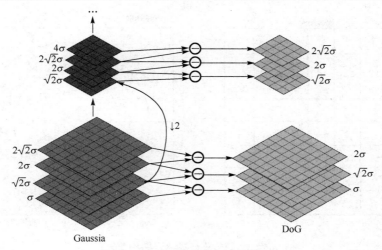

图 5-6　DoG 尺度空间的构造过程

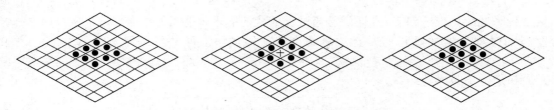

图 5-7　DoG 尺度空间中的特征点检测

在特征点邻域范围内划分一个 16 像素×16 像素的方形区域，为了使大部分特征都能被覆盖，在这个区域中求取 8 个方向(均分)的梯度方向和梯度模值。对邻域内每像素的梯度利用高斯函数进行加权操作，离特征点越近其权重相应越大，将得到的 16 像素×16 像素梯度方向的直方图合并为 4×4 区域的梯度直方图，构建 128 维特征描述子。SIFT 特征描述子的构建过程如图 5-8 所示，图中箭头所指方向表示梯度方向。

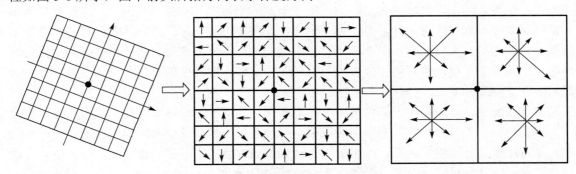

图 5-8　SIFT 特征描述子的构建过程

GLOH 特征描述子实际是对 SIFT 特征描述子的改进，将原来 4×4 区域的子块改为 3 个同心圆，圆形区域不做处理，将两个圆环区域分别均匀地划分成 8 个区域，总共可将 16×16 邻域划分为 17 个区域，每个区域都对像素梯度方向直方图进行统计，即可得到一个 136 维的向量作为特征描述子。GLOH 特征描述子的构建过程如图 5-9 所示。虽然 GLOH 特征描述子较 SIFT 特征描述子更稳健，但明显 GLOH 特征描述子的复杂度更高，导致其计算效率较低。

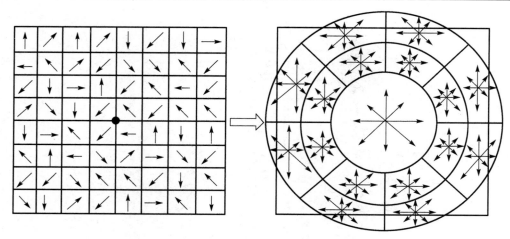

图 5-9　GLOH 特征描述子的构建过程

（3）直接测量特征点的相似度是一个难以解决的问题，但是转换为特征描述子的相似度测量就会降低计算难度。特征点匹配是通过评估特征描述子之间的相似程度来确定两个点是否匹配的过程，这一过程通常是计算两个特征描述子之间的空间距离。$(v_1, v_2, \cdots, v_n)$ 和 $(u_1, u_2, \cdots, u_n)$ 是两个特征点的 n 维特征描述子，式（5-12）和式（5-13）分别给出了空间距离中欧氏距离和曼哈顿距离的计算方法。

$$\mathrm{dis}_{\mathrm{ed}} = \sqrt{(v_1 - u_1)^2 + (v_2 - u_2)^2 + \cdots + (v_n - u_n)^2} \tag{5-12}$$

$$\mathrm{dis}_{\mathrm{md}} = |v_1 - u_1| + |v_2 - u_2| + \cdots + |v_n - u_n| \tag{5-13}$$

5.2.2　图像融合理论

5.2.2.1　多尺度变换相关理论

由于图像中的不同目标其尺度不同，很难制定一个标准尺度去处理图像，因此在提取图像特征时要在不同尺度上进行，多尺度下的图像处理更符合实际。人眼观察外界物体时细节总是在轮廓之后，多尺度变换融合算法类似于这一过程，所以这类算法往往能得到质量良好的融合结果。多尺度变换可将图像分解为不同分辨率和不同尺度的高频和低频信息，使用合适的融合规则兼并信息，可获得一张融合图像。

多尺度变换在图像处理中的优势主要体现在图像的局部特征可以用简单的形式在不同尺度上描述；能在不同分辨率时提取图像特征，符合人类处理视觉信号的模式；能获得适合人类视觉对比度的处理结果，符合人眼敏感及对比度的特点。本书就依据多尺度变换融合算法的基本理论来分析拉普拉斯金字塔变换（Laplacian pyramid Transform，LPT）[85]、双树复小波变换（Dual-Tree Complex Wavelet Transform，DTCWT）[86]和 NSCT[87]三种多尺度变换工具，本节仅介绍前两种，NSCT 参见第 4 章。

1. 拉普拉斯金字塔变换

图像金字塔是一组按比例排列成金字塔形状的图像，每张图像的分辨率和尺寸大小成正比关系。位于底部的图像尺寸最大，分辨率最高，而金字塔上方的子图像逐渐变小，分辨率也逐渐降低。高斯金字塔的底部图像是源图像，源图像进行高斯滤波后经降采样可获得上一层图像。不断迭代以上步骤，可以获得分辨率不同、尺寸不同但描述同一场景的图像，它们与源图像组合成高斯金字塔。拉普拉斯金字塔是为了描述构建高斯金字塔过程中高斯内核卷积和下采样丢失的图像部分高频信息而定义的，它由高斯金字塔每层图像与上一层图像上采样并经过卷积后的一系列差值图像组成[13]。

高斯金字塔必须经过低通滤波和下采样才能构成，将底层记为 G_0，金字塔的第 l 层图像 G_l 可表示为

$$G_l(i,j) = \sum_{m=-2}^{m=2} \sum_{n=-2}^{n=2} f(m,n) G_{l-1}(2x+m, 2y+n) \tag{5-14}$$

式中，$f(m,n)$ 为一个 5×5 窗口大小的卷积核，其矩阵形式为

$$f(m,n) = \frac{1}{256} \begin{bmatrix} 1 & 4 & 6 & 4 & 1 \\ 4 & 16 & 24 & 16 & 4 \\ 6 & 24 & 36 & 24 & 6 \\ 4 & 16 & 24 & 16 & 4 \\ 1 & 4 & 6 & 4 & 1 \end{bmatrix} \tag{5-15}$$

根据式(5-14)可迭代计算高斯金字塔的每层子图像，与 G_l 一起按层数顺序，层数高的往上放，即构建出该图像的高斯金字塔模型。在高斯金字塔变换中，下采样使每层图像的尺寸缩小为下一层图像的一半。

拉普拉斯金字塔的构建方向为自顶向下，若定义一个对高斯金字塔中图像做插值放大的算子 E，则拉普拉斯金字塔第 l 层图像 G_l^* 为

$$G_l^* = E(G_l) \tag{5-16}$$

G_l^* 与 G_{l-1} 的尺寸大小必须一致才能进行迭代重构，在此前提下，算子 E 可以描述为

$$E = 4 \sum_{m=-2}^{m=2} \sum_{n=-2}^{n=2} f(m,n) G_l' \left(\frac{x+m}{2}, \frac{y+n}{2} \right) \tag{5-17}$$

式中，G_l' 满足：

$$G_l' \left(\frac{i+m}{2}, \frac{j+n}{2} \right) = \begin{cases} G_l \left(\dfrac{i+m}{2}, \dfrac{j+n}{2} \right), & \text{当} \dfrac{i+m}{2} \text{与} \dfrac{j+n}{2} \text{皆为整数时} \\ 0, & \text{其他} \end{cases} \tag{5-18}$$

由于插值并不能使图像完全还原，因此尽管 G_l^* 与 G_{l-1} 很相似，但两张图像拥有不完全相同的像素值。在下采样的过程中难免会造成高频信息的丢失，而在构造 G_l^* 时可以近似看作对 G_l 进行上采样，即 G_l^* 可以当成是 G_l 模糊后的近似图像，因而图像细节信息 G_l^* 和 G_l 仍存在一定的差异，正是这些差异构造了拉普拉斯金字塔模型。

$$\begin{cases} \mathrm{LP}_l = G_l - G_{l+1}^* \\ \mathrm{LP}_N = G_N \end{cases} \tag{5-19}$$

式中，N 为拉普拉斯金字塔层数；LP_l 为第 l 层拉普拉斯金字塔图像。拉普拉斯金字塔由式(5-19)

中的 LP_N，LP_{N-1}，…，LP_1，LP_0 由上往下排列构成。将上述步骤反向操作，即从 LP_l 还原 至 G_0 的过程则是拉普拉斯金字塔逆变换。

LP 分解得到的一系列高频子带和一个低频子带可以通过设计合适的融合规则生成一张包含多张源图像特征的图像，但是在分解源图像和构建拉普拉斯金字塔图像过程中的多次采样操作，会导致图像模糊、算法性能不稳定等问题，且该算法并不具备平移不变性。

2. 双树复小波变换

小波变换在图像处理应用中非常广泛，它能够提取图像在不同分辨率下的特征，并且在去除噪声的同时不影响图像边缘。小波变换先将图像输入一组高通和低通滤波器处理，滤波后降采样得到两张子图像，两个子图像再重复源图像的操作生成四张子图像：一张近似和三张细节，每张子图像只有源图像尺寸的一半。图 5-10 所示为小波变换示意图，LL 表示通过两次滤波器获得的近似图像；LH 表示先使用低通滤波器再使用高通滤波器来提取水平细节，意味着该子图像水平方向有低频信息，垂直方向有高频特征；HL 表示使用高通滤波器和随后的低通滤波器提取垂直细节，与 LH 子图像正好相反，其水平方向的信息频率较高，垂直方向的信息频率较低；HH 展示了输入图像的对角线细节。

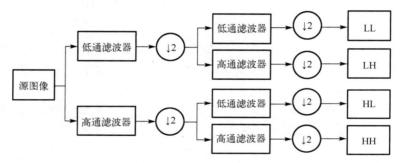

图 5-10　小波变换示意图

但由于小波变换中的下采样严重影响了其稳定性，当原信号发生移动时，分解系数会出现很大的波动。为了保障算法的稳定性，组成 DTCWT 的滤波器分为两路，以类似于二叉树的形式完成对图像的分解和重构，以此来实现算法的移位不变性，同时保证混叠效应的影响较小。DTCWT 的分解和重构过程如图 5-11 所示，其中 $\{h_0,h_1\}$、$\{g_0,g_1\}$ 分别表示实部树 A、虚部树 B 的低通滤波器和高通滤波器。

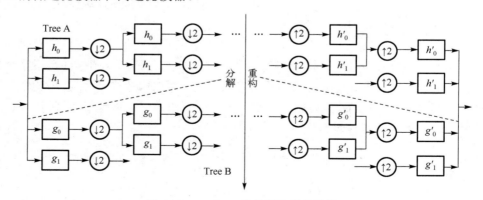

图 5-11　DTCWT 的分解和重构过程

小波函数可以表示为

$$\psi(t) = \psi_h(t) + i\psi_g(t) \tag{5-20}$$

式中，$\psi_h(t)$、$\psi_g(t)$ 为两个实小波。可将树 A 的小波系数和尺度系数定义为

$$dI_j^{\text{Re}}(n) = 2^{\frac{j}{2}} \int_{-\infty}^{+\infty} f(t)\psi_h(2^j t - n)\mathrm{d}t \tag{5-21}$$

$$cI_J^{\text{Re}}(n) = 2^{\frac{J}{2}} \int_{-\infty}^{+\infty} f(t)\psi_h(2^J t - n)\mathrm{d}t \tag{5-22}$$

式中，$f(t)$ 为原信号；$j = 1, 2, \cdots, J$；J 为分解层数。

树 B 的小波系数和尺度系数与树 A 的计算方式类似，可表示为

$$dI_j^{\text{Im}}(n) = 2^{\frac{j}{2}} \int_{-\infty}^{+\infty} f(t)\psi_g(2^j t - n)\mathrm{d}t \tag{5-23}$$

$$cI_J^{\text{Im}}(n) = 2^{\frac{J}{2}} \int_{-\infty}^{+\infty} f(t)\psi_g(2^J t - n)\mathrm{d}t \tag{5-24}$$

由式（5-19）～式（5-22）可知，DTCWT 的小波系数和尺度系数为

$$d_j^T(n) = dI_j^{\text{Re}}(n) + idI_j^{\text{Im}}(n) \tag{5-25}$$

$$c_J^T(n) = cI_J^{\text{Re}}(n) + icI_J^{\text{Im}}(n) \tag{5-26}$$

重构后的 DTCWT 的小波系数和尺度系数为

$$d_j(t) = 2^{\frac{j-1}{2}} \left[\sum_{n=-\infty}^{+\infty} dI_j^{\text{Re}}(n)\psi_h(2^j t - n) + \sum_{k=-\infty}^{+\infty} dI_j^{\text{Im}}(n)\psi_g(2^j t - k) \right] \tag{5-27}$$

$$c_J(t) = 2^{\frac{J-1}{2}} \left[\sum_{n=-\infty}^{+\infty} cI_J^{\text{Re}}(n)\psi_h(2^J t - n) + \sum_{k=-\infty}^{+\infty} cI_J^{\text{Im}}(n)\psi_g(2^J t - k) \right] \tag{5-28}$$

据以上分析，重构信号为

$$\hat{f}(t) = \sum_{j=1}^{J} d_j(t) + c_J(t) \tag{5-29}$$

5.2.2.2　融合规则

融合算法设计中的关键一环是融合规则的选择，对最终的融合结果起决定性作用，可供选择的融合规则有基于像素的融合规则和基于区域的融合规则。

1. 基于像素的融合规则

基于像素的图像融合针对的是每个像素点，将像素点看作独立个体进行融合。红外图像与可见光图像融合中较常用的是加权融合规则，它主要通过分析来获取源图像 $I_{\text{ir}}(x, y)$、$I_{\text{vis}}(x, y)$ 中某种特征强弱的权重图 $W_{\text{ir}}(x, y)$、$W_{\text{vis}}(x, y)$。融合图像 $F(x, y)$ 可表示为

$$F(x, y) = W_{\text{ir}}(x, y)I_{\text{ir}}(x, y) + W_{\text{vis}}(x, y)I_{\text{vis}}(x, y) \tag{5-30}$$

式中，(x,y) 表示像素点的坐标；权重图满足 $\sum_{n=1}^{N} W_n(x,y)=1$。当 $W_{ir}(x,y)=W_{vis}(x,y)=\dfrac{1}{2}$ 时，此时符合加权平均的融合规则。

通过以上分析可知，这类规则操作简单、融合效率高，但忽视了像素点邻域对权重的影响，未考虑像素间的关联，因此这类规则还需进一步完善，若只考虑这类规则，则生成的融合图像容易出现吉布斯效应。

2. 基于区域的融合规则

设计区域融合规则时需要探究很多因素，其复杂程度比基于像素的融合规则高。融合权重的核心思想是在待融合像素中心选取固定大小的窗口，并对窗口内所有像素点的特征进行对比。这类规则的出发点是根据相邻像素间的相关性来计算一定范围内像素的贡献度。根据图像特征，常选用标准差取大法和区域能量取大法等融合规则。

区域能量取大法可表示为

$$F(i,j)=\begin{cases} I_{ir}(i,j), & ARE_{ir}(i,j) \geq ARE_{vis}(i,j) \\ I_{vis}(i,j), & ARE_{ir}(i,j) < ARE_{vis}(i,j) \end{cases} \tag{5-31}$$

式中，$ARE(i,j)$ 为区域能量，具体可表示为

$$ARE(i,j)=\sum_{-p}^{p}\sum_{-q}^{q} W(p,q)\cdot |I(i+p,j+q)| \tag{5-32}$$

式中，(p,q) 表示窗口大小；W 为权重。

区域一般取 3 像素×3 像素窗口，权重设置为

$$W=\frac{1}{16}\begin{bmatrix} 1 & 2 & 1 \\ 2 & 4 & 2 \\ 1 & 2 & 1 \end{bmatrix} \tag{5-33}$$

5.3 基于 CycleGAN-CSS 的图像配准算法

由于红外图像与可见光图像的光谱差异及不同传感器成像比例的不一致，会导致红外图像与可见光图像在融合过程中出现错位、伪影等影响融合效果的问题，因此在研究融合问题前需要让图像的空间位置对齐。传统的图像配准算法中使用同一特征检测算法提取红外图像和可见光图像的特征，但红外图像和可见光图像的分辨率相差甚远，导致无法通过单一特征检测算子提取大量高度可重复的特征点。对于提取的存在差异的特征难以准确地用描述子去构建，是配准中的一大难题。为了解决上述问题，本节提出了一种基于 CycleGAN-CSS 的红外图像和可见光图像配准算法。配准前通过 CycleGAN 先将可见光图像转换为伪红外图像，然后利用改进曲率尺度空间角点检测算法提取红外图像和伪红外图像轮廓线上的特征点，再用改进的 SIFT 算法进行特征匹配来解决角度、尺度畸变的问题，最后将匹配结果映射到可见光图像上。

5.3.1 基于 CycleGAN 的模态转换

本节采用两个生成器和两个判别器构成的循环一致性对抗网络(Cycle-Consistent Generative

Adversarial Networks，CycleGAN)对图像模态进行转换。该网络可实现可见光图像 I_{vis} 与红外图像 I_{ir} 之间的相互映射，避免了数据集中的可见光图像都映射到一张红外图像上，保证了生成图像的效果[88]。图 5-12 所示为 CycleGAN 的结构框架。在 CycleGAN 中，$G_{I_{\text{vis}}\to I_{\text{ir}}}$ 表示由可见光图像生成伪红外图像的过程，$G_{I_{\text{ir}}\to I_{\text{vis}}}$ 表示由红外图像生成伪可见光图像的过程。可见光图像通过映射关系生成的伪红外图像由判别器 $D_{I_{\text{ir}}}$ 判断真伪，而红外图像通过映射关系生成的伪可见光图像由判别器 $D_{I_{\text{vis}}}$ 判断真伪，当生成的伪风格图像和真实图像的误差足够小以至于判别器无法判断真伪时，网络模型训练完成。

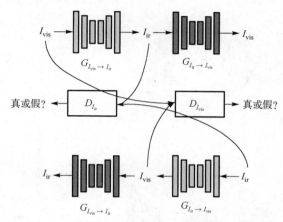

图 5-12　CycleGAN 的结构框架

5.3.1.1　生成器网络

在网络模型中，本节设计了一个全卷积的 U 形网络，由 4 个编码器、9 个残差块和 4 个解码器组成。生成器网络结构如图 5-13 所示。编码器由多层卷积神经网络组成，目的是从输入图像中提取特征，本节将数据集中大小不同的图像通过滑动模块裁剪成大小为 32 像素×32 像素的图像块，最后获得 256 个 32 像素×32 像素的特征向量。残差块的加入是为了避免浅层特征的丢失，保证信息丰富度的同时可以避免反向传播中的梯度爆炸或梯度消失。与编码过程不同的是解码过程将提取的特征通过反卷积逐层还原以获得生成图像。

5.3.1.2　判别器网络

判别器主要通过多层卷积把输入图像转换为特征向量，生成的图像是真实图像的概率由最后的全连接层输出。由于所研究的图像尺寸比较大，仅通过一个概率来判断图像真伪会导致网络参数更新速率降低，因此引入 patchGAN，即将图像分为 70×70 个图像块，并判断每个图像块属于真实图像的概率，最后根据所有图像块为真实图像概率的均值来判断其是否属于真实图像。判别器网络结构如图 5-14 所示。

5.3.1.3　损失函数设计

CycleGAN 的损失由对抗损失和循环一致性损失两部分构成，其中对抗损失包括生成器 $G_{I_{\text{vis}}\to I_{\text{ir}}}$ 和判别器 $D_{I_{\text{ir}}}$ 之间的损失 $L_{\text{GAN}}(G_{I_{\text{vis}}\to I_{\text{ir}}},D_{I_{\text{ir}}})$ 及生成器 $G_{I_{\text{ir}}\to I_{\text{vis}}}$ 和判别器 $D_{I_{\text{vis}}}$ 之间的损失 $L_{\text{GAN}}(G_{I_{\text{ir}}\to I_{\text{vis}}},D_{I_{\text{vis}}})$ ，将它们分别定义为式(5-34)和式(5-35)。

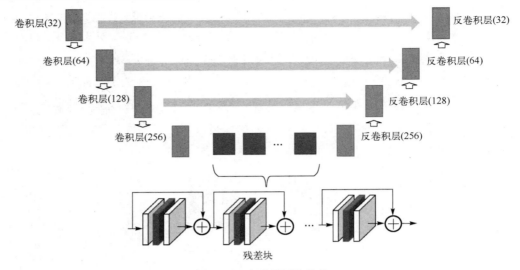

图 5-13　生成器网络结构

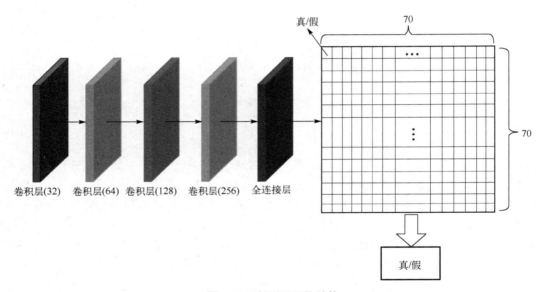

图 5-14　判别器网络结构

$$L_{\text{GAN}}(G_{I_{\text{vis}}\rightarrow I_{\text{ir}}}, D_{I_{\text{ir}}}) = E[\log(D_{I_{\text{ir}}}(I_{\text{ir}}))] + E[1 - \log(D_{I_{\text{ir}}}(G_{I_{\text{vis}}\rightarrow I_{\text{ir}}}))] \tag{5-34}$$

$$L_{\text{GAN}}(G_{I_{\text{ir}}\rightarrow I_{\text{vis}}}, D_{I_{\text{vis}}}) = E[\log(D_{I_{\text{vis}}}(I_{\text{vis}}))] + E[1 - \log(D_{I_{\text{vis}}}(G_{I_{\text{ir}}\rightarrow I_{\text{vis}}}))] \tag{5-35}$$

循环一致性损失的引入，使网络可以同时学习 $G_{I_{\text{vis}}\rightarrow I_{\text{ir}}}$ 和 $G_{I_{\text{ir}}\rightarrow I_{\text{vis}}}$ 两个映射，避免了可见光图像转换为同一红外图像的可能，其定义如下：

$$\begin{aligned} L(G_{I_{\text{vis}}\rightarrow I_{\text{ir}}}, G_{I_{\text{ir}}\rightarrow I_{\text{vis}}}) &= E\left[\left\|G_{I_{\text{vis}}\rightarrow I_{\text{ir}}}(G_{I_{\text{ir}}\rightarrow I_{\text{vis}}}) - I_{\text{ir}}\right\|_1\right] \\ &+ E\left[\left\|G_{I_{\text{ir}}\rightarrow I_{\text{vis}}}(G_{I_{\text{vis}}\rightarrow I_{\text{ir}}}) - I_{\text{vis}}\right\|_1\right] \end{aligned} \tag{5-36}$$

5.3.2 图像配准

5.3.2.1 特征点检测

在图像匹配算法中，采用基于曲率尺度空间（Curvature Scale Spatial，CSS）的角点检测算法提取图像的边缘信息，可以保留较多的图像特征信息。而在 CSS 角点检测算法中采用 Canny 算子提取特征图像，提取的轮廓边缘与背景边界模糊，且连通性较差，可用八方向边缘检测算子替换 Canny 算子来提取源图像的边缘图以获取轮廓，改进 CSS 角点检测算法的效果。图 5-15 所示为不同算子的边缘检测效果图，可以直观地观察通过 Roberts 算子和 Sobel 算子获得的边缘图，其并不能完整地描绘图像的边缘轮廓，细节提取效果较差，Canny 算子可以清晰地描绘图像的边缘轮廓，但受噪声影响大，出现了很多非连通域，增加了寻找特征点的难度。而八方向边缘检测算子不仅可以强化弱边缘，而且能去除冗余的背景杂声，以便后续的特征点检测。

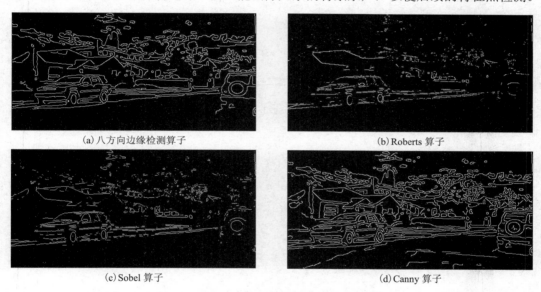

(a) 八方向边缘检测算子 (b) Roberts 算子
(c) Sobel 算子 (d) Canny 算子

图 5-15　不同算子的边缘检测效果图

CSS 算法中的曲线用弧长 arc 表示为

$$L(\text{arc}) = [x(\text{arc}), y(\text{arc})] \tag{5-37}$$

曲线随着尺度变化的表达式为

$$L_\sigma = [X(\text{arc},\sigma), Y(\text{arc},\sigma)] \tag{5-38}$$

式中，x、y 表示轮廓上点的坐标位置，x、y 都是关于 arc 的一维函数；$X(\text{arc},\sigma)=x(\text{arc})\otimes g(\text{arc},\sigma)$，$Y(\text{arc},\sigma)=y(\text{arc})\otimes g(\text{arc},\sigma)$，$\otimes$ 表示卷积操作，$g(\text{arc},\sigma)$ 表示高斯卷积核函数。曲率 cur 可定义为

$$\text{cur}(\text{arc},\sigma) = \frac{\dfrac{\partial X(\text{arc},\sigma)}{\partial \text{arc}}\dfrac{\partial^2 Y(\text{arc},\sigma)}{\partial \text{arc}^2} - \dfrac{\partial^2 X(\text{arc},\sigma)}{\partial \text{arc}^2}\dfrac{\partial Y(\text{arc},\sigma)}{\partial \text{arc}}}{\sqrt{\left[\left(\dfrac{\partial X(\text{arc},\sigma)}{\partial \text{arc}}\right)^2 + \left(\dfrac{\partial Y(\text{arc},\sigma)}{\partial \text{arc}}\right)^2\right]^3}} \tag{5-39}$$

CSS 角点检测算法可以概述为以下步骤：①通过八方向边缘检测算法提取源图像的边缘图；②提取边缘图中的轮廓，将有裂缝的轮廓进行填充，并标记轮廓中的 T 形角点；③计算边缘轮廓在最高的尺度 σ_{high} 上的曲率绝对值 $|\text{cur}(\text{arc}, \sigma_{high})|$；④初始角点选择一个局部最大值，其曲率绝对值大于阈值，且必须是两侧相邻的某个局部极小值的两倍以上；⑤从最高尺度 σ_{high} 到最低尺度 σ_{low} 追踪角点来提高定位；⑥比较 T 形角点和追踪到的角点，如果两个角点邻近，则去掉 T 形角点[89]。

假设 $P^j = \{P_f^j \mid P_f^j = (x_f^j, y_f^j)\}_{f=1}^{N_f}$ 是轮廓 Γ^j 的特征点集，定义 $P_{fL}^j = (x_{fL}^j, y_{fL}^j)$ 和 $P_{fR}^j = (x_{fR}^j, y_{fR}^j)$ 是 P_f^j 的两个辅助检测点，其定义如下：

$$P_{fL}^j = (x_{fL}^j, y_{fL}^j) = G_{\sigma=\min(\lambda_L, f)}[P_{f-\min(\lambda_{L-1}, f-1)}^j; \cdots P_{f-1}^j; P_f^j] \tag{5-40}$$

$$P_{fR}^j = (x_{fR}^j, y_{fR}^j) = G_{\sigma=\min(\lambda_R, f)}[P_{f-\min(\lambda_{R-1}, f-1)}^j; \cdots P_{f-1}^j; P_f^j] \tag{5-41}$$

$$G_\sigma = (e^{-x^2/2\sigma^2} \big|_{x=0,1,\cdots,\sigma-1}) / \left(\sum_{x=0}^{\sigma-1} e^{-x^2/2\sigma^2} \right) \tag{5-42}$$

式中，λ_L、λ_R 分别表示 P_f^j 左右邻域的采样长度；G_σ 为高斯权重核。

P_{curL}^j、P_{curR}^j 表示具有局部最小曲率的点，且分别在当前特征点左右两侧的最近点。λ_L、λ_R 可以定义为

$$\lambda_L = f - \text{cur} \times L \tag{5-43}$$

$$\lambda_R = \text{cur} \times R - f \tag{5-44}$$

当 P_f^j 是起点，即 $f=1$ 时，P_{fL}^j 不存在，但可定义为

$$\begin{cases} f=1 \\ P_{fL}^j = P_1^j \\ (x_{1R}^j, y_{1R}^j) = G_{\sigma=\min(\lambda_R, N_f)}[P_{\min(\lambda_R, N_f)}^j; \cdots P_2^j; P_1^j] \end{cases} \tag{5-45}$$

当 P_f^j 是终点，即 $f=N_f$ 时，P_{fR}^j 不存在，但可定义为

$$\begin{cases} f=N_f \\ P_{fR}^j = P_n^j \\ (x_{N_{fL}}^j, y_{N_{fL}}^j) = G_{\sigma=\min(\lambda_L, N_f)}[P_{N_f-\min(\lambda_{L-1}, N_f-1)}^j; \cdots P_{N_f-1}^j; P_{N_f}^j] \end{cases} \tag{5-46}$$

当 P_{fL}^j、P_f^j、P_{fR}^j 可以组成一个特征三角形时，以顶点 P_f^j 为起点的角平分线向量 $\boldsymbol{d}_{fm}^j$ 为特征点 P_f^j 的主方向。

特征点 P_f^j 主方向的公式为

$$\boldsymbol{d}_{fL}^j = (x_{fL}^j - x_f^j, y_{fL}^j - y_f^j) \tag{5-47}$$

$$\boldsymbol{d}_{fR}^j = (x_{fR}^j - x_f^j, y_{fR}^j - y_f^j) \tag{5-48}$$

$$\boldsymbol{d}_{fm}^{j} = (x_{fm}^{j}, y_{fm}^{j}) = \min\left(\left\|\boldsymbol{d}_{fL}^{j}\right\|_{2}, \left\|\boldsymbol{d}_{fR}^{j}\right\|_{2}\right)\left(\frac{\boldsymbol{d}_{fL}^{j}}{\left\|\boldsymbol{d}_{fL}^{j}\right\|_{2}} + \frac{\boldsymbol{d}_{fR}^{j}}{\left\|\boldsymbol{d}_{fR}^{j}\right\|_{2}}\right) \qquad (5\text{-}49)$$

$$\phi(P_{f}^{j}) = \begin{cases} \tan^{-1}\left(\dfrac{y_{fm}^{j}}{x_{fm}^{j}}\right), & x_{fm}^{j} \geq 0 \bigcap y_{fm}^{j} \geq 0 \\[4mm] \tan^{-1}\left(\dfrac{y_{fm}^{j}}{x_{fm}^{j}}\right) + \pi, & x_{fm}^{j} < 0 \\[4mm] \tan^{-1}\left(\dfrac{y_{fm}^{j}}{x_{fm}^{j}}\right) + 2\pi, & x_{fm}^{j} > 0 \bigcap y_{fm}^{j} < 0 \end{cases} \qquad (5\text{-}50)$$

红外图像和可见光图像的特征点检测结果如图 5-16 所示。可以看到在红外图像和可见光图像中检测到的特征点数目不同，且同一特征点的主方向也不相同，但特征点集中出现的区域一致。

　　　　(a)红外图像特征点　　　　　　　　　　　　　　　　(b)可见光图像特征点

图 5-16　红外图像和可见光图像的特征点检测结果

5.3.2.2　特征点描述

按照特征点主方向旋转图像坐标，将以特征点为圆心的等梯度同心圆划分为 4 个区域，将同心圆区域平均划分为 12 个方向，并分别求取圆环内的像素点在这 12 个方向上的梯度累加值。特征点的描述子由 4 个圆环内的 12 维向量共 48 维向量作为特征向量，描述子构建如图 5-17 所示。与上文描述的传统 SIFT 算子相比，大大降低了特征点描述子的计算复杂度。

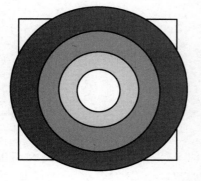

图 5-17　描述子构建

5.3.2.3　特征点匹配

特征点是通过计算成对的特征点之间最近的欧氏距离与次近的欧氏距离的比率来进行匹配的,能否成功匹配取决于这个比率是否落在设定阈值之内。根据 Lowe D G 等人[35]给出的结论,阈值在 0.7 时效果较佳。欧氏距离的计算公式为

$$\mathrm{dis} = \sqrt{\sum_{n=1}^{48}[\mathrm{De}_{P_1^j}(n) - \mathrm{De}_{P_2^j}(n)]^2} \tag{5-51}$$

式中, $\mathrm{De}_{P_1^j}$、$\mathrm{De}_{P_2^j}$ 分别表示两张图像中特征点的描述子。

5.3.2.4　误匹配点剔除

随机抽样一致(RANdom SAmple Consensus,RANSAC)算法是一种在初始匹配中分离匹配点和不匹配点的算法[90]。该算法用于去除误匹配,具有较强的抗噪性和稳定性。首先随机设定一个样本,根据样本可以求取一个单应性矩阵,将其他点放入单应性矩阵进行验证,内点会满足此单应性矩阵;然后多次重复上述步骤,迭代次数根据式(5-52)计算;最终的结果是内点最多并剔除外点的集合。

$$\mathrm{Nu} = \frac{\log(1-p)}{\log[1-(1-\varepsilon)^r]} \tag{5-52}$$

式中, p 为随机样本中至少有一点不是外点的概率;ε 为选择点是外点的概率;r 为样本中特征点的对数。

单应性矩阵用于实现图像间不同视角的变换,单应性矩阵的定义为

$$\boldsymbol{H} = \begin{bmatrix} h_{11} & h_{12} & h_{13} \\ h_{21} & h_{22} & h_{23} \\ h_{31} & h_{32} & 1 \end{bmatrix} \tag{5-53}$$

因此,若要计算单应性矩阵则需要求 8 个参数,若要顺利求解这 8 个参数,则参与计算的特征点对至少是 4 对,计算方式为

$$\boldsymbol{H} = \begin{bmatrix} x_0' & y_1' & 1 & 0 & 0 & 0 & -x_1x_1' & -x_1y_1' \\ 0 & 0 & 0 & x_1' & y_1' & 1 & -y_1x_1' & -y_1y_1' \\ x_2' & y_2' & 1 & 0 & 0 & 0 & -x_2x_2' & -x_2y_2' \\ 0 & 0 & 0 & x_2' & y_2' & 1 & -y_2x_2' & -y_2y_2' \\ x_3' & y_3' & 1 & 0 & 0 & 0 & -x_3x_3' & -x_3y_3' \\ 0 & 0 & 0 & x_3' & y_3' & 1 & -y_3x_3' & -y_3y_3' \\ x_4' & y_4' & 1 & 0 & 0 & 0 & -x_4x_4' & -x_4y_4' \\ 0 & 0 & 0 & x_4' & y_4' & 1 & -y_4x_4' & -y_4y_4' \end{bmatrix} \begin{bmatrix} h_{11} \\ h_{12} \\ h_{13} \\ h_{21} \\ h_{22} \\ h_{23} \\ h_{31} \\ h_{32} \end{bmatrix} = \begin{bmatrix} x_1 \\ y_2 \\ x_2 \\ y_2 \\ x_3 \\ y_3 \\ x_4 \\ y_4 \end{bmatrix} \tag{5-54}$$

RANSAC 算法误匹配剔除前后的结果如图 5-18 所示,可以看到图 5-18(b)中剔除了明显错误匹配的特征点,并未出现图 5-18(a)中连线混乱交错的情况,很大程度上提高了算法的配准正确率。

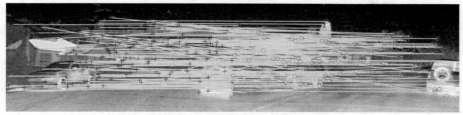

(a) RANSAC 算法误匹配剔除前的结果

(b) RANSAC 算法误匹配剔除后的结果

图 5-18　RANSAC 算法误匹配剔除前后的结果

5.3.3　图像匹配实验及其结果分析

5.3.3.1　评价指标

通常用于验证图像间的相似性的客观指标有均方差(Mean Squared Error，MSE)、峰值信噪比(Peak Signal-to-Noise Ratio，PSNR)和相关系数(Correlation Coefficient，CC)[7]。

MSE 通过计算两张图像之间的差异来衡量图像间的相似性，MSE 的数值大小与图像的相似性成反比，其定义为

$$\mathrm{MSE} = \frac{1}{MN} \sum_{x=0}^{M-1} \sum_{y=0}^{N-1} [I_A(x,y) - I_B(x,y)]^2 \qquad (5\text{-}55)$$

式中，M、N 分别表示图像的长和宽。

PSNR 是指图像中的峰值功率和噪声功率之比，反映的是图像在变换过程中的失真，PSNR 的数值大小与图像的相似性成正比，其定义为

$$\mathrm{PSNR} = 20\log_{10} \left(\frac{\mathrm{MAX}_I}{\sqrt{\mathrm{MSE}}} \right) \qquad (5\text{-}56)$$

式中，MAX_I 为图像的最大像素值。

CC 衡量的是两张图像间的线性相关程度，CC 的数值大小与图像的相似性成正比，定义为

$$\mathrm{CC} = \frac{\displaystyle\sum_{x=1}^{M} \sum_{y=1}^{N} [A(x,y) - \overline{A}][B(x,y) - \overline{B}]}{\sqrt{\displaystyle\sum_{x=1}^{M} \sum_{y=1}^{N} [A(x,y) - \overline{A}]^2 \left\{ \sum_{x=1}^{M} \sum_{y=1}^{N} [B(x,y) - \overline{B}]^2 \right\}}} \qquad (5\text{-}57)$$

式中，$\overline{A}$、$\overline{B}$ 分别表示两张图像的像素平均值。

均方根误差(RMSE)是匹配点与参考点之间的 MSE，其与配准算法的精确度成反比，其定义如式(5-58)所示。

$$\text{RMSE} = \sqrt{\frac{\sum_{i=1}^{N_c} \left\| (x_i, y_i) - (x_i^{\text{ref}}, y_i^{\text{ref}}) \right\|_2}{N_c}} \tag{5-58}$$

式中，(x_i, y_i) 与 $(x_i^{\text{ref}}, y_i^{\text{ref}})$ 分别表示第 i 个实验匹配点和参考点的坐标；N_c 表示最终匹配的数目。

Precision 表示匹配精确率，是正确匹配数在总匹配数中的占比，精确率越大，配准算法越精确，其定义为

$$\begin{cases} \text{correctmatches} = \text{accuratematches} + \text{inaccuratematches} \\ \text{Precision} = \dfrac{\text{correctmatches}}{\text{correctmatches} + \text{falsematches}} \end{cases} \tag{5-59}$$

式中，correctmatches 为正确匹配点，满足 $\left\| (x_i, y_i) - (x_i^{\text{ref}}, y_i^{\text{ref}}) \right\|_2 \leqslant 6$；accuratematches 为精确匹配点，满足 $\left\| (x_i, y_i) - (x_i^{\text{ref}}, y_i^{\text{ref}}) \right\|_2 \leqslant 3$；inaccuratematches 为非精确匹配点，满足 $3 < \left\| (x_i, y_i) - (x_i^{\text{ref}}, y_i^{\text{ref}}) \right\|_2 \leqslant 6$。

5.3.3.2　相似性分析

图 5-19 展示了 RoadScene 数据集中某一场景的红外图像、可见光图像及利用 CycleGAN 所生成的伪红外图像及其各自的像素分布直方图。图 5-19(a) 和图 5-19(b) 中左侧的图像可以观察到真实的红外图像，比较明显的目标的亮度会高于可见光图像的亮度，表明从视觉效果上看两种模态的图像有明显的差异；而在右侧的像素分布直方图中也能明显观察到像素值分布规律的差异，红外图像的像素值主要分布在 100～200，而可见光图像的像素值主要分布在 0～100。图 5-19(c) 中的伪红外图像从视觉上看具有红外图像的风格，如强调目标、图像明暗对比明显，并且右侧的像素分布规律也与真实的红外图像更接近。

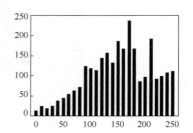

(a) 红外图像及其像素分布直方图

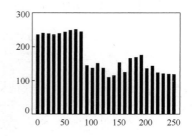

(b) 可见光图像及其像素分布直方图

图 5-19　不同类型图像及其像素分布直方图

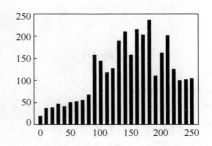

(c) 伪红外图像及其像素分布直方图

图 5-19　不同类型图像及其像素分布直方图(续)

　　表 5-1 和表 5-2 所示分别为可见光图像与红外图像的相似性评估和伪红外图像与红外图像的相似性评估。可以看到，伪红外图像与红外图像间的 MSE 值远小于可见光图像与红外图像间的 MSE 值，表明伪红外图像与红外图像间的差异要比可见光图像与红外图像间的差异小；伪红外图像的 PSNR 是可见光图像的 PSNR 的 2.8 倍，说明从红外图像到伪红外图像的过程失真更小；从 CC 来看，伪红外图像与红外图像的线性相关度更高。总体上看，伪红外图像与红外图像的相似程度要高于可见光图像与红外图像的相似程度。

表 5-1　可见光图像与红外图像的相似性评估

评价指标	MSE	PSNR	CC
结果	0.2269	12.8852	0.6767

表 5-2　伪红外图像与红外图像的相似性评估

评价指标	MSE	PSNR	CC
结果	0.0143	36.8633	0.8764

　　综合三个指标的数值可以判断经过模态转换的可见光图像与真实的红外图像更相似，能够有效减少两张图像间的差异，进而能实现同一特征检测算子在两张图像中检测到大量的同名特征点。

5.3.3.3　实验结果定性分析

　　图 5-20 所示为场景一的图像处理结果，是 TNO 数据集待配准图像经过不同配准算法得到的配准结果，可以观察到三组配准结果都没有明显的误匹配，但是本章改进后的算法(Ours 算法)中匹配的同名特征点对数量更多。从图 5-20(c) 中可以看到 Ours 算法具有性能更优的描述子，不仅能够增加匹配的基础数量，而且能提升匹配的正确性，以保证配准任务的完成。图 5-21 所示为场景二的图像处理结果，是 RoadScene 数据集中待配准图像经过不同配准算法得到的配准结果。可以看到与图 5-20 相似的结论，即 Ours 算法在结果中匹配到了更多数量的同名特征点，正确匹配数也高于其他两种算法。

(a) Harris

图 5-20　场景一的图像处理结果

(b) PSO-SIFT

(c) Ours

图 5-20　场景一的图像处理结果(续)

(a) Harris

(b) PSO-SIFT

(C) Ours

图 5-21　场景二的图像处理结果

5.3.3.4　实验结果定量分析

表 5-3 所示为场景一基于不同描述子的匹配准确性，包括在三种算法下对源图像特征点提取的数量、最终匹配对数和正确匹配对数。与 Harris 算法和 PSO-SIFT 算法相比，Ours 算法在对源图像进行特征点检测时所检测到的特征点最少，但最终匹配对数高于 PSO-SIFT 算法，证明 Ours 算法的冗余特征点少。虽然 Harris 算法中最终匹配对数与 Ours 算法一样，但是精确率却比 Ours 算法低 21.43%。均方根误差与 Harris 算法和 PSO-SIFT 算法相比分别降低了 63.09% 和 6.56%。

表 5-3　场景一基于不同描述子的匹配准确性

算法	红外图像特征点数	可见光(伪红外)图像特征点数	最终匹配对数	正确匹配对数	精确率	均方根误差
Harris	1112	1531	28	22	78.57%	3.3484
PSO-SIFT	546	1058	18	18	100.00%	2.1878
Ours	341	587	28	28	100.00%	2.0531

表 5-4 所示为场景二基于不同描述子的匹配准确性，包括在三种算法下对源图像特征点提取的数量、最终匹配对数和正确匹配对数。可以看到 Ours 算法的最终匹配对数最多，精确率达到了 97.87%，比 Harris 算法高出 26.44%，比 PSO-SIFT 算法高出 40.73%。均方根误差比 Harris 算法降低了 11.30%，比 PSO-SIFT 算法降低了 15.50%。

表 5-4　场景二基于不同描述子的匹配准确性

算法	红外图像特征点数	可见光(伪红外)图像特征点数	最终匹配对数	正确匹配对数	精确率	均方根误差
Harris	1363	1117	7	5	71.43%	2.4135
PSO-SIFT	771	588	7	4	57.14%	2.5046
Ours	689	260	39	37	97.87%	2.1685

综上所述，Ours 算法虽然在原图像上检测到的特征点比较少，但最终匹配对数远高于 Harris 算法和 PSO-SIFT 算法，且精确率相比另外两种算法整体上平均提高了 23.94%、20.37%；在两个场景中 Ours 算法的 RMSE 最小，其平均值分别降低了 37.20%、11.03%，所有数据都表明 Ours 算法的配准精度更高，主要原因如下。

（1）在进行正式配准前对可见光图像进行模态转换，减小了红外图像与可见光图像之间的模态差异。

（2）算法改进了边缘检测，减少了冗余特征点的出现。

（3）引入 RANSAC 算法，通过迭代剔除误匹配点，提高了正确的匹配对数。

5.4　基于多尺度各向异性扩散的图像融合算法

多尺度变换的目的是将源图像分解为基础层不同尺度上的细节层，这样可以更好地保留源图像的结构信息和重要细节，获得的融合结果质量也会较高。然而，目前传统的多尺度变换有三点不足：图像边缘容易丢失、融合结果过于平滑、清晰度和对比度较低。图像分解时大多使用的是线性滤波器，容易获得带有光晕伪影的融合图像；尺度感知不敏感，导致细节信息丢失，无法获得高准确性的融合结果。为解决上述问题，进一步提高融合图像的质量，课题组着手各向异性扩散滤波的研究与分析，提出了多尺度的分解模型。

5.4.1 相关理论

5.4.1.1 引导滤波

引导滤波(Guided Filtering，GF)通过滤波处理的方式使被处理图像保持其结构，同时包含与引导图像相似的纹理[91]。与双边滤波相比，引导滤波在保持图像梯度信息上表现更优异，常用于图像增强。其算法原理如下：

$$q(x,y) = a_e I(x,y) + b_e, \quad \forall (x,y) \in W_e \tag{5-60}$$

式中，a_e、b_e 为线性变换系数；$I(x,y)$ 为引导图像，为了起到图像增强作用，选用待处理图像作为引导图像；W_e 是以 e 为中心的局部窗口。

将求解 a_e、b_e 的问题根据无约束图像复原准则转化为如下的优化问题：

$$E(a_e, b_e) = \sum_{(x,y) \in W_e} \{[a_e I(x,y) + b_e - p(x,y)]^2 + \epsilon a_e^2\} \tag{5-61}$$

式中，$p(x,y)$ 为输入图像；ϵ 为正则化参数。

5.4.1.2 各向异性扩散

在各向异性扩散(Anisotropic Diffusion，AD)理论中将图像像素视为热场中的热流。判断边界的条件是，计算当前像素和邻域像素之间的差，若差值较大，则边界就是该邻域像素，当前像素的扩散方向就不会是邻域像素的方向，同时保留这个边界[92]。它克服了各向同性扩散，导致背景平滑严重，从而丢失了边缘信息的缺点。各向异性扩散方程如下：

$$I_t = \text{div}[c(x,y,t)\nabla I] = c(x,y,t)\nabla I + \nabla c \nabla I \tag{5-62}$$

式中，div 为散度算子；$c(x,y,t)$ 为通量函数或扩散率；∇ 为梯度算子；t 为迭代次数。

将式(5-62)转换为热方程并求导，用偏微分方程求解可得

$$\begin{aligned}I^{t+1}(x,y) = I^t(x,y) + \lambda\{&c_N \nabla_N[I^t(x,y)] + c_S \nabla_S[I^t(x,y)] \\ &+ c_E \nabla_E[I^t(x,y)] + c_W \nabla_W[I^t(x,y)]\}\end{aligned} \tag{5-63}$$

式中，λ 是一个常数$\left(0 \leqslant \lambda \leqslant \dfrac{1}{4}\right)$；$\nabla_N$、$\nabla_S$、$\nabla_E$、$\nabla_W$ 表示像素在四个方向上的偏导，公式如下：

$$\begin{aligned} \nabla_N[I(x,y)] &= I(x,y-1) - I(x,y) \\ \nabla_S[I(x,y)] &= I(x,y+1) - I(x,y) \\ \nabla_E[I(x,y)] &= I(x-1,y) - I(x,y) \\ \nabla_W[I(x,y)] &= I(x+1,y) - I(x,y) \end{aligned} \tag{5-64}$$

不同方向的导热系数具体如下：

$$c_N(x,y) = e^{-\frac{\|\nabla_N[I(x,y)]\|^2}{U^2}}$$

$$c_S(x,y) = e^{-\frac{\|\nabla_S[I(x,y)]\|^2}{U^2}}$$

$$c_E(x,y) = e^{-\frac{\|\nabla_E[I(x,y)]\|^2}{U^2}}$$
$$c_W(x,y) = e^{-\frac{\|\nabla_W[I(x,y)]\|^2}{U^2}} \tag{5-65}$$

式中，U 表示导热系数，用于控制边缘的灵敏度。

通过各向异性扩散可以获得红外源图像和可见光源图像的基础层并表示为 I_{ir}^B、I_{vis}^B。根据源图像和基础层图像之间的差异，可以将源图像的细节层分别表示为

$$I_{ir}^D = I_{ir} - I_{ir}^B$$
$$I_{vis}^D = I_{vis} - I_{vis}^B \tag{5-66}$$

5.4.2　融合算法

图 5-22 所示为多尺度各向异性扩散的红外图像与可见光图像融合算法的流程示意图。算法的具体步骤如下。

S1：通过引导滤波增强低照度可见光图像的整体亮度，提高图像的可读性。

S2：多次采用各向异性扩散对待处理图像进行分解以获得图像的背景层和不同尺度的细节层。

S3：根据余弦相似度原则，设计一个自适应的融合规则融合细节层信息。

S4：采用加权平均对基础层进行融合。

S5：融合结果由融合背景层和不同尺度的融合细节层叠加得到。

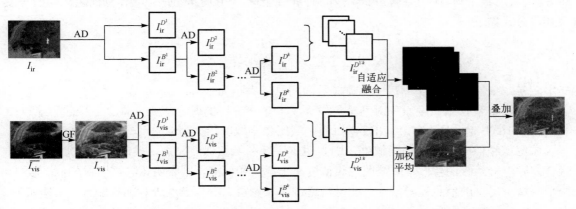

图 5-22　多尺度各向异性扩散的红外图像与可见光图像融合算法的流程示意图

5.4.2.1　各向异性扩散多尺度分解模型

多尺度分解有三种方法，第一种是两尺度分解，即将源图像分解为一张基础层和一张细节层；第二种是将源图像分解为一张基础层和若干张细节层；第三种是将源图像分解为若干张基础层和若干张细节层。第一种方法虽然获取方式简单，但细节层中的纹理细节刻画不足，尚有部分纹理信息残留在基础层中；第三种方法能获得不同尺度上的基础层信息和细节层信息，能够避免分解过程中信息的丢失，但其计算量会随着尺度的增加而增加，给融合规则的选取增添了难度；第二种方法虽然比第一种方法复杂，但其分解更彻底，能够获取不同尺度上的信息，与第三种方法相比少了中间尺度的基础层信息，但由于每个尺度的细节层都是由

当前尺度的背景层与上一尺度的背景层做差获得的，只保留了最高尺度基础层的第二种方法可以避免信息冗余。综上所述，本章选取第二种方法来构造分解模型。多尺度各向异性扩散的分解流程如图 5-23 所示。

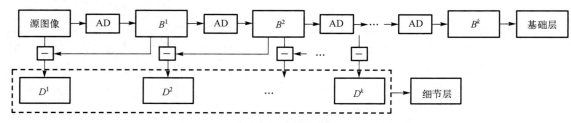

图 5-23　多尺度各向异性扩散的分解流程

5.4.2.2　融合规则

细节层图像反映了图像上的一些细节纹理及重要特征信息，由于融合任务中红外图像与可见光图像描述的是同一场景，存在某些相似度较大的特征，若直接进行融合会导致融合结果中冗余信息过多，进而造成图像对比度过高引起过曝光现象。

余弦相似度计算的余弦值是由两个向量形成的夹角，该余弦值可用来估量向量间的相似度，在数字图像特征组所在的高维空间非常适用。在计算图像间相似度时，可将这些高维空间中的特征组转为向量，若这些向量指向角度差距很小，则认为两张图像足够相似。具体求解步骤为：①统计像素点的灰度直方图；②将灰度级为 256 的图像压缩至灰度级为 64 的图像，将 64 个灰度级记为 64 个分向量，图像的向量由这 64 个分向量组成；③计算向量之间的角度余弦，公式如下：

$$\cos\theta = \frac{\vec{m}\vec{n}}{\|\vec{m}\|\cdot\|\vec{n}\|} \tag{5-67}$$

式中，$\vec{m}$、$\vec{n}$ 为灰度级压缩后的直方图数和向量，大小为 1×64。

本章根据余弦相似度原理对细节层设计了一个自适应的融合规则，根据经验设置了一个 16 像素×16 像素的滑动窗口，比较窗口的区域图像相似度 [见式 (5-68)] 与全局相似度的大小，若区域图像相似度大于全局相似度，则表明该区域图像相似度较高，此时可采用加权平均的融合规则整合两张图像；若区域图像相似度小于全局相似度，则表明该区域图像相似度较低，两个区域所提供的信息差异较大，此时可通过区域像素点的贡献度进行加权融合，具体如下：

$$\cos\theta' = \cos\left(\begin{array}{c}\sum_{-p_4}^{p_4}\sum_{-q_4}^{q_4}I_{ir}^{D^k}(x+p_4,y+q_4),\\\sum_{-p_4}^{p_4}\sum_{-q_4}^{q_4}I_{vis}^{D^k}(x+p_4,y+q_4)\end{array}\right) \tag{5-68}$$

$$F_D^k(x,y) = \begin{cases}0.5I_{ir}^{D^k}(x,y)+0.5I_{vis}^{D^k}(x,y) & if\ \cos\theta' > \cos(I_{ir}^{D^k},I_{vis}^{D^k})\\\omega_1^k I_{ir}^{B^k}(x,y)+\omega_2^k I_{vis}^{D^k}(x,y)\end{cases} \tag{5-69}$$

式中，$\cos(I_{ir}^{D^k},I_{vis}^{D^k})$ 为两张图像的余弦相似度；k 为某次分解的尺度数；ω_1^k、ω_2^k 分别为

$$\omega_1^k = \frac{\sum_{-q_2}^{q_2}\sum_{-q_4}^{q_4} I_{\mathrm{ir}}^{D^k}(x+p_4, y+p_4)}{\sum_{-p_4}^{p_4}\sum_{-q_4}^{q_4} I_{\mathrm{ir}}^{D^k}(x+p_4, y+q_4) + \sum_{-p_4}^{p_4}\sum_{-q_4}^{q_4} I_{\mathrm{vis}}^{D^k}(x+p_4, y+p_4)} \tag{5-70}$$

$$\omega_2^k = \frac{\sum_{-p_4}^{p_4}\sum_{-q_4}^{q_4} I_{\mathrm{vis}}^{D^n}(x+p_4, y+p_4)}{\sum_{-p_4}^{p_4}\sum_{-q_4}^{q_4} I_{\mathrm{ir}}^{D^k}(x+p_4, y+q_4) + \sum_{-p_4}^{p_4}\sum_{-q_4}^{q_4} I_{\mathrm{vis}}^{D^k}(x+p_4, y+q_4)} \tag{5-71}$$

经过多次分解的基础层仍保留着图像的结构信息，信息量较丰富，采用加权平均法对该部分进行融合可以保留足够丰富的结构信息且能减少冗余信息的存在。基础层融合图像的计算公式定义为

$$F_B(x,y) = 0.5 I_{\mathrm{vis}}^{B^K}(x,y) + 0.5 I_{\mathrm{ir}}^{B^K}(x,y) \tag{5-72}$$

式中，K 为总分解尺度数。

叠加细节层融合图像和基础层融合图像获得最终的融合图像：

$$F(x,y) = \sum_{k=1}^{K} F_D^k(x,y) + F_B(x,y) \tag{5-73}$$

5.4.3　实验结果与分析

5.4.3.1　评价指标

由于图像的主观评价不能具体地衡量图像的真实质量，因此人们常用一些定量的评价指标来客观评价图像的质量。本节在对融合结果进行客观评价时选用了熵（Entropy，EN）、标准差（Standard Deviation，SD）、互信息（Mutual Information，MI）[6]、差异相关性总和（Sum of the Correlations of Differences，SCD）[93]、多尺度结构相似度（MultiScale-Structural Similarity Index Measure，MS-SSIM）[94] 5 个指标。

EN 可以测量融合图像中所包含的信息量，要证明融合结果的信息丰富就要求 EN 的数值高，其数学表达式如下：

$$\mathrm{EN} = -\sum_{l=0}^{L-1} p_l \log_2 p_l \tag{5-74}$$

式中，L 为像素级；p_l 为对应像素级的归一化灰度直方图。

SD 可以反映像素值和均值的离散程度，其值越大越能引起关注，其数学表达式如下：

$$\mathrm{SD} = \sum_{x=1}^{M}\sum_{y=1}^{N} [F(x,y) - \mu]^2 \tag{5-75}$$

式中，μ 为融合图像的像素平均值；M、N 表示融合图像的尺寸。

MI 可以衡量融合图像从源图像中获取的信息量，较高的 MI 意味着融合结果中包含更丰富的来自源图像的信息，表达式如下：

$$\text{MI} = \text{MI}_{A,F} + \text{MI}_{B,F} \tag{5-76}$$

$$\text{MI}_{X,F} = \sum_{x,f} P_{X,F}(x,f) \log \frac{P_{X,F}(x,f)}{P_X(x)P_F(f)} \tag{5-77}$$

式中，$\text{MI}_{A,F}$、$\text{MI}_{B,F}$ 分别表示红外源图像和可见光源图像转移到融合图像中的信息量；$P_X(x)$、$P_F(f)$ 分别表示源图像和融合图像的边缘直方图；$P_{X,F}(x,f)$ 表示源图像和融合图像的联合直方图。

SCD 测量的是融合图像从输入图像中获取的互补信息。由于融合图像是通过传递输入图像中的关键信息构建的，因此一张输入图像与融合图像之间的差分图像几乎就是从另一张输入图像中传递的信息，即融合图像和红外图像/可见光图像之间的差实际上来自从可见光图像/红外图像中收集的信息。差分图像可以公式化为

$$D_1 = F - I_{\text{vis}} \tag{5-78}$$

$$D_2 = F - I_{\text{ir}} \tag{5-79}$$

在图像融合应用中，要求融合图像要包含尽可能多的来自输入图像的信息。通过差分图像与源图像相关联而获得的值揭示这些图像之间的相似性，这些值指示了从每张输入图像到融合图像中的传递信息的量。SCD 就是这些值的总和，其公式如下：

$$\text{SCD} = r(D_1, I_{\text{ir}}) + r(D_2, I_{\text{vis}}) \tag{5-80}$$

$$r(D,I) = \frac{\sum_x \sum_y [D(x,y) - \mu_D][I(x,y) - \mu_I]}{\sqrt{\left\{\sum_x \sum_y [D(x,y) - \mu_D]^2\right\}\left\{\sum_x \sum_y [I(x,y) - \mu_I]^2\right\}}} \tag{5-81}$$

式中，μ_D、μ_I 分别表示差分图像和源图像的像素平均值。

人类视觉系统对结构损失和失真非常敏感。结构相似度通过对图像丢失和失真进行建模来计算融合图像与源图像的相似性。该指数主要由三部分组成：相关性损失、亮度和对比度失真。结构相似度定义为

$$\text{SSIM}_{X,F} = \frac{2\mu_X \mu_F + C_1}{\mu_X^2 + \mu_F^2 + C_1} \frac{2\sigma_X \sigma_F + C_2}{\sigma_X^2 + \sigma_F^2 + C_2} \frac{\sigma_{XF} + C_3}{\sigma_X + \sigma_F + C_3} \tag{5-82}$$

式中，σ_{XF} 表示源图像和融合图像的协方差；σ_X 和 σ_F 分别为源图像和融合图像的 SD；μ_X 和 μ_F 分别表示源图像和融合图像的平均值；C_1、C_2 和 C_3 为使算法稳定的参数。

MS-SSIM 测量是通过计算融合图像与源图像的图像金字塔不同层的结构相似度，以适应更多情况，更精确估量图像间的相似度的，其定义如下：

$$\text{MS-SSIM}_{X,F} = \prod_{j=1}^{J} [\text{SSIM}(X_j, F_j)]^{\beta_j} \tag{5-83}$$

$$\text{MS-SSIM} = 0.5(\text{MS-SSIM}_{A,F} + \text{MS-SSIM}_{B,F}) \tag{5-84}$$

式中，j 为单次尺度数；J 为总尺度数；β_j 表示不同尺度图像相似度的贡献度；$\text{MS-SSIM}_{A,F}$ 和 $\text{MS-SSIM}_{B,F}$ 表示红外图像和可见光图像与融合图像之间的多尺度结构相似性。

5.4.3.2　实验设置

在基于多尺度分解的融合算法中，分解层次是一个关键问题，分解层次不同会获得不同数量的细节层，基础层所包含的信息也不一样，这种差异会体现在红外图像与可见光图像的融合结果中。

图 5-24 所示为 Nato camp 不同分解层次的融合结果，随着分解层次的增加，栅栏和人体目标越来越明显，左下角的树叶纹理也更加清晰，由此可见，图像的融合质量与分解尺度成正比。但分解 4 层与分解 3 层时，视觉上差异并不明显。

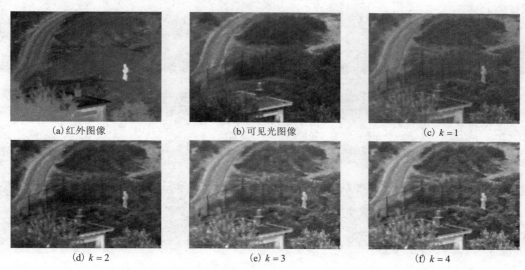

(a) 红外图像　　　　　　(b) 可见光图像　　　　　　(c) $k = 1$

(d) $k = 2$　　　　　　(e) $k = 3$　　　　　　(f) $k = 4$

图 5-24　Nato camp 不同分解层次的融合结果

表 5-5 所示为 Nato camp 不同层次下融合结果的定量评价指标，随着分解层次的增加，5 个客观评价指标皆呈上升趋势，这说明分解层次的增加使融合图像在信息丰富性、对比度及与源图像的相似度上都得到了提升。

表 5-5　Nato camp 不同层次下融合结果的定量评价指标

评价指标	$k = 1$	$k = 2$	$k = 3$	$k = 4$
EN	6.2353	6.3381	7.0884	7.1250
SD	22.2243	22.7189	34.6070	35.4257
MI	12.4705	12.6762	14.1767	14.2499
SCD	1.4567	1.4894	1.7030	1.7157
MS-SSIM	0.6100	0.6129	0.7049	0.7169

综合主观效果和客观评价指标来看，分解尺度的增加会获得视觉效果更好的融合图像，但是当分解尺度达到一定高度时客观评价指标增长并不明显，也就是分解层次的增加所带来的效益是有限的。当分解层次达到第 4 次时，融合效果已经较优异，继续分解会提高算法的复杂度，且融合质量并不会有很大的提升，因此算法的分解层次确定为 4 次。

5.4.3.3　TNO 数据集实验结果分析

从 TNO 数据集中随机选取 5 组图像，并按照红外图像融合结果、可见光图像融合结果、

MSVD 算法融合结果、DTWCT 算法融合结果、LP 算法融合结果、NSCT 算法融合结果及多尺度各向异性扩散(MAD)算法融合结果的顺序列出，如图 5-25 所示。

(a) 红外图像融合结果

(b) 可见光图像融合结果

(c) MSVD 算法融合结果

(d) DTWCT 算法融合结果

(e) LP 算法融合结果

(f) NSCT 算法融合结果

(g) MAD 算法融合结果

图 5-25　TNO 数据集融合结果

其中黑色框表示突出目标，灰色框表示纹理细节。从第一组对图像的融合结果可以看出，LP 算法和 MAD 算法较能突出"人"的目标，其他 3 种算法弱化了这一目标，亮度有所降低，但在树叶轮廓描述上 MAD 算法比 LP 算法更明显；对于第二组图像，MSVD 算法、NSCT 算法中"人"的目标边缘模糊，描述较差，但 MAD 算法相对 MSVD 算法、LP 算法保留了更多可见光图像中的"树叶"和"树枝";第三组图像中 MAD 算法的"云层"纹理比 MSVD 算法、NSCT 算法要清晰,不会出现 LP 算法中建筑目标的过曝光现象;第四组图像中 MAD 算法对"树叶"的描述优于其他所有算法;第五组图像中 MSVD 算法的"云层"细节不清晰,DTWCT 算法和 LP 算法在"车胎"处都出现了不同程度的边缘模糊和伪影,而 NSCT 算法的整体亮度较低。

主观评价无法科学地评估不同融合算法的性能,它不具备统一的标准,不同的人对融合结果的解读会有偏差。因此定量分析是必不可少的,具体数据可以更加客观地评价融合图像的质量。表 5-6 所示为不同算法在 TNO 数据集中获得的融合结果的客观指标平均值,性能最优的用加粗字体表示,性能次优的用下画线表示。可以看到,MAD 算法在 EN、SD 和 SCD3 个指标中取得最优,相较次优分别提高了 3.28%、1.89%、0.46%,这表明 MAD 算法的融合结果信息量丰富,与源图像包含的信息更相似。其 MI 获得次优,仅次于 DTWCT 算法,MS-SSIM 的值在几种算法中最差,主要是由融合前对可见光图像的增强所引起的,因为融合后的图像与增强处理前的可见光图像之间的亮度相似性减小,所以导致整体的结构相似性也减小。

表 5-6　不同算法在 TNO 数据集中获得的融合结果的客观指标平均值

评价指标	MSVD	DTWCT	LP	NSCT	MAD
EN	6.1822	6.1695	<u>6.4877</u>	5.9343	**6.7006**
SD	22.6592	25.1042	<u>28.6848</u>	22.8390	**29.2272**
MI	12.3644	**13.9280**	12.9646	12.7736	<u>13.4011</u>
SCD	1.5822	1.5809	<u>1.5914</u>	1.5903	**1.5998**
MS-SSIM	<u>0.7527</u>	0.7090	0.7101	**0.7534**	0.7056

综合客观评价和主观评价来看,MAD 算法在 TNO 数据集上的融合图像质量最佳。

5.4.3.4　RoadScene 数据集实验结果分析

选取 RoadScene 数据集中的图像对作为测试对象来验证 MAD 算法的有效性。图 5-26 所示为 RoadScene 数据集融合结果。

(a)红外图像

(b)可见光图像

(c)MSVD 算法融合结果

图 5-26　RoadScene 数据集融合结果

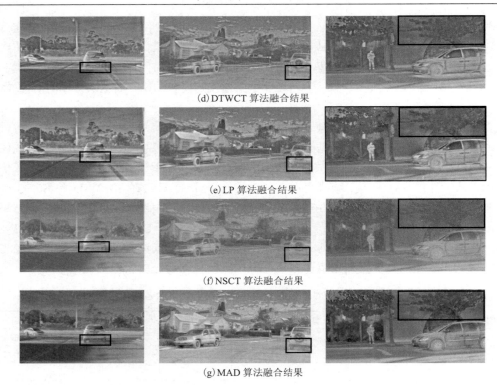

（d）DTWCT 算法融合结果

（e）LP 算法融合结果

（f）NSCT 算法融合结果

（g）MAD 算法融合结果

图 5-26　RoadScene 数据集融合结果（续）

对于第一组图像，MSVD 算法、DTWCT 算法融合结果中"车尾"出现了模糊的问题，NSCT 算法融合结果过于平滑，背景中的"树叶"细节描述不够，而 MAD 算法中相关细节描述清晰；对于第二组图像，MSVD 算法、NSCT 算法融合结果丢失了"车轮"信息，而 DTWCT 算法、LP 算法融合结果中虽然保留了"车轮"信息，但与 MAD 算法融合结果相比，其边缘模糊，轮廓不够清晰；对于第三组图像，MAD 算法对"树叶"等的描述表现较优异，可以看到其他几种算法中都存在不同程度的模糊，其中 LP 算法融合结果中的"树叶"与"背景"的对比度低于 MAD 算法。表 5-7 所示为不同算法在 RoadScene 数据集中获得的融合结果的客观指标平均值，其中性能最优的用加粗字体表示，性能次优的用下画线表示。MAD 算法在 EN、MI 和 SCD 3 个指标中取得最优，相较次优分别提高了 1.78%、1.78%、0.78%。其 SD 取得次优，仅次于 LP 算法，说明图像对比度不如 LP 算法，但比其他 3 种算法的图像对比度要高；MS-SSIM 略低于次优值，这可能是由于 MAD 算法增加了图像增强模块，导致图像的亮度相似度与源图像有较大差异。

表 5-7　不同算法在 RoadScene 数据集中获得的融合结果的客观指标平均值

Index	MSVD	DTWCT	LP	NSCT	MAD
EN	6.6337	6.8758	<u>6.9821</u>	6.6627	**7.1063**
SD	27.7823	32.0815	**37.3011**	28.1599	<u>37.1408</u>
MI	13.2673	13.7516	<u>13.9643</u>	13.3255	**14.2126**
SCD	<u>1.5210</u>	1.4972	1.4295	1.4447	**1.5328**
MS-SSIM	<u>0.6978</u>	0.6475	0.6761	**0.7005**	0.6952

综合上述分析，MAD 算法在 RoadScene 数据集上的表现优于其他几种算法，其融合图像质量最佳。

5.5　基于潜在低秩表示下的 DDcGAN 图像融合算法

5.5.1　算法流程

红外图像与可见光图像融合的关键在于，强调两种模态图像的重要特征，从而获取既包含红外目标信息又包含可见光细节信息的图像。因此潜在低秩表示下的 DDcGAN 图像融合算法考虑将图像分层处理，根据两个分量的特征信息差异，设计特定的融合规则。其中，对于信息组成复杂的低秩分量，融合的主要问题在于特征提取，为了避免该分量中细节信息的丢失，可采用深度学习中的 DDcGAN 进行融合，既避免了人工选择融合规则的主观性，又降低了算法的复杂度。潜在低秩表示下的 DDcGAN 图像融合算法流程图如图 5-27 所示。算法的具体实现步骤如下。

S1：通过潜在低秩表示将源图像分解为三部分，即低秩分量、稀疏分量和噪声分量，其中噪声分量不参与后续处理。

S2：将红外图像的低秩分量 I_{ir}^{L} 与可见光图像的低秩分量 $I_{\text{vis}}^{\text{L}}$ 通过改进的 DDcGAN 进行融合，得到融合低秩分量 F_{L}。

S3：采用 K-L 变换将红外图像的稀疏分量 I_{ir}^{S} 与可见光图像的稀疏分量 $I_{\text{vis}}^{\text{S}}$ 进行融合，获得融合稀疏分量 F_{S}。

S4：叠加 F_{L} 和 F_{S} 得到最终的融合图像 F。

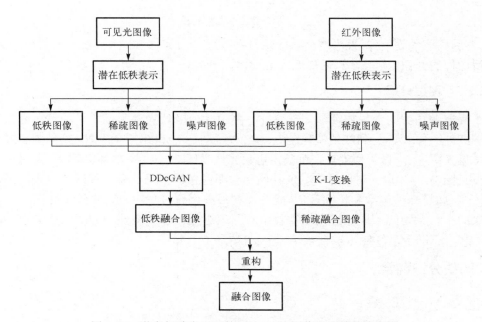

图 5-27　潜在低秩表示下的 DDcGAN 图像融合算法流程图

5.5.2 基于潜在低秩表示的图层分解

5.5.2.1 潜在低秩表示

低秩表示（Low-Rank Representation，LRR）理论上是从数据矩阵中恢复低秩矩阵[95]，描述为优化问题，即

$$\min\|A\|_* + \lambda\|E\|_1 \tag{5-85}$$

式中，A 表示低秩矩阵；E 表示噪声矩阵；λ 表示平衡系数；$\|\cdot\|_*$ 表示核范数；$\|\cdot\|_1$ 表示 L$_1$ 范数。

为解决这一优化问题，以原图像数据矩阵作为字典来探索数据的多个子空间结构从而找到最小秩矩阵，即

$$\min\|Z\|_* + \lambda\|E\|_1 \\ \text{s.t. } X = XZ + E \tag{5-86}$$

式中，X 表示原图像矩阵；Z 表示低秩系数矩阵；XZ 表示低秩矩阵。

然而当原图像矩阵不够丰富，即字典不够完备或数据受损时，将影响低秩矩阵的质量。于是 Liu G 等人[96]提出了潜在低秩表示（Latent Low-Rank Representation，LatLRR），通过在字典中增加隐藏项来解决字典不完备的问题，即

$$\min\|Z\|_* + \lambda\|E\|_1 \\ \text{s.t. } X_O = [X_O + X_H]Z + E \tag{5-87}$$

式中，X_O 表示已知图像矩阵，X_H 表示隐藏数据矩阵。

式（5-87）可以简化为

$$\min\|Z\|_* + \|L\|_* + \lambda\|E\|_1 \\ \text{s.t. } X = XZ + LX + E \tag{5-88}$$

式中，L 表示显著系数矩阵。采用增广拉格朗日乘数法[97]对式（5-88）求解获得系数矩阵 Z 和 L，从而获得图像的低秩矩阵 XZ 和稀疏矩阵 LX。

5.5.2.2 图层分解

为了提取源图像的全局特征和局部特征，并消除或降低噪声干扰，采用潜在低秩表示的方法分解红外图像 I_{ir}，得到红外低秩图 I_{ir}^L、红外稀疏图 I_{ir}^S 和红外噪声图 I_{ir}^E [见图 5-28（a）]。同样对可见光图像 I_{vis} 做类似处理，可获得可见光低秩图 I_{vis}^L、可见光稀疏图 I_{vis}^S 及可见光噪声图 I_{vis}^E，[见图 5-28（b）]。可以看到，低秩图包含源图像的全局信息；稀疏图包含源图像的局部特征信息（如目标、边缘和轮廓等）。此外，在后续融合过程中可以剔除噪声图层，减小对融合结果的干扰。因此，通过潜在低秩表示对图像进行分解能将两种源图的优势在不同图像层显示出来，有助于后续制定融合策略。

5.5.3 低秩分量融合

5.5.3.1 生成对抗网络

生成对抗网络是一个基于最小、最大博弈游戏来简单、有效地评估目标分布及新样本生成的算法。生成对抗网络模型由生成器和判别器两部分组成，其中生成器输出的新数据根据

训练数据的规律生成，判别器的作用是辨别生成器输出的新数据。判别器和生成器间的对抗是生成对抗网络得以有效的根本原因，在模型训练过程中生成足以"欺骗"判别器的数据是生成器的主要任务，判别器需要不断判别生成器的"欺骗"，达到纳什均衡时训练即可结束。生成器和判别器对抗博弈要达到的目标是

$$\min_G \min_D V_{\mathrm{GAN}}(D,G) = E_{p_{\mathrm{data}(x)}} + E_{p_{(z)}}[\log(1 - D(G(z)))] \tag{5-89}$$

式中，E 表示期望计算（下标 $p_{\mathrm{data}(x)}$ 表示训练数据，$p_{(z)}$ 表示噪声数据）；$G(z)$ 表示生成器的输出；$D(G(z))$ 表示判别器将真实数据和生成数据判别为真实数据的概率。

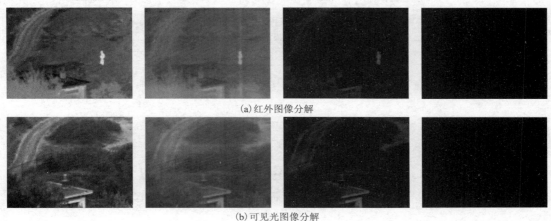

(a) 红外图像分解

(b) 可见光图像分解

图 5-28　源图像分解示意图

5.5.3.2　改进的 DDcGAN

通过潜在低秩表示对源图像分解获得的低秩分量的信息量非常丰富，是源图像的近似图像。为了让融合图像能结合可见光的反射信息和红外图像的热辐射信息，目前应用较广泛的是加权平均的融合策略，但是这种融合策略会导致源图像的大量信息丢失，如亮度信息的丢失、对比度信息的丢失等。受 FusionGAN 及 DDcGAN 的启发，本节提出了一种改进的 DDcGAN 对低秩分量进行融合，通过对生成器结构的改进及损失函数的重设计来达到优秀的融合效果。优化目标函数：

$$\begin{aligned}
\min_G \max_{D_i, D_v} V(G, D_i, D_v) = {} & E[\log D_i(I_{\mathrm{ir}}^{\mathrm{L}})] + E[\log D_v(I_{\mathrm{vis}}^{\mathrm{L}})] \\
& + E[\log(1 - D_i(G(F_{\mathrm{L}})))] + E\log[1 - D_v(G(F_{\mathrm{L}}))]
\end{aligned} \tag{5-90}$$

式中，G 表示对抗网络中的生成器；D_i、D_v 分别表示用于判别真实红外图像低秩分量与融合图像低秩分量的红外判别器和用于判别真实可见光图像低秩分量与融合图像低秩分量的可见光判别器；F_{L} 表示融合低秩分量。

1. DDcGAN 生成器网络结构

FusionGAN 生成器结构过于简单，在特征提取中容易丢失浅层特征，导致融合图像边缘模糊，纹理细节不清晰，而 DDcGAN 生成器中的 densenet 虽能结合浅层特征与高层语义特征，但网络模型复杂。为了保证源图像的浅层纹理、边缘信息及高层语义信息都能得到很好的保留，课题组结合预训练好的 VGG16[98]提取低秩分量特征，为每层特征图设计了融合模块

（Features Fusion Module，FFM）来融合提取到的特征，将所有 FFM 的输出进行金字塔重构，以保证每个尺度的特征都能保留在融合结果中，尽量避免信息的丢失，最后对重构的特征图进行解码，以生成融合图像。DDcGAN 生成器网络结构如图 5-29 所示。

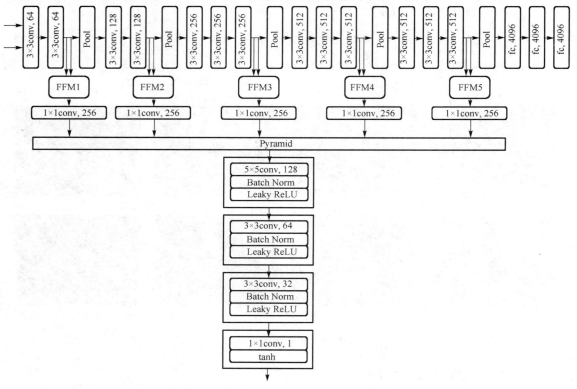

图 5-29　DDcGAN 生成器网络结构

考虑到 VGG16 每层提取的特征图张数不同，在设计 FFM 时需要考量每层的卷积核个数，$\phi_{I_L}^i$ 和 $\phi_{V_L}^i$ 分别表示由 VGG16 提取的红外低秩分量和可见光低秩分量的第 i 层特征图。conv1

和 conv2 的卷积核个数设置为输入特征图张数的一半；conv3 的输入是由前两层的输出级联而成的，卷积核个数设置为输入特征图张数的两倍；conv4 的卷积核个数与输入特征图张数相等；conv5 输出特征图因为要与 conv4 的输出进行叠加，所以其输出特征图张数要与第 4 个卷积层相等。图 5-30 所示的 FFM 网络结构能同时保留图像的细节和显著性特征。

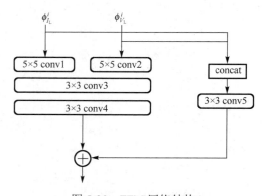

图 5-30　FFM 网络结构

2. DDcGAN 判别器网络结构

由于红外和可见光两种源图像的特征不同，因此需要设计两个网络结构一致的判别器来指导生成融合图像，并从两张源图像中不断获取特征信息。DDcGAN 判别器网络结构如图 5-31 所示。判别器是一个 3 层卷积神经网络，其前 3 层卷积核大小为 3 像素×3 像素，步长为 2，激活函数为 Leaky ReLU，首先将卷积层提取的特征通过全连接层进行整合，然后通过 tanh 函数估计生成图像是真实图像的概率。

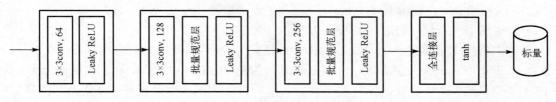

图 5-31　DDcGAN 判别器网络结构

3. DDcGAN 损失函数

改进的 DDcGAN 损失函数由三部分组成，分别是生成器 G 的损失和两个判别器 D_i、D_v 的损失。对抗损失和内容损失的组合为生成器损失：

$$\mathcal{L}_G = \mathcal{L}_{adv} + \mathcal{L}_{content} \tag{5-91}$$

式中，$\mathcal{L}_{adv}$ 表示对抗损失，存在于生成器与判别器之间；$\mathcal{L}_{content}$ 表示图像的内容损失。$\mathcal{L}_{adv}$ 为判别器对融合图像的真实判别与生成器预期判别器对融合图像判别结果之间的偏差，表达式如下：

$$\mathcal{L}_{adv} = \frac{1}{S}\sum_{s=1}^{S}[D_i(F_L) - d']^2 + \frac{1}{S}\sum_{s=1}^{S}[D_v(F_L) - d']^2 \tag{5-92}$$

式中，S 为融合图像的数量；d' 为生成器预期的判别结果。

红外图像强调目标，主要由像素强度信息表示；可见光图像强调背景纹理，主要由梯度信息表示。因而内容损失函数：

$$\mathcal{L}_{content} = \frac{1}{HW}\left(\|F_L - I_L\|_F^2 + \xi\|\nabla F_L - \nabla V_L\|_F^2\right) \tag{5-93}$$

式中，HW 表示图像的大小(H 表示图像的高，W 表示图像的宽)；$\|\cdot\|_F$ 表示 Frobenius 范数；ξ 表示平衡参数；∇ 表示梯度算子。

判别器 D_i 的损失定义为

$$\mathcal{L}_{D_i} = \frac{1}{S}\sum_{s=1}^{S}[D_i(I_{ir}^L) - b']^2 + \frac{1}{S}\sum_{s=1}^{S}[D_i(F_L) - a']^2 \tag{5-94}$$

式中，b' 表示红外低秩分量的标签；a' 表示融合低秩分量的标签。

判别器 D_v 的损失定义为

$$\mathcal{L}_{D_v} = \frac{1}{S}\sum_{s=1}^{S}[D_v(I_{vis}^L) - c']^2 + \frac{1}{S}\sum_{s=1}^{S}[D_v(F_L) - a']^2 \tag{5-95}$$

式中，c' 表示可见光低秩分量的标签。

4. 改进的 DDcGAN 算法的伪代码

生成对抗模型的训练数据选择 TNO 数据集中不同场景下的 41 组红外图像和可见光图像，其中 TNO 数据集包含多种军事环境下的可见光、近红外和长波红外的夜间图像。为了提高模型的泛化能力，本节通过滑动模块将源图像裁剪成大小为 224 像素×224 像素的 42342 组图像块用作训练。训练集中共包含随机选择的 m 对红外图像和可见光图像,将这些经过处理后的图像块对作为生成器的输入,输出大小为 224 像素×224 像素的融合图像。判别器输入 m 对图像块,训练 time 次,并使用 RMSProp 优化器来更新参数,训练生成器至最大迭代次数。表 5-8 所示为改进的 DDcGAN 算法的伪代码。

训练中将样本数量设置为 $m=32$;10 为训练迭代次数;判别器训练次数 time = 2;$\lambda =$ 100;$\xi =8$;学习速率设置为 10^{-4},衰减指数设置为 0.98;融合图像标签 a' 设置为 0~0.3 中的一个随机数;红外低秩分量标签 b' 设置为 0.7~1.2 中的一个随机数;可见光低秩分量标签 c' 设置为 0.7~1.2 中的一个随机数;生成器预期的判别结果 d' 设置为 0.7~1.2 中的一个随机数。

表 5-8　改进的 DDcGAN 算法的伪代码

Input: I_{ir}^{L},　$I_{\text{vis}}^{\text{L}}$
Output: F_{L}
1: **for** number of training iterations **do**
2:　　**for** time steps **do**
3:　　　　Select m fusion patches $\{ F_{\text{L}}^{(1)},\cdots,F_{\text{L}}^{(m)} \}$ from G
4:　　　　Select m visible patches $\{ I_{\text{vis}}^{\text{L}(1)},\cdots,I_{\text{vis}}^{\text{L}(m)} \}$, m infrared patches $\{ I_{\text{ir}}^{\text{L}(1)},\cdots,I_{\text{ir}}^{\text{L}(m)} \}$
5:　　　Update D_{i}, D_{v} by RMSPropOptimizer
$\nabla_{D_{\text{i}}}\left\{ \dfrac{1}{S}\sum_{s=1}^{S}[D_{\text{i}}(I_{\text{ir}}^{\text{L}})-b']^2 + \dfrac{1}{S}\sum_{s=1}^{S}[D_{\text{i}}(F_{\text{L}})-a']^2 \right\}$
$\nabla_{D_{\text{v}}}\left\{ \dfrac{1}{S}\sum_{s=1}^{S}[D_{\text{v}}(I_{\text{vis}}^{\text{L}})-c']^2 + \dfrac{1}{S}\sum_{s=1}^{S}[D_{\text{v}}(F_{\text{L}})-d']^2 \right\}$
6:　　**end**
7:　　Select m visible patches $\{ I_{\text{vis}}^{\text{L}(1)},\cdots,I_{\text{vis}}^{\text{L}(m)} \}$, m infrared patches $\{ I_{\text{ir}}^{\text{L}(1)},\cdots,I_{\text{ir}}^{\text{L}(m)} \}$ from training data
8:　　Update G by RMSPropOptimizer: $\nabla_G \mathcal{L}_G$
9: **end**

5.5.4　稀疏分量融合

图像的稀疏分量表征图像的局部结构信息和显著特征,如红外图像中的目标和可见光图像中的部分细节,为了实现融合图像的细节增强、冗余信息的减少,稀疏分量的融合要借助 K-L 变换[99]。K-L 变换的原理是将数据线性投影到新坐标空间中,依据信息量分布新的成分,是一种以信息量为理论基础的正交线性变换。投影到新坐标中的各成分互不相关,其中包含最大信息量的是第一主成分。

K-L 变换的具体步骤如下。

S1:将红外稀疏分量 $\boldsymbol{I}_{\text{ir}}^{\text{S}}$ 和可见光稀疏分量 $\boldsymbol{I}_{\text{vis}}^{\text{S}}$ 矩阵按列展开并作为矩阵 $\boldsymbol{X}$ 的列向量。

S2:求矩阵 $\boldsymbol{X}$ 的协方差矩阵 $\boldsymbol{C}_{XX}$ 时,观测量为矩阵 $\boldsymbol{X}$ 的行向量,变量为矩阵 $\boldsymbol{X}$ 的列向量。

S3:计算 $\boldsymbol{C}_{XX}$ 的特征值 σ_1、σ_2 及对应的特征向量 $[\xi_1(1)\quad \xi_1(2)]^{\text{T}}$ 和 $[\xi_2(1)\quad \xi_2(2)]^{\text{T}}$。

S4:计算最大特征值的不相关分量 KL_1 和 KL_2。

$$\text{KL}_1 = \frac{\xi_{\max}(1)}{\sum_i \xi_{\max}(i)} \tag{5-96}$$

$$KL_2 = \frac{\xi_{max}(2)}{\sum\limits_i \xi_{max}(i)} \tag{5-97}$$

根据 K-L 变换获得融合权重 KL_1 和 KL_2，得到融合稀疏分量：

$$F_S = KL_1 I_{ir}^S + KL_2 I_{vis}^S \tag{5-98}$$

将融合低秩分量和融合稀疏分量线性叠加获得最终的融合图像：

$$F = F_L + F_S \tag{5-99}$$

5.5.5　实验结果与分析

5.5.5.1　TNO 数据集实验结果与分析

对 TNO 数据集中的图像对进行实验以验证本章算法（Ours 算法），并随机选择 5 组红外图像与可见光图像作为示例。TNO 数据集上不同融合算法的主观评价对比结果如图 5-32 所示，图像从上至下分别为红外图像、可见光图像、MAD 算法图像、FusionGAN 算法图像、DDcGAN 算法图像、Rfn-nest 算法图像及 Ours 算法图像。

(a) 红外图像

(b) 可见光图像

(c) MAD 算法图像

(d) FusionGAN 算法图像

(e) DDcGAN 算法图像

图 5-32　TNO 数据集上不同融合算法的主观评价对比结果

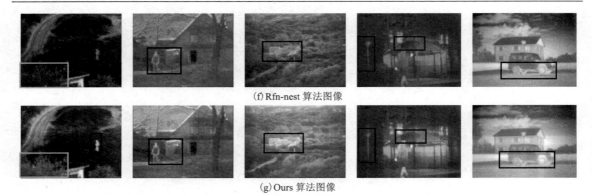

（f）Rfn-nest 算法图像

（g）Ours 算法图像

图 5-32　TNO 数据集上不同融合算法的主观评价对比结果（续）

图中黑色框表示图像的典型目标，灰色框表示图像的纹理细节。从图 5-32 可以看出 MAD 算法引用各向异性扩散对图像进行分解后的融合结果相对平滑，对比度低，不够凸显目标，如第一组图像，整体像素值差异不大，明暗对比不如 Ours 算法那么明显。FusionGAN 算法的融合图像更偏向于红外图像，并未体现可见光图像中的背景细节信息，如第三组图像背景中的"云层"、第四组图像中的"路灯"；DDcGAN 算法图像的生成器采用密集网络结构，其边缘信息丢失严重，主要原因在于缺失了高层特征空间的语义信息，如第四组图像中黑色框内的伞，边缘轮廓模糊，甚至出现了"伪影"；Rfn-nest 算法图像在解码器中采用 nest 网络，高层特征在逐层上采样过程中引入了噪声并模糊了目标，如第一组图像中黑色框内模糊的人体目标；而 Ours 算法通过改进特征提取和融合方式，获得了目标清晰、背景信息清晰且自然的融合图像。

TNO 数据集中不同融合算法评价指标对比结果如表 5-9 所示，粗体标记的数据为最优值，下画线标记的数据为次优值。Ours 算法的 5 个评价指标都比其他算法的评价指标高，这 5 个评价指标相比次优值分别提高了 2.43%、4.68%、2.29%、2.24%、5.16%。综合来说，Ours 算法在 TNO 数据集中获得的融合图像目标明显、边缘清晰，且不会出现"伪影"现象。

表 5-9　TNO 数据集中不同融合算法评价指标对比结果

评价指标	MAD	FusionGAN	DDcGAN	Rfn-nest	Ours
EN	6.7006	5.6843	<u>7.2300</u>	6.8935	**7.4054**
SD	29.2272	50.7315	<u>92.1404</u>	74.8790	**96.4555**
MI	13.4011	11.3687	<u>14.4618</u>	13.7870	**14.7923**
SCD	1.5998	1.2049	1.5939	<u>1.8163</u>	**1.8570**
MS-SSIM	0.7056	0.6814	0.7844	<u>0.8877</u>	**0.9335**

5.5.5.2　RoadScene 数据集实验结果与分析

在 RoadScene 数据集上再次实验是为了进一步验证 Ours 算法的鲁棒性，图 5-33 所示为 RoadScene 数据集中不同融合算法的主观评价对比结果。随机选择三组典型的红外图像与可见光图像，可以看到第一组图像中只有 Ours 算法能清晰地描述灰色框内的"树叶"，MAD 算法中灰色框内的细节与背景灰度值相近，无法清晰地描述细节边缘；FusionGAN 算法中的融合图像更靠近红外图像，无法体现可见光图像中的信息；DDcGAN 算法虽能体现图像的细节信息，但由于在训练中难以平衡两个判别器，导致图像边缘"伪影"现象严重；Rfn-nest 算法中有部分细节信息，但图像亮度过低，也并未能清晰地描述这部分信息。第二组图像中除 FusionGAN

算法、DDcGAN 算法外，其他 3 种算法都能展示灰色框内的细节信息，但 MAD 算法获得的图像整体较平滑，对比度不够高，会出现目标与背景像素差异不大导致目标无法突出的问题。第三组图像中 FusionGAN 算法和 DDcGAN 算法获得的图像依然存在边缘模糊和"伪影"现象，Rfn-nest 算法中背景的树枝纹理不够自然，对比度较低，MAD 算法和 Ours 算法中图像的目标清晰，纹理细节也做了强调，且 MAD 算法对可见光图像中的细节信息保留极为完整，但 Ours 算法的明暗对比更明显。

(a) 红外图像

(b) 可见光图像

(c) MAD 算法图像

(d) FusionGAN 算法图像

(e) DDcGAN 算法图像

(f) Rfn-nest 算法图像

(g) Ours 算法

图 5-33　RoadScene 数据集中不同融合算法的主观评价对比结果

表 5-10 所示为 RoadScene 数据集中不同融合算法的评价指标对比结果，其中最优值为粗体标记的数据，次优值为下画线标记的数据。可以观察到 5 个指标的最优值都是由 Ours 算法算出的，与次优值相比 EN、SD、MI、SCD、MS-SSIM 分别提高了 0.79%、4.95%、1.46%、3.31%、11.10%。综合来说，Ours 算法在 RoadScene 数据集中也能够很好地保留源图像的互补信息和关键信息，使融合图像中的目标明显、边缘清晰，且不会出现"伪影"现象。

表 5-10　RoadScene 数据集中不同融合算法的评价指标对比结果

评价指标	MAD	FusionGAN	DDcGAN	Rfn-nest	Ours
EN	7.1063	6.4982	7.5150	7.3326	**7.5745**
SD	37.1408	69.3039	82.5810	72.9627	**86.6675**
MI	14.2126	12.9964	15.0300	14.6653	**15.2489**
SCD	1.5328	1.4398	1.6562	1.8268	**1.8873**
MS-SSIM	0.6952	0.6794	0.6961	0.8216	**0.9128**

5.6　本章小结

图像融合的目标是将多源图像融合成具备全局优势的单张图像。红外图像的优势在于不受环境干扰，可见光图像的优势在于能够真实反映目标的细节，在实际应用中图像融合有着重大作用，如在军事领域中可通过红外图像与可见光图像的融合找到隐藏于环境中的目标。本章针对图像配准和图像融合任务分别提出了改进算法，并通过实验对算法进行了有效性验证。主要的理论成果和创新性可以总结如下。

（1）基于 CycleGAN-CSS 的图像配准算法。针对红外图像与可见光图像成像机理不同导致传统匹配算法精度不高、鲁棒性差的问题，本章提出了一种基于 CycleGAN-CSS 的图像配准算法。通过 CycleGAN 网络将可见光图像转换为伪红外图像，以减小红外与可见光模态差异对配准结果的影响。在检测特征点过程中，为了更精确地找到特征点，本章将 CSS 算法中用于边缘检测的 Canny 算子替换为八方向边缘检测算子。在进行特征描述时，本章重新设计了传统的 SIFT 描述子，将特征点的16 像素×16 像素邻域划分为 4 个同心圆环，统计圆环内的像素在 12 个方向上的梯度直方图，使原来的 128 维描述子降为 48 维向量，以此来降低算法的复杂度。实验证明，基于 CycleGAN-CSS 的图像配准算法对红外图像与可见光图像的配准精度确实有了显著提高。

（2）基于多尺度各向异性扩散的图像融合算法。为增强融合图像的细节信息、边缘清晰度和视觉效果，减少融合图像中的冗余信息，本章提出了基于多尺度各向异性扩散的图像融合算法。各向异性扩散不仅能去除噪声，而且能保留图像的边界。在融合策略的选取上，本章设计了一种基于余弦相似度的区域自适应融合规则，对于相似度高于全局相似度的区域选择加权平均融合，对于相似度低于全局相似度的区域则根据像素强度的重要性进行加权融合。本章在 TNO 和 RoadScene 两个数据集上进行了大量实验，结合主观和客观评价对实验结果进行了充分分析，实验证明，基于多尺度各向异性扩散的图像融合算法相比传统的多尺度变换算法确有明显的质量提升。

（3）基于潜在低秩表示下的 DDcGAN 图像融合算法。基于多尺度各向异性扩散的图像融合算法虽然取得了不错的融合效果，但计算复杂，为了保留多尺度变换的优势，摆脱完全人工选取融合规则的方式，本章提出了基于潜在低秩表示下的 DDcGAN 图像融合算法。源图像经过潜在低秩表示后消除了噪声的干扰，对于稀疏分量，人工选择 K-L 变换，即根据两个稀疏分量的贡献度确定融合权重。低秩分量采用的 DDcGAN 可通过学习自动生成图像，其中对于生成器的结构进行了改进，设计了 FFM 对每层卷积网络提取的特征向量进行融合，并通过金字塔重构的方式将融合的特征向量组合成新的特征，对这些新的特征进行解码即可输出图像。最后，通过在 TNO 数据集和 RoadScene 数据集中与传统融合 MAD 算法及基于深度学习的 FusionGAN 算法、DDcGAN 算法和 Rfn-nest 算法进行对比，结合图像视觉效果和客观的评价指标分析，融合效果确实有了较大改进。

参 考 资 料

[1]　颜金生. 自动检测与传感器应用[M]. 北京：中国劳动社会保障出版社, 2006.

[2]　柯聪. 基于改进生成对抗网络的红外与可见光图像融合算法研究[D]. 武汉：湖北工业大学, 2021.

[3]　王贤涛. 基于多尺度分解红外和可见光图像融合算法研究[D]. 长春：中国科学院长春光学精密机械与物理研究所, 2023.

[4]　Zhang X, Ye P, Xiao G. VIFB: A visible and infrared image fusion benchmark[C]. Seattle: Proceedings of the IEEE/CVF Conference on Computer Vision and Pattern Recognition Workshops. 2020: 104-105.

[5]　Liu S, Piao Y, Tahir M. Research on fusion technology based on low-light visible image and infrared image[J]. Optical Engineering, 2016, 55(12): 123104-123105.

[6]　沈英, 黄春红, 黄峰, 等. 红外与可见光图像融合技术的研究进展[J]. 红外与激光工程, 2021, 50(9): 152-169.

[7]　Ma J, Ma Y, Li C. Infrared and visible image fusion methods and applications: A survey[J]. Information Fusion, 2019, 45: 153-178.

[8]　Fu Z, Wang X, Xu J, et al. Infrared and visible images fusion based on RPCA and NSCT[J]. Infrared Physics & Technology, 2016, 77: 114-123.

[9]　李霖, 王红梅, 李辰凯. 红外与可见光图像深度学习融合方法综述[J]. 红外与激光工程, 2022, 51(12): 337-356.

[10]　Liu Z, Yin H, Fang B, et al. A novel fusion scheme for visible and infrared images based on compressive sensing[J]. Optics Communications, 2015, 335: 168-177.

[11]　Cui G, Feng H, Xu Z, et al. Detail preserved fusion of visible and infrared images using regional saliency extraction and multi-scale image decomposition[J].Optics Communications, 2015, 341: 199-209.

[12]　Fan X, Shi P, Ni J, et al. A thermal infrared and visible images fusion based approach for multitarget detection under complex environment[J]. Mathematical Problems in Engineering, 2015, 2015(PT.12):1774-1783.

[13]　江海军, 陈力. 拉普拉斯金字塔融合在红外无损检测技术中的应用[J]. 红外技术, 2019, 41(12): 1151-1155.

[14]　孟令杰, 廖楚江, 王增斌, 等. 多源图像融合技术的发展与军事应用研究[J]. 航天电子对抗, 2011, 27(3): 17-19.

[15]　Anuta P E. Spatial registration of multispectral and multitemporal digital imagery using fast Fourier transform

techniques[J]. IEEE transactions on Geoscience Electronics, 1970, 8(4): 353-368.

[16] 李云红, 刘宇栋, 苏雪平, 等. 红外与可见光图像配准技术研究综述[J]. 红外技术, 2022, 44(7): 641-651.

[17] 金英, 杨丰, 王楠. 基于灰度的医学图像配准技术研究[J]. 信息技术, 2011, 35(4): 26-29.

[18] Zhao F, Huang Q, Gao W. Image matching by normalized cross-correlation[C]. Toulouse: 2006 IEEE International Conference on Acoustics Speech and Signal Processing Proceedings, 2006, 2: II-729-II-732.

[19] Viola P, Wells III W M. Alignment by maximization of mutual information[J]. International journal of computer vision, 1997, 24(2): 137-154.

[20] Sarvaiya J N, Patnaik S, Bombaywala S. Image registration by template matching using normalized cross-correlation[C]. Trivandrum: 2009 International Conference on Advances in Computing, Control, and Telecommunication Technologies, 2009: 819-822.

[21] Fouda Y, Ragab K. An efficient implementation of normalized cross-correlation image matching based on pyramid[C]. Aizu-Wakamatsu: 2013 International Joint Conference on Awareness Science and Technology & Ubi-Media Computing (iCAST 2013 & UMEDIA 2013), 2013: 98-103.

[22] O'Connor M K, Kanal K M, Gabhard M W, et al. Comparison of four motion correction techniques in SPECT imaging of the heart: a cardiac phantom study[J]. The Journal of Nuclear Medicine, 1998, 39(12): 2027.

[23] Makela T, Clarysse P, Sipila O, et al. A review of cardiac image registration methods[J]. IEEE Transactions on medical imaging, 2002, 21(9): 1011-1021.

[24] Viola P, Wells III W M. Alignment by maximization of mutual information[J]. International journal of computer vision, 1997, 24(2): 137-154.

[25] Costantini M, Zavagli M, Martin J, et al. Automatic coregistration of SAR and optical images exploiting complementary geometry and mutual information[C]. Valencia: IGARSS 2018-2018 IEEE International Geoscience and Remote Sensing Symposium, 2018: 8877-8880.

[26] Krotosky S J, Trivedi M M. Mutual information based registration of multimodal stereo videos for person tracking[J]. Computer Vision and Image Understanding, 2007, 106(2-3): 270-287.

[27] Rangarajan A, Chui H, Duncan J S. Rigid point feature registration using mutual information[J]. Medical Image Analysis, 1999, 3(4): 425-440.

[28] Yu K, Ma J, Hu F, et al. A grayscale weight with window algorithm for infrared and visible image registration[J]. Infrared Physics & Technology, 2019, 99: 178-186.

[29] Bracewell R N, Bracewell R N. The Fourier Transform and Its Applications[M]. New York: McGraw-Hill, 1986.

[30] Reddy B S, Chatterji B N. An FFT-based technique for translation, rotation, and scale-invariant image registration[J]. IEEE transactions on image processing, 1996, 5(8): 1266-1271.

[31] Averbuch A, Coifman R R, Donoho D L, et al. Fast and accurate polar Fourier transform[J]. Applied and computational harmonic analysis, 2006, 21(2): 145-167.

[32] Li Z, Yang J, Li M, et al. Estimation of large scalings in images based on multilayer pseudopolar fractional Fourier transform[J]. Mathematical Problems in Engineering, 2013, 2013(pt.5):133-174.

[33] Harris C, Stephens M. A combined corner and edge detector[C]. Plessey Research Roke Manor: Alvey Vision Conference. 1988: 10-5244.

[34] Moravec H P. Towards Automatic Visual Obstacle Avoidance[J].Proc. Int. Joint Conf. on Artificial

Intelligence, 1977, 1977:584.

[35] Lowe D G. Distinctive image features from scale-invariant keypoints[J]. International journal of computer vision, 2004, 60(2): 91-110.

[36] 蔡天旺, 付胜. 基于改进的 SIFT 算法的红外图像配准[J]. 测控技术, 2021, 40(7): 40-45.

[37] Bay H, Tuytelaars T, Gool L V. Surf: Speeded up robust features[C]. Berlin: European Conference on Computer Vision. Springer, 2006: 404-417.

[38] 刘妍, 余淮, 杨文, 等. 利用 SAR-FAST 角点检测的合成孔径雷达图像配准方法[J]. 电子与信息学报, 2017, 39(2): 430-436.

[39] Marr D, Hildreth E. Theory of edge detection[J]. Proceedings of the Royal Society of London. Series B. Biological Sciences, 1980, 207(1167): 187-217.

[40] Sobel I. Neighborhood coding of binary images for fast contour following and general binary array processing[J]. Computer graphics and image processing, 1978, 8(1): 127-135.

[41] Prewitt J M S. Object enhancement and extraction[J]. Picture processing and Psychopictorics, 1970, 10(1): 15-19.

[42] Canny J. A computational approach to edge detection[J]. IEEE Transactions on pattern analysis and machine intelligence, 1986(6): 679-698.

[43] Lipkin B S, Rosenfeld A. Picture Processing and Psychopictorics[M]. New York :Academic Press, 1970.

[44] Duda R O, Hart P E. Use of the Hough transformation to detect lines and curves in pictures[J]. Communications of the ACM, 1972, 15(1): 11-15.

[45] 陈亮, 周孟哲, 陈禾. 一种结合边缘区域和互相关的图像配准方法[J]. 北京理工大学学报, 2016, 36(3): 320-325.

[46] 徐敏, 莫东鸣. Canny 边缘特征 18 维描述符在图像拼接中的应用[J]. 计算机工程, 2017, 43(9): 310-315.

[47] 李云红, 罗雪敏, 苏雪平, 等. 基于改进曲率尺度空间算法的电力设备红外与可见光图像配准[J]. 激光与光电子学进展, 2022, 59(12): 138-145.

[48] Cheng T, Gu J, Zhang X, et al. Multimodal image registration for power equipment using clifford algebraic geometric invariance[J]. Energy Reports, 2022, 8: 1078-1086.

[49] 张雍吉, 范晋湘, 段连飞. 基于区域特征的光学图像与 SAR 图像配准算法[J]. 合肥学院学报(自然科学版), 2008, (4): 37-40.

[50] Ma J, Zhao J, Ma Y, et al. Non-rigid visible and infrared face registration via regularized Gaussian fields criterion[J]. Pattern Recognition, 2015, 48(3): 772-784.

[51] Liu G, Liu Z, Liu S, et al. Registration of infrared and visible light image based on visual saliency and scale invariant feature transform[J]. EURASIP Journal on Image and Video Processing, 2018, 2018(1): 1-12.

[52] Wang L, Gao C, Zhao Y, et al. Infrared and visible image registration using transformer adversarial network[C]. Athens: 2018 25th IEEE International Conference on Image Processing (ICIP), 2018: 1248-1252.

[53] 徐东东. 基于无监督深度学习的红外与可见光图像融合方法研究[D]. 长春: 中国科学院长春光学精密机械与物理研究所, 2020.

[54] Pajares G, De La Cruz J M. A wavelet-based image fusion tutorial[J]. Pattern recognition, 2004, 37(9): 1855-1872.

[55] Li S, Yang B, Hu J. Performance comparison of different multi-resolution transforms for image fusion[J].

Information Fusion, 2011, 12(2): 74-84.

[56] Mo Y, Kang X, Duan P, et al. Attribute filter based infrared and visible image fusion[J]. Information Fusion, 2021, 75: 41-54.

[57] Li S, Kang X, Hu J. Image fusion with guided filtering[J]. IEEE Transactions on Image processing, 2013, 22(7): 2864-2875.

[58] Liu Y, Liu S, Wang Z. A general framework for image fusion based on multi-scale transform and sparse representation[J]. Information fusion, 2015, 24: 147-164.

[59] Yang B, Li S. Multifocus image fusion and restoration with sparse representation[J]. IEEE transactions on Instrumentation and Measurement, 2009, 59(4): 884-892.

[60] Harsanyi J C, Chang C I. Hyperspectral image classification and dimensionality reduction: An orthogonal subspace projection approach[J]. IEEE Transactions on geoscience and remote sensing, 1994, 32(4): 779-785.

[61] Han J, Pauwels E J, De Zeeuw P. Fast saliency-aware multi-modality image fusion[J]. Neurocomputing, 2013, 111: 70-80.

[62] Piella G. A general framework for multiresolution image fusion: from pixels to regions[J]. Information fusion, 2003, 4(4): 259-280.

[63] Liu G, Jing Z, Sun S, et al. Image fusion based on expectation maximization algorithm and steerable pyramid[J]. Chinese Optics Letters, 2004, 2(7): 386-389.

[64] Yan X, Qin H, Li J, et al. Infrared and visible image fusion with spectral graph wavelet transform[J]. JOSA A, 2015, 32(9): 1643-1652.

[65] Olshausen B A, Field D J. Emergence of simple-cell receptive field properties by learning a sparse code for natural images[J]. Nature, 1996, 381(6583): 607-609.

[66] Wright J, Ma Y, Mairal J, et al. Sparse representation for computer vision and pattern recognition[J]. Proceedings of the IEEE, 2010, 98(6): 1031-1044.

[67] Zhang Z, Xu Y, Yang J, et al. A survey of sparse representation: algorithms and applications[J]. IEEE access, 2015, 3: 490-530.

[68] Gao Y, Ma J, Yuille A L. Semi-supervised sparse representation based classification for face recognition with insufficient labeled samples[J]. IEEE Transactions on Image Processing, 2017, 26(5): 2545-2560.

[69] Liu Y, Wang Z. Simultaneous image fusion and denoising with adaptive sparse representation[J]. IET Image Processing, 2015, 9(5): 347-357.

[70] Zhou Y, Mayyas A, Omar M A. Principal component analysis-based image fusion routine with application to automotive stamping split detection[J]. Research in Nondestructive Evaluation, 2011, 22(2): 76-91.

[71] Mitchell H B. Image fusion: theories, techniques and applications[M].New York: Springer Science & Business Media, 2010.

[72] Bavirisetti D P, Xiao G, Liu G. Multi-sensor image fusion based on fourth order partial differential equations[C]. Xi an: 2017 20th International Conference on Information Fusion(Fusion), 2017: 1-9.

[73] Toet A. Computational versus psychophysical bottom-up image saliency: A comparative evaluation study[J]. IEEE transactions on pattern analysis and machine intelligence, 2011, 33(11): 2131-2146.

[74] Zhang B, Lu X, Pei H, et al. A fusion algorithm for infrared and visible images based on saliency analysis and non-subsampled Shearlet transform[J]. Infrared Physics & Technology, 2015, 73: 286-297.

[75]　Sun C, Zhang C, Xiong N. Infrared and visible image fusion techniques based on deep learning: A review[J]. Electronics, 2020, 9(12): 2162.

[76]　Li H, Wu X J. DenseFuse: A fusion approach to infrared and visible images[J]. IEEE Transactions on Image Processing, 2018, 28(5): 2614-2623.

[77]　Li H, Wu X J, Durrani T. NestFuse: An infrared and visible image fusion architecture based on nest connection and spatial/channel attention models[J]. IEEE Transactions on Instrumentation and Measurement, 2020, 69(12): 9645-9656.

[78]　Li H, Wu X J, Kittler J. RFN-Nest: An end-to-end residual fusion network for infrared and visible images[J]. Information Fusion, 2021, 73: 72-86.

[79]　Goodfellow I, Pouget-Abadie J, Mirza M, et al. Generative adversarial nets[J]. Proceedings of the 27th International Conference on Neural Information Processing Systems, 2014, 2: 2672-2680.

[80]　Ma J, Yu W, Liang P, et al. FusionGAN: A generative adversarial network for infrared and visible image fusion[J]. Information Fusion, 2019, 48: 11-26.

[81]　Ma J, Xu H, Jiang J, et al. DDcGAN: A dual-discriminator conditional generative adversarial network for multi-resolution image fusion[J]. IEEE Transactions on Image Processing, 2020, 29: 4980-4995.

[82]　Zhuang Y, Gao K, Miu X, et al. Infrared and visual image registration based on mutual information with a combined particle swarm optimization-Powell search algorithm[J]. Optik, 2016, 127(1): 188-191.

[83]　张立亭, 黄晓浪, 鹿琳琳, 等. 基于灰度差分与模板的 Harris 角点检测快速算法[J]. 仪器仪表学报, 2018, 39(2): 218-224.

[84]　Ma T, Ma J, Yu K. A local feature descriptor based on oriented structure maps with guided filtering for multispectral remote sensing image matching[J]. Remote Sensing, 2019, 11(8): 951.

[85]　Sun J, Han Q, Kou L, et al. Multi-focus image fusion algorithm based on Laplacian pyramids[J]. JOSA A, 2018, 35(3): 480-490.

[86]　张贵仓, 苏金凤, 拓明秀. DTCWT 域的红外与可见光图像融合算法[J]. 计算机工程与科学, 2020, 42(7): 1226-1233.

[87]　Fu Z, Wang X, Xu J, et al. Infrared and visible images fusion based on RPCA and NSCT[J]. Infrared Physics & Technology, 2016, 77: 114-123.

[88]　郝帅, 吴瑛琦, 马旭, 等. 基于 CycleGAN-SIFT 的可见光和红外图像匹配[J]. 光学精密工程, 2022, 30(5): 602-614.

[89]　麻文刚, 王小鹏, 吴作鹏. 基于人体姿态的 PSO-SVM 特征向量跌倒检测方法[J]. 传感技术学报, 2017 (10): 1504-1511.

[90]　Fischler M A, Bolles R C. Random sample consensus: a paradigm for model fitting with applications to image analysis and automated cartography[J]. Communications of the ACM, 1981, 24(6): 381-395.

[91]　He K, Sun J, Tang X. Guided image filtering[J]. IEEE transactions on pattern analysis and machine intelligence, 2012, 35(6): 1397-1409.

[92]　Perona P, Shiota T, Malik J. Anisotropic diffusion[J]. Geometry-driven diffusion in computer vision, 1994, 1: 73-92.

[93]　Aslantas V, Bendes E. A new image quality metric for image fusion: The sum of the correlations of differences[J]. Aeu-international Journal of electronics and communications, 2015, 69(12): 1890-1896.

[94] Ma K, Zeng K, Wang Z. Perceptual quality assessment for multi-exposure image fusion[J]. IEEE Transactions on Image Processing, 2015, 24(11): 3345-3356.

[95] Guangcan L,Zhouchen L,Shuicheng Y, et al. Robust recovery of subspace structures by low-rank representation.[J]. IEEE transactions on pattern analysis and machine intelligence, 2013, 35(1).

[96] Liu G, Yan S. Latent low-rank representation for subspace segmentation and feature extraction[C]. Singapore: 2011 International Conference on Computer Vision, 2011: 1615-1622.

[97] Lee J, Choe Y. Low rank matrix recovery via augmented Lagrange multiplier with nonconvex minimization[C]. Bordeaux: 2016 IEEE 12th Image, Video, and Multidimensional Signal Processing Workshop (IVMSP), 2016: 1-5.

[98] Xu H, Ma J, Jiang J, et al. U2Fusion: A unified unsupervised image fusion network[J]. IEEE Transactions on Pattern Analysis and Machine Intelligence, 2020, 44(1): 502-518.

[99] 纪强, 石文轩, 田茂, 等. 基于 KL 与小波联合变换的多光谱图像压缩[J]. 红外与激光工程, 2016, 45(2): 275-281.

第6章 缺陷埋深的脉冲红外热波定量检测

6.1 概　述

6.1.1 研究背景和意义

前面介绍了红外热成像检测在人体行为识别、红外弱小目标检测及红外图像与可见光图像融合方面的应用，这些应用属于被动式的红外热成像检测。本章及第 7 章将介绍主动式的红外热成像检测及其应用于材料缺陷特征的提取与表征。在航空领域，红外热成像检测技术可用于对飞机尾翼、蒙皮等先进复合材料在加工与使用中出现的缺陷损伤进行检测[1-2]；该技术对复合材料缺陷的灵敏度也非常高，可用于对玻璃纤维、碳纤维层合板的检测及损伤评价[3]；对航空发动机涡轮叶片的损伤及内部缺陷进行快速检测；对涡轮叶片涂层的质量进行评价等。美国材料与试验协会在 2007 年发布了《航空航天用合成板条和检修片红外闪热成像法的标准实施规程》（ASTM E2582—2007）[4]。中国民用航空维修协会则于 2020 年发布了《民用航空无损检测复合材料构件红外热像检测》标准（T/CAMAC 0007—2020）[5]。

红外热成像检测技术在被广泛应用的同时，也在不断被深入研究。红外热成像无损检测技术适用于检测金属、非金属等各种材料，但红外热成像无损检测的运用不仅表现在以上方面，目前，红外热成像无损检测的研究重点已从缺陷的定性检测向缺陷的定量检测方向转变。随着红外热激励技术的进步，以及计算机技术和数字信号处理技术的飞速发展，各种红外热成像定量检测方法相继出现，如反射式脉冲红外定量检测、通过脉冲位相法对红外深度的定量检测[6-11]等，以上的缺陷深度定量检测方法都是基于脉冲激励的反射法进行红外检测来实现的，在后续的实验数据处理中需要在非缺陷处选取参考区域，并对参考区域温度做差值处理[12]，以上都会产生误差而使缺陷深度定量的精确度下降。本章采用透射法激励被测物体，并与反射法的检测结果相比较，探讨红外热波检测透射法的优缺点。

6.1.2 国内外研究现状

研究缺陷深度的定量方法是红外热成像检测的热点方向之一。近年来，研究缺陷深度的定量方法大多基于特征时间计算。常用的研究缺陷深度的定量方法利用的是缺陷和非缺陷区域之间出现最大热对比度的时间点，称为峰值对比时间。研究发现，峰值对比时间与缺陷深度的平方近似成正比。对缺陷深度进行定量研究，目前的方法存在局限，多数方法通过模拟一维热传导在试件表面的温度响应，从中找出与缺陷深度有关的特征量，但物体的热传导是三维方向的，且复合材料的各向异性会导致热传导模型难以建立和求解，该方向具有检测挑战性。

美国从 20 世纪 60 年代开始对红外无损检测技术应用方面展开研究，主要用于金属、非金属、复合材料和发动机相关零部件的检验。美国空间动力系统（GDSS）从 1992 年起就用红外无损检测技术对发射舱可能出现的复合材料脱黏进行检测，目前该技术已正式应用于在线生产检测。美国的 A3 火箭曾采用红外无损检测技术。此外，俄罗斯用 UK210Ⅱ型快速热像仪能检出非金属与非金属、金属与非金属胶结结构中 10mm×10mm 的脱黏缺陷。美国洛克希德·马丁公司利用红外横移检测仪(TIRIS)检测大面积 C-5 飞机的破损安全条板，主要用于检测渗入铝蜂窝中的水滴和检验复合材料的结构，能检测出直径大于 7.6mm 的脱黏缺陷并记录热像图，利用热像图可清晰地表明脱黏缺陷和分层的面积。20 世纪末开始，发达国家的政府机关和大型商业公司均设立了红外热成像无损检测实验室[13-15]，研究其在各自领域内的应用。

从红外检测技术的研究到红外检测技术的应用，从缺陷的诊断到对缺陷的精确及定量研究，无数科学家的研究成果推动了红外热成像系统更好地在无损检测领域发挥作用。20 世纪 80 年代，HSIEH C K 等人[16]通过控制材料表面温度及施加稳定的热流来检测平板材料内表面及直角柱内的缺陷，并定量计算缺陷大小。DATONG W 等人[17]通过对嵌入式聚四氟乙烯薄层在碳纤维增强聚合物(CFRP)样本的不同深度的红外热成像检测证明在锁相热成像较低的调制频率可以发现更深层次的缺陷，其还研究了使用锁相热成像检测较大物体的方法，得到了 CFRP 表面非均匀散热的效果和表面下材料结构的特征。THOMAS R L 等人[18]通过硼纤维增强复合材料铝构件来进行红外热成像检测，验证了可以通过红外热成像检测技术清楚地检测复合材料与金属的脱黏缺陷，该缺陷有清晰的轮廓，并可以定量缺陷的大小。ROBERTO M 等人[19]通过红外热成像方法对一块具有不同深度缺陷的树脂玻璃进行缺陷深度的检测，发现深度在 3.6mm 以下的缺陷检出率达 95%，直径 10mm、深度 3.6mm 的缺陷检出率达 87%。SAHNOUN S 等人[20]利用仿真软件对平板内的缺陷建立二维仿真模型，并对缺陷进行定性和定量研究。SAKAGAMI T 等人[21]利用热波的相位延迟对混凝土材料的内部缺陷进行定量分析及研究。RAJIC N[22]和 MARINETTI S 等人[23]采用 PCA 红外热波序列图，PCA 算法对不同主成分代表不同深度的缺陷进行分析。BEATE O T[24]通过有限元分析模拟亚表面缺陷模型，运用热层析(TSR)技术和脉冲红外热成像检测(PPT)技术，分别从时域和频域角度对热波信号进行处理，研究采样频率或激励时间等参数的影响，在时域分析中对比仿真和实验缺陷的温度曲线、一阶导数及二阶导数曲线，在频域分析中对比仿真和实验缺陷的相位曲线，得出两种技术都能够很好地用于检测埋深较浅和尺寸较小的缺陷，运用 TSR 技术可以检测缺陷的深度，但运用 PPT 技术很难获得缺陷的深度。MOSKOVCHENKO A I 等人[25]在 CFRP 复合材料检测中获得了实验红外图像序列，对比分析了 8 种缺陷深度表征算法的效果。通过 TSR 技术能够达到信噪比的最大值，并且不容易受到不均匀加热和横向热扩散的影响。同时实验结果证明，非线性拟合是一种方便的处理技术，能够表征一些测试参数，如材料热特性、缺陷深度和厚度等。但是由于这种技术很耗时，很难应用于全格式图像。PANAGIOTIS T 等人[26]在时域和频域进行了定量分析，通过脉冲热成像技术对具有各种尺寸和深度位置的内部模拟分层缺陷的 CFRP 试块进行研究。结果表明，两种不同的分析方式为插入特征提供了有效的深度估计，而在误差产生方面的时域和频域量化的比较表明，频域分析产生的测量深度更接近它们的真实值，对时域和频域的定量分析，分别利用了热对比峰值斜率时间和盲频率的信息参数。NUMAN S 等人[27]提出了使用多层神经网络来解决各向异性复合材料结构缺陷深度检测的复杂性和非线性问题，通过对不同深度的几个缺陷进行建模及有限元分析，使这些缺陷的热对比通过 COMSOL 平台以数值方式获得。合成的数据集用于训练所提出的神经网络，以估计具有不同径深比和热对比度降低的缺陷深度。实验结果证明了该神经网络在一般情况下检测缺陷深度的有效性，准确率大约为 90%。

中国从 20 世纪 70 年代起开始进行有关红外理论的研究工作，在研究、应用的深度和广度上都有比较大的发展。目前中国红外热成像无损检测技术尚处于研究阶段，但国内科研单位在复合材料缺陷的红外无损检测与评价方面进行了卓有成效的研究，如华北电力大学的关荣华以圆柱形工业设备内壁为例的数值模拟对红外热诊断问题进行讨论及研究[28-29]；东南大学的陈珏通过建立一维物理模型，对红外无损检测技术进行了一维热传导理论分析，利用材料缺陷区和非缺陷区的表面温度差，计算加热时间与脱黏区厚度的关系[30]；首都师范大学物理系与科技企业和科研机构合作建立了一个红外热成像检测实验室，利用红外热成像无损检测技术进行了一系列的研究和实际工程检测，在仿真研究和热激励加载设备的研究上均取得了较好成果，中国无损检测协会已与首都师范大学合作，在该校成立了红外热成像检测技术定点培训机构[31]。李大鹏通过有限元分析仿真，研究影响表面温度变化的因素，从缺陷尺寸与形状入手，分析它们与缺陷表面温度的关系[32]。霍雁等人[6]利用红外热成像技术对碳纤维复合材料内部脱黏分层缺陷的深度进行了测量，研究在被测物热属性参数未知的情况下，碳纤维增强材料中缺陷深度的测量方法。徐振业等人[33]通过最大温差法和 lnT-lnt 曲线二阶导数最大值法测量盲孔的深度并分析其所产生的误差。YIFAN Z 等人[34]提出了一种非线性系统辨识（NSI）方法来模拟温度衰减以检测缺陷深度，通过解决过拟合问题，提高了缺陷深度测量的可靠性和置信度。与现有方法能对所有像素采用固定的模型结构不同，该方法能自适应检测每像素的最优模型结构，从而在使用较少的模型项的情况下实现更好的模型拟合。在不同噪声条件下，将该方法的精度和深度与目前最先进的基于数值模拟的深度测量方法进行了比较，结果表明，该方法既可用于测量无缺陷材料的厚度，也可用于测量大缺陷材料的缺陷深度。钱荣辉[35]运用锁相红外无损检测技术对缺陷几何特征和深度进行了定量分析，介绍了锁相红外深度估计中采用的两种缺陷深度估计方法，通过盲频深度检测技术对缺陷深度进行预测，同时针对盲频深度预测的缺点，提出了一种神经网络深度预测模型，用其对缺陷深度进行预测，采用温度-时间曲线作为特征输入，缺陷深度作为输出，对 BP 神经网络模型进行训练，并用训练后的结果对深度进行预测，最后对两种深度预测手段进行了比较，表明各自适用于不同的使用场景。曹晓晗[36]运用涡流脉冲热成像技术对不同埋藏深度的裂纹缺陷进行检测，把缺陷区域温度曲线中到达峰值的时间作为缺陷埋藏深度的表征量，结果表明，缺陷埋藏深度越大，感应涡流所产生的涡流传递到缺陷区域的时间越长，受缺陷影响的作用时间也越长，因此到达温度峰值的时间也越长。反之，到达温度峰值的时间会越短。因此，到达温度峰值的时间可用来对缺陷的埋藏深度进行量化评估。汪美伶[37]提出了基于温度对比度峰值时间的非线性变换模型，利用光激励热成像技术预测缺陷深度，在短脉冲激励的模型基础上，拓展了长脉冲热成像的热传导物理模型，建立了特征时间和缺陷深度之间的非线性模型，采用高斯变换将非线性模型转化为线性模型，利用线性模型预测缺陷深度，并利用大量实验验证其准确性。WEI P 等人[38]通过直接拟合峰值对比时间和缺陷深度之间的线性关系预测深度，采用基于连续小波变换的动态热层析技术（CWT-DTT）对高硅氧酚醛树脂包覆层进行缺陷检测和三维可视化重建，介绍了 CWT-DTT 的基本原理和层析成像处理，建立了脉冲信号激励的三维热波模型，分析了特征图像信噪比与 CWT 尺度因子的关系，采用 CWT-DTT 对具有模拟平底孔缺陷的包覆层进行了层析成像实验。实验结果表明，所有平底孔缺陷的测量深度与实际深度都具有较好的一致性。牟欣颖等人[39]针对联动扫描热成像重构后的图像序列，提出了一种基于一维卷积神经网络的缺陷识别和定量方法，以图像序列中像素点对应的一维温度时间序列作为网络输入，将缺陷深度作为输出，实现了缺陷的自动检测和深度定量。实验结果表明，基于一维卷积神经网络的检测方法准确地实现了对缺陷的自动检测，其对训练集数据的预测准确率很高，相比传统处理方法取得了更好的效果。

　　这些研究主要针对缺陷内部信息的确定，如深度、形状和导热系数等。但是不同的被检材料，物理性质和缺陷存在很大的差异，因此针对不同的材料，检测方法也有所不同[40]。红外热成像无损检测可以弥补传统无损检测的不足，也可以相互验证。现阶段，红外热成像无损检测多用于裂纹、脱黏等方面的缺陷定性及定量研究。

6.2　脉冲红外热波测量缺陷深度理论

6.2.1　主动红外热成像检测分类

　　红外热成像无损检测技术是以不同材料的辐射能力差异及各种物质的热容量差异为基础，运用对物体红外辐射能力测量、分析的方法和技术，检测热量在物质内部的传导状况，透过红外热像仪直观的显示来鉴定物体有无缺陷的一种技术。

　　任何物体，当其温度高于绝对零度时，都会从其表面发出与其温度相关的红外辐射能。当物体内部含有不连续性的缺陷时，通过外部施加的能量会改变物体本身的热稳定状态，热量在物体内部传导过程中会受到不连续缺陷的影响，进而反映在物体表面温度差异上，物体表面产生的局部区域温差，导致物体表面的红外辐射能力变化，检测出这种变化，就可以推断物体内部是否存在不连续性的缺陷。

　　红外热成像无损检测技术分为主动式红外热成像无损检测技术和被动式红外热成像无损检测技术。被动式红外热成像无损检测技术不需要外部施加热激励源改变自身的热平衡，而是通过自身温度与周围环境的差异来达到检测的目的的，用于电力、电子元器件、医学、森林防火等领域[41-43]。主动式红外热成像无损检测技术是指人为地在被检测物体上施加外部激励，通过热像仪接收物体辐射的红外光，从而观测物体表面温度场的变化，判断其内部是否存在不均匀结构。常见的主动式红外热成像无损检测技术是脉冲辐射检测技术，其脉冲激励源可以选用激光、热丝、闪光灯。根据热像仪、试块、激励源的相对位置不同，主动式红外热成像无损检测方法可以分为反射法和透射法，分别如图 6-1（a）和图 6-1（b）所示。主动式激励方法按照加热方法可分为稳态主动式激励方法和非稳态主动式激励方法，稳态主动式激励方法能将试块内部加热到温度均匀的状态，非稳态主动式激励方法是指在加热过程中，内部的温度是不均衡的，存在热传导。

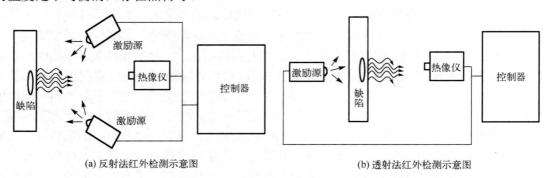

(a) 反射法红外检测示意图　　　　　　　　(b) 透射法红外检测示意图

图 6-1　反射法与透射法红外检测示意图

　　红外热成像无损检测技术的广泛应用与其诸多优点是分不开的。它具有以下几个优点：①与被测物具有非接触性，整个检测过程中不与物体接触，不会破坏物体表面的温度场；②

有较高的精确度，在一定条件下温度的分辨率可以达到 0.01℃；③检测不受距离影响，有可以做微米级检测的红外显微系统，也可以对远距离锅炉进行检测；④进行检测时操作简易方便、安全可靠，易于实现自动化和智能化的实时观测；⑤显示和记录数据的方式多样，可以直观地显示缺陷的大小、形状和深度信息；⑥对复合材料及多层胶接结构的检测更加突出它的优点，采用主动式红外热成像无损检测技术，可以实现对非接触、大面积材料的快速、有效检测，检测材料内部的脱黏、分层、夹杂等缺陷，并可永久获得缺陷的大小和形状。

红外热成像无损检测技术也会受发射率不均匀与背景辐射等因素的影响，若金属表面的发射率很低，则在对金属进行检测时要对其表面进行处理，如喷涂深色底漆等发射率高的均匀物质，以便对工件进行热激励并有利于缺陷的识别。由于热量在试块内部的横向热传导作用而使热像图中缺陷的边缘显示扩大而变得模糊，影响缺陷图像的清晰度[44-46]。红外热成像无损检测缺陷能根据材料表面温度的变化，反演缺陷在材料内部深度的变化信息，埋深越深的缺陷，对表面温度场的影响越不明显，所以红外热成像无损检测对材料表面及亚表面缺陷的检测精度高。

6.2.2　脉冲红外热波缺陷深度定量检测原理

红外热成像无损检测对缺陷深度的定量研究是通过热传导分析获得被测物体表面和内部的温度分布状况，在此基础上对被测物体进行检测的，可见热传导分析是红外无损检测缺陷深度的重要理论。

热传导是固体中热量传递的主要形式，通过固体中大量物质的粒子热运动相互撞击，使热量在固体中由高温层向低温层传导的过程。热传导可以定义为含有不同温度梯度的两个完全接触物体之间或同一物体的不同部位之间发生热能交换。固体的热传导遵循两个基本定律，傅里叶定律和能量守恒定律。傅里叶定律的数学表达式如下：

$$q = -\lambda \text{grad} T \tag{6-1}$$

该定律用一个简单的数学表达式将物体内部温度场与热流密度场联系起来，公式说明温度场内任一点的热流密度向量 q，其方向与温度梯度的反方向一致，其大小等于材料的导热系数与温度梯度的模的乘积。公式中的导热系数λ是材料的固有属性，是由材料性质决定的物理性能参数。不同材料的导热系数是不同的，相差几千倍之多，其中固体的导热系数大于液体的导热系数，液体的导热系数大于气体的导热系数[47]。接下来通过物理模型介绍物体中的三维热传导理论。

假定固体材料的导热系数λ、密度ρ、比热 c 等物理属性都是常数，不随温度变化且各向同性。依据傅里叶定律和能量守恒定律，在不考虑内部发热源的基础上研究微元体能量的收支关系，即导入的总热量 = 导出的总热量+内能增加。

在直角坐标系中取平行直角六面体为微元体。推导直角坐标系导热微分方程用图如图 6-2 所示。针对这一微元体，根据傅里叶定律的基本概念，把能量守恒定律中的各项表达出来，即可推导出直角坐标系中的导热微分方程式：

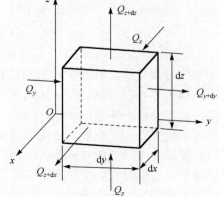

图 6-2　推导直角坐标系导热微分方程用图

导入的总能量 = $Q_x + Q_y + Q_z$

$$= q_x \mathrm{dydzd}\tau + q_y \mathrm{dxdzd}\tau + q_z \mathrm{dxdyd}\tau$$

$$= -\lambda \frac{\partial T}{\partial x}\mathrm{dydzd}\tau - \lambda \frac{\partial T}{\partial y}\mathrm{dxdzd}\tau - \lambda \frac{\partial T}{\partial z}\mathrm{dxdyd}\tau$$

导出的总能量 = $Q_{x+\mathrm{dx}} + Q_{y+\mathrm{dy}} + Q_{z+\mathrm{dz}}$

$$= q_{x+\mathrm{dx}}\mathrm{dydzd}\tau + q_{y+\mathrm{dy}}\mathrm{dxdzd}\tau + q_{z+\mathrm{dz}}\mathrm{dxdyd}\tau$$

$$= q_x + \frac{\partial q_x}{\partial x}\mathrm{dxdydzd}\tau + q_y + \frac{\partial q_y}{\partial y}\mathrm{dxdydzd}\tau + q_z + \frac{\partial q_z}{\partial z}\mathrm{dxdydzd}\tau$$

$$= -\lambda \frac{\partial T}{\partial x}\mathrm{dydzd}\tau - \lambda \frac{\partial T}{\partial y}\mathrm{dxdzd}\tau - \lambda \frac{\partial T}{\partial z}\mathrm{dxdyd}\tau - \lambda \frac{\partial^2 T}{\partial x^2}\mathrm{dxdydzd}\tau$$

$$- \lambda \frac{\partial^2 T}{\partial y^2}\mathrm{dxdydzd}\tau - \lambda \frac{\partial^2 T}{\partial z^2}\mathrm{dxdydzd}\tau$$

内能增加 = $\rho c \frac{\partial T}{\partial \tau}\mathrm{dxdydzd}\tau$

稍作整理，即有

$$\frac{\partial T}{\partial \tau} = \alpha \left(\frac{\partial^2 T}{\partial x^2} + \frac{\partial^2 T}{\partial y^2} + \frac{\partial^2 T}{\partial z^2} \right) \tag{6-2}$$

式中，$\alpha = \dfrac{\lambda}{\rho c}$，为材料的热扩散系数，单位为 $(\mathrm{m^2/s})$；导热系 λ，单位为 $[\mathrm{W/(m \cdot ℃)}]$。

温度 T 与 x、y、z 轴和时间 τ 相关，是相关坐标和时间的函数，即 $T(x, \tau)$，导热微分方程亦可写成

$$\frac{1}{\alpha}\frac{\partial T(x,\tau)}{\partial \tau} = \frac{\partial^2 T(x,\tau)}{\partial x^2} + \frac{\partial^2 T(y,\tau)}{\partial y^2} + \frac{\partial^2 T(z,\tau)}{\partial z^2} \tag{6-3}$$

物体中的热传导以三维热传导的方式存在，但在日常生活和工程实践中平壁是一种常见的物体，若研究平壁材料的热传导问题时忽略沿壁长度方向和宽度方向的导热，则平壁材料的热传导问题可看作一个一维热传导问题，即

$$\frac{1}{\alpha}\frac{\partial T(x,\tau)}{\partial \tau} = \frac{\partial^2 T(x,\tau)}{\partial x^2} \tag{6-4}$$

一维热传导理论不能解释所有的热现象，但对于大多数实验(如测厚)，其传热微分方程简化的一维热传导模型可以近似解决问题[38]。在给定初边值的条件下，通过求解热传导方程可以得到热能在介质中传播的函数。

为了研究方便，将模型定义为长度和宽度远大于厚度的厚度为 d 的均质平板材料。有限厚材料受到热激励如图6-3所示，在瞬间加热激励后，热量会沿厚度方向扩散，近似成一维热传导模型，分析过程如下。

当平面的脉冲热源激励作用在半无限大的均质平板材料的表面时，其热传导过程和时间的关系表达式如下：

$$\frac{\partial^2 T(x,\tau)}{\partial x^2} - \frac{1}{\alpha}\frac{\partial T(x,\tau)}{\partial \tau} = -Q(x,\tau) \tag{6-5}$$

式中，$T(x,\tau)$ 代表材料在 t 时刻表面下 x 处的温度；α 为热扩散系数；$Q(x,\tau)$ 代表激励源的激励能量。

假设 T_0 是材料的初始温度，即 $T_0 = T(x,0)$，则材料内任一点在任意时刻的温度可表示为

$$T(x,\tau) = T_0 + \frac{q}{\rho c\sqrt{(\pi\alpha t)}}\exp\left(-\frac{x^2}{4\alpha t}\right) \tag{6-6}$$

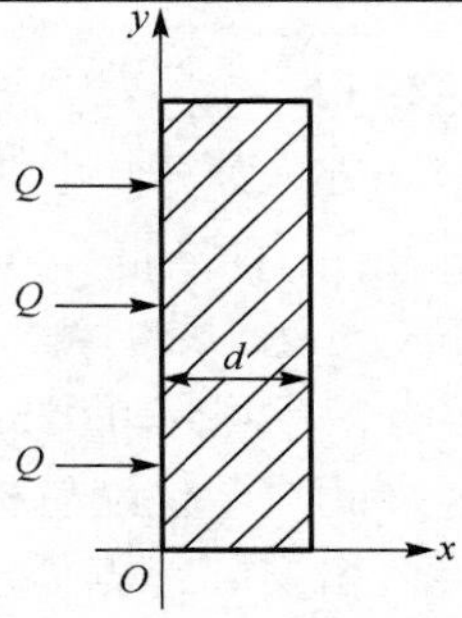

图 6-3　有限厚材料受到热激励

通过一维热传导模型可求试块厚度方向在任意时刻任意位置的温度。

6.3　实验系统及试块设计

6.3.1　实验系统

红外热成像无损检测技术是一门多学科、综合实用型的新兴技术，红外热成像无损检测系统包括红外热成像模块、热激励模块、同步采集模块及数据处理模块四部分，图 6-4(a)所示为主动式红外同步采集系统示意图，图 6-4(b)所示为主动式红外同步采集系统实物图。

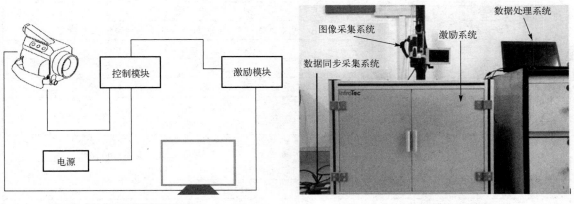

(a) 主动式红外同步采集系统示意图　　　　　　(b) 主动式红外同步采集系统实物图

图 6-4　主动式红外同步采集系统

6.3.1.1　红外热成像模块

红外热成像系统不论在脉冲红外热成像检测系统还是锁相红外热成像检测系统中都是较核心的部件，此部分担任对试块的红外热图成像与采集工作，通常我们说的红外热成像系统主要是指红外热像仪。红外热像仪依照不同的标准有多种分类方式：按仪器本身是否有制冷功能可分为制冷型红外热像仪与非制冷型红外热像仪；按红外探测器结构可分为单元、阵列和焦平面探测器型热像仪；按工作波段范围可分为短波段、中波段、长波段热像仪 3 种，不同辐射区间波段的检测要选择对应波段的热像仪，使用不匹配波段的热像仪会造成结果偏差与成像质量低等问题。实验采用的红外热像仪为德国 InfraTec 制造的高清级便携式非制冷型

热像仪，型号为 VarioCAM®HD980，波长范围为 7.5～14.0μm，属于中长波段热像仪，如图 6-5 所示。其重量为 1.7kg（配标准镜头），最大采集频率为 30Hz，热像仪最大分辨率可达 1024 像素×768 像素，清晰度高，常温下（30℃）温度分辨率可达 0.05K。

此热像仪配有标准的红外镜头、显微镜头和广角镜头，可依据实际检测需求选择镜头，还具有自适应图像增强、工作温度区间选择、彩色照片采集、视频采集、区域网工作、锂离子蓄电池持续工作等功能，详细功能及参数如表 6-1 所示。

图 6-5　红外热像仪

表 6-1　热像仪详细功能及参数

功能及配置	参数范围
工作光谱波段	(7.5～14.0) μm
温度测量范围	(−40～1200) ℃，可选>1200℃
温度分辨率@30℃	优于 0.05K
测量精度	±1.5K 或±1.5%
发射率	0.1～1（以 0.01 为单位进行调节）
录音/文本注释	图文结合
探测器	非制冷红外焦平面阵列
红外帧频	30Hz（1024 像素×768 像素）；60Hz（640 像素×480 像素）
工作环境温度	(−25～50) ℃
存储温度范围	(−40～70) ℃
显示器	日光兼容，5.6 寸数字 TFT 显示器，1280 像素×800 像素
缩放功能	32 倍数字变焦缩放
图像存储	SDHC 卡，GigE-Vision 30Hz/60Hz
图像格式	（1024 像素×768 像素），精度可以增强至（2048 像素×1563 像素） （640 像素×468 像素），精度可以增强至（1280 像素×960 像素）
显示功能	红外图像、可见光图像、图像融合等
测量功能	自动热点、冷点显示
自动功能	自动聚焦、自适应温度范围、自动镜头探测等
标准镜头视场	分辨率为 1024 像素×768 像素时，1.0/30mm（32.4×24.6）° 分辨率为 640 像素×480 像素时，1.0/30mm（29.9×22.6）°
集成式数字彩色摄像	800 万像素，LED 视频灯
电源供应	可充电锂离子电池，电源插座转换器
显示	日光兼容，数字式，1280 像素×800 像素，5.6 英寸 TFT 显示屏

6.3.1.2　热激励模块

热激励模块是红外热成像无损检测系统的四大组成部分之一，常用的热激励源包括光脉冲、超声波、涡流、微波、太赫兹光谱等。热激励系统能通过热激励源给被检测物体提供一个相对均匀的能量场，改变物体原有的稳态信息，其中反射法是将热激励源产生的能量作用于检测面，热像仪直接接收来自检测面的温度场信息；透射法是将热激励源产生的能量作用于检测面的背面，能量通过材料热传导至检测面被热像仪所接收。当材料无缺陷，能量会在材料内部均匀传播，呈现在检测面表面的温度场也是均匀分布的；当材料存在缺陷时，能量在材料中的热传导会有所改变，如果缺陷是热导性的材料，则缺陷处的能量传导更快，而如果缺陷是热阻性的材料，则缺陷处会产生热堆积，从而使被检测面呈现温度场不均匀分布的情况。

热激励源产生的能量大小和能量场的均匀性直接关系被测试块缺陷是否能够被检出及检测结果的精度如何。如果热激励源选用灯激励，则一般可以选择单盏灯、两盏灯、四盏灯、六盏灯[48-49]等或其他的灯组合。以单盏灯、两盏灯、四盏灯、六盏灯为激励源产生的温度场如图 6-6 所示。

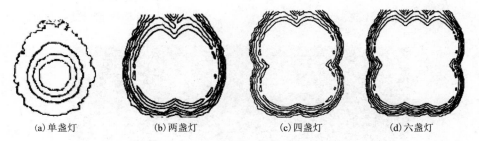

(a) 单盏灯　　　　　(b) 两盏灯　　　　　(c) 四盏灯　　　　　(d) 六盏灯

图 6-6　多种灯激励产生的温度场

实验的热激励源采用的是单盏功率为 400W 的卤素灯，共八盏，分别位于试块放置区的上、下两侧的四个对角位置，并成一定角度。激励箱如图 6-7 所示。这样的放置方式给被检测区域提供了一个相对均匀分布的温度场，为缺陷的检出与检测结果的准确性提供了支持。可封闭式铝箱构成了一个相对密闭的实验环境，可以有效减少实验箱外复杂光线信息的影响、降低热量逸散，同时避免强光对热像仪造成不可逆的损伤，并对实验人员的眼睛进行保护。在铝制实验箱背后有一个实验箱控制装置。实验箱控制面板如图 6-8 所示。测试灯按钮可对激励源的工作状态与挡位进行确认，按下则所选择激励源会产生激励，要求此步骤时间尽可能短，因为激励源测试所产生的能量会对实验造成一定程度的影响；激励源选择旋钮可选择上层或下层的四盏卤素灯作为热激励源；排风扇可加速实验后实验箱内的热量逸散，为下一次实验的均匀温度场提供支持；连接端口则负责实验箱、热激励源与同步采集单元、红外热像仪和计算机的连接。由斯特藩-玻尔兹曼定律可知，物体表面的辐射出射度与物体绝对温度的 4 次方成正比，因此可以用脉冲红外热波无损检测系统采集的碳纤维板热图温度场的均匀性验证物体表面辐射出射度的均匀性，从而说明激励源温度场的均匀性，即热图各个像素点温度数据的均匀性。一般来说，数据的均匀性可以用标准差的大小来表征。一组数据的标准差反映的是这组数据的离散程度，标准差越大，说明这组数据的离散程度越大；标准差越小，说明这组数据的离散程度越小，数据越集中、越均匀，那么热图温度场温度数据的均匀性就可以用标准差的大小来表征。

选取一块没有任何缺陷且表面光洁度完好的碳纤维板作为被测试块区域温度场均匀性的检测板，碳纤维板的尺寸为 220mm×110mm×5mm，其实物图如图 6-9 所示。将碳纤维板放在脉冲红外热波无损检测系统的检测区域，调整四盏激励源灯的角度使其一致，并给碳纤板施加热激励，用热像仪检测碳纤板上温度场标准差的变化情况，多次实验，直到检测到碳纤维板上的温度场标准差达到最小。

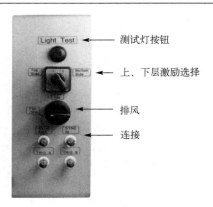

測試灯按鈕

上、下层激励选择

排风

连接

图 6-7　激励箱　　　　　　　　　　图 6-8　实验箱控制面板

图 6-9　碳纤维板实物图

从热图序列中选取一帧热图,并在热图中由大到小选取 ROI。温度场均匀性测试如图 6-10 所示。从 R1 到 R9 一共选取 9 个 ROI,导出这 9 个 ROI 温度场的标准差,得到的温度场均匀性测试结果如表 6-2 所示。从表 6-2 可以看出,随着 ROI 由外向内逐渐缩小,ROI 内的温度最大值、温度范围、标准差在变小,温度最小值在变大。可见,中心区域的均匀性更强,因此我们尽量将试块置于测试区的中心。

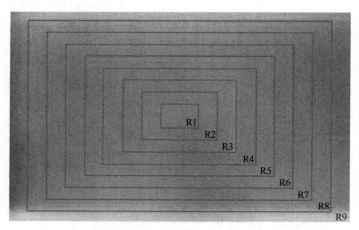

图 6-10　温度场均匀性测试

表 6-2　温度场均匀性测试结果　　　　　　　　（单位：℃）

ROI	R1	R2	R3	R4	R5	R6	R7	R8	R9
温度最大值	28.42	28.44	28.50	28.58	28.71	28.82	28.82	28.82	29.02
温度最小值	27.72	27.72	27.72	27.66	27.65	27.56	27.53	27.34	27.26
温度平均值	28.07	28.08	28.09	28.10	28.12	28.13	28.13	28.12	28.10
温度范围	0.70	0.72	0.78	0.92	1.06	1.26	1.29	1.48	1.76
标准差	11.96	12.86	13.46	14.08	14.61	15.32	16.68	19.72	32.66

6.3.1.3　同步采集模块

同步采集模块是保证红外热成像系统、热激励系统及计算机能同时响应的关键，如图 6-11 所示，通过自身同步输入与输出端口连接达成此功能。通常我们将脉冲激励的时间与热图采集的时间同步设置，以达到激励与采集同步进行的效果，对于较厚的试块，我们则会设置一定时间范围内的延迟，在激励开始一定时间（延迟）后再进行热图的同步采集。由于激励时间、采集频率、延迟时间的选择往往会对实验结果造成不同的影响，所以需要大量的实验来确定达到最好效果的最佳参数。激励时间、采集频率和延迟时间的设置要通过在计算机上安装 InfraTec 公司配套的红外处理软件 IRBIS 3plus 进行控制。同步采集参数设置界面如图 6-12 所示，此界面除上述参数的设置选项外，还包括采集帧数设置、保存位置选择、采集热像图类型设置等。

图 6-11　同步采集模块

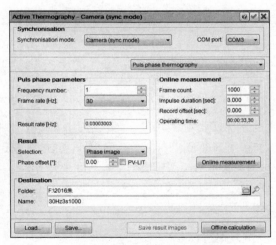

图 6-12　同步采集参数设置界面

6.3.1.4　数据处理模块

数据处理模块所依托的是计算机上安装的与热像仪配套的红外处理软件 IRBIS 3plus，通过此软件可轻松地对采集热图做数据处理操作，其主界面如图 6-13 所示，主界面可显示热像图的基本信息，如图像名称、采集时间、距离等。此软件拥有较完整的数据处理功能，其主菜单栏如图 6-14 所示。

File 模块能提供.irb 文件或热图像信息的打开、保存、打印、查询及程序设置功能；Edit 模块能提供热图像的复制、滤波、倾斜、镜像、旋转等功能；View 模块则可以依据需要对主界面的显示项进行设置，包括对色板、轮廓、元素、参数等进行显示或隐去，还包括图像的缩放功能及视频文件的播放选择功能等；Measure 模块能提供对热图的点、线、面、自选择区域的温度测量及对应的温度历程曲线绘制、区域温度校正、函数修正等功能；Camera 模块能实现对计算机与实验箱、热像仪的同步控制和单帧拍照、录像功能；Sequence 模块能提供热像图序列采集参数设置、热像图播放、时间历程曲线及序列图像导出等功能；Report 模块可直接与 Microsoft Word 2000/2003/2007 进行数据传输；Extras 模块负责贴色板、序列热图、.avi文件及宏命令的编辑与启动设置。

图 6-13　IRBIS 3plus 主界面

图 6-14　IRBIS 3plus 主菜单栏

　　通过软件所提供的功能，能够使用计算机控制实现对被检测物体的热激励与同步热图的采集功能，可对得到的红外序列热图进行滤波、温度校正、温度测量、温度历程曲线图导出、单帧/序列热图导出、表面温度场温度值导出等，且可依据个人需求将所需要的数据导出为 JPG、BMP、PNG、TXT 等格式的数据，以便后续处理。

6.3.2　试块设计

　　实验中采用的试块是 PVC 平板，规格为 152.00mm×110.00mm×3.00mm，热扩散系数为 $0.16×10^{-6}m^2/s$。在 PVC 平板中制作了两条楔形槽人工缺陷，记为 A、B，两条楔形槽的形状是一样的，最大宽度为 9.00mm，最窄处宽度为 3.00mm，A、B 楔形槽的深度分别为 1.50mm、1.00mm。试块的设计图和实物图分别如图 6-15 和图 6-16 所示[50]。

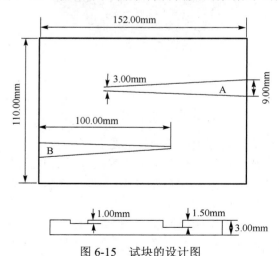

图 6-15　试块的设计图

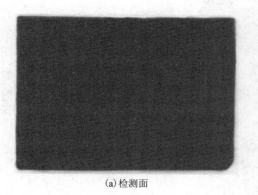

(a)检测面　　　　　　　　　　　　　　(b)缺陷面

图 6-16　试块的实物图

6.4　反射法红外热成像检测实验研究

6.4.1　反射法实验数据采集

在进行实验前，首先要保证实验环境是恒温的，没有气流流动的，气流流动会引起温度变化、影响试块的表面温度场、增大检测结果的误差。在检测过程中，要将热像仪与试块放在同一条直线上，且热像仪镜头要对准试块表面。热像仪标准镜头的焦距为 30.00cm，为避免镜头在试块表面反光产生的影响，将试块与热像仪的距离设定为 80.00cm，若设置过远，则会影响温度采集精度。搭建如图 6-1(a)所示的反射法红外检测系统。激励时间为 15.00s，采集频率为 30Hz，共 1800 帧热图像序列，耗时 60.00s。从序列图中选取时刻 $t = 0.00$s、6.00s、8.00s、10.00s、15.01s、20.03s、23.03s、25.02s、28.03s、30.01s、40.02s、50.00s 的试块表面热像图说明试块从升温到降温的过程。反射法热图序列如图 6-17 所示。

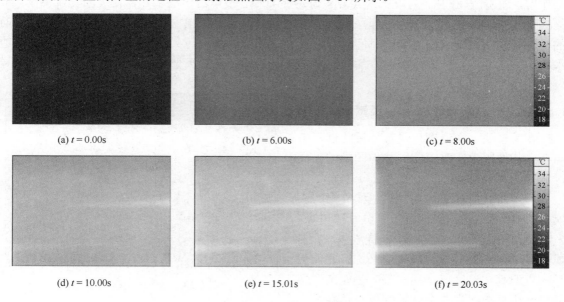

(a) $t = 0.00$s　　　　　　(b) $t = 6.00$s　　　　　　(c) $t = 8.00$s

(d) $t = 10.00$s　　　　　　(e) $t = 15.01$s　　　　　　(f) $t = 20.03$s

图 6-17　反射法热图序列

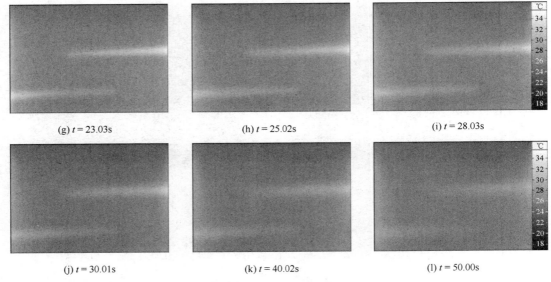

(g) $t = 23.03$s   (h) $t = 25.02$s   (i) $t = 28.03$s

(j) $t = 30.01$s   (k) $t = 40.02$s   (l) $t = 50.00$s

图 6-17 反射法热图序列(续)

6.4.2 反射法实验数据分析

在反射法实验中，$t = 0.00$s 到 $t = 8.00$s 时间区域，是试块的加热初期，可以直观地看出试块表面持续接收高能闪光灯的照射，热量向试块内部流动，温度场升高，热量传递到空气间隙后，由于空气间隙的热扩散系数很低，热量在这里开始反射，伴随着缺陷部位的显现，并且缺陷部位对应的表面温度较高，埋深较浅的缺陷已经初步显现。在 $t = 8.00$s 到 $t = 23.03$s 时间区域，是加热中后期到试块的冷却初期，缺陷的轮廓逐渐变得清晰，并在 $t = 20.03$s 左右达到轮廓最清晰的时刻，此时温度场内的非缺陷区域与缺陷区域的色差较大。由于热的横向扩散作用，随着时间的推移，在 $t = 30.01$s 到 $t = 50.00$s，可以看出缺陷热像在逐渐变得模糊，最终整个试块温度会达到平衡。埋深越浅的缺陷显现得越早，根据传热定律，埋深越深，横向的热传导越明显，缺陷显现的时间越长，对缺陷的检测难度越大。试块边缘的温度升高是边缘效应引起的，由于高能闪光灯的角度，灯到试块边缘的距离要小于到试块中央的距离，导致边缘接收的热量较高。

6.4.2.1 取样点尺寸对温度数据的影响

在对试块表面温度场进行分析的过程中需要在热像图中选取 ROI，热像图中的采样区域如图 6-18 所示。

为了研究取样点的尺寸对温度数据的影响，在热像图中缺陷 A 同一位置分别取单点、2 像素×2 像素区域、3 像素×3 像素区域及 4 像素×4 像素区域，取区域内的平均温度值代替该点的真实温度值，观察整张热像图序列的时间历程曲线中各个区域的温差及温度，比较它们的变化规律。

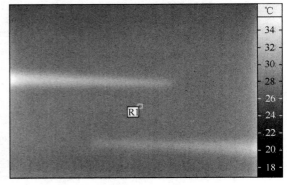

图 6-18 热像图中的采样区域

　　在反射法实验数据处理过程中，将 4 组区域的温度分别导入 MATLAB 软件中，绘制时间历程曲线。采样点与采样区域的温度时间历程曲线如图 6-19 所示。

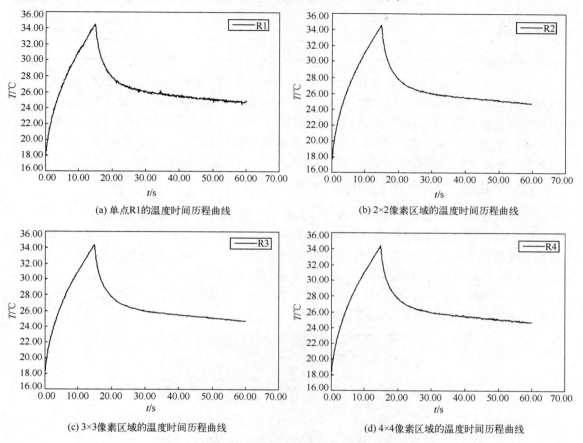

(a) 单点R1的温度时间历程曲线　　　　　　　　(b) 2×2像素区域的温度时间历程曲线

(c) 3×3像素区域的温度时间历程曲线　　　　　　(d) 4×4像素区域的温度时间历程曲线

图 6-19　采样点与采样区域的温度时间历程曲线

　　由图 6-19 中的 4 条时间历程曲线可以看出，除图 6-19（a）中的时间历程曲线在 20.03s 以后可以看出明显的波动外，其他 3 条时间历程曲线的数据分布基本一致，难以用肉眼发现差别。接下来在 $t = 19.96s$ 到 $t = 29.98s$ 之间以 1s 为间隔取 11 组数据，对比同一时刻的单点 R1 与区域 R1、R2、R3 的温度值。缺陷 A 采样区域数据温度值如表 6-3 所示。

表 6-3　缺陷 A 采样区域数据温度值

时间/s	单点 R1 温度/℃	2×2 R2 温度/℃	3×3 R3 温度/℃	4×4 R4 温度/℃
19.96	27.91	27.86	27.84	27.85
20.96	27.44	27.41	27.40	27.42
21.96	27.24	27.16	27.15	27.18
22.97	26.92	26.88	26.88	26.90
23.96	26.70	26.69	26.69	26.70
24.96	26.43	26.53	26.52	26.52
25.97	26.40	26.34	26.34	26.34
26.97	26.27	26.23	26.22	26.24

时间/s	单点 R1 温度/℃	2×2 R2 温度/℃	3×3 R3 温度/℃	4×4 R4 温度/℃
27.98	26.31	26.18	26.14	26.19
28.98	26.15	26.03	25.99	26.04
29.98	26.11	25.99	25.97	26.01

由表 6-3 可知，同一时刻单点 R1 与区域 R2、R3、R4 的温度差值的波动在 0～0.17℃，同一时刻区域 R2、R3、R4 之间温度差值的波动在 0～0.05℃，说明在同一时刻，R2、R3、R4 区域的温度值更加平稳，因为在同一时刻，缺陷并不处在同一温度，更加平稳的区域温度更接近缺陷的真实温度，所以用多点像素区域的温度平均值代替该点的真实温度值可减小偶然因素导致的误差，在本次实验数据处理中均用像素区域的温度平均值代替该点的真实温度值。

6.4.2.2 缺陷宽度尺寸对温度数据的影响

由于楔形槽缺陷一端宽一端窄的特点，因此利于研究在同一缺陷埋深的情况下，不同尺寸宽度的缺陷对温度数据的影响。本实验在处理数据过程中，分别分析了缺陷尺寸对缺陷表面最大温度值的影响及对缺陷区和无缺陷区最大温差时间的影响。在反射法实验中，针对埋深为 1.50mm 的深楔形槽缺陷，取 4 个等间距的采样区域，缺陷宽度依次取 7.50mm、6.00mm、4.50mm、3.00mm，分别标记为 R1、R2、R3、R4，并在无缺陷处任取一区域记为 R5。反射法 A 缺陷与非缺陷处的采样区域如图 6-20 所示。

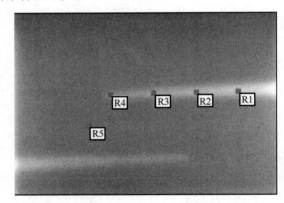

图 6-20 反射法 A 缺陷与非缺陷处的采样区域

利用 MATLAB 软件绘制 5 个区域的温度数据曲线，为了更清楚地看到各个区域的最大值情况，可以改变横纵坐标轴的显示区间。反射法 A 缺陷区域 R1 到 R5 的时间历程曲线及其局部放大图如图 6-21 所示。

由图 6-21(a) 可以看出，$t = 0.00s$ 到 $t = 10.00s$ 不同宽度区域的表面温度会同时升高，曲线在 $t = 10.00s$ 后开始分叉，非缺陷处的表面温度上升速率会发生明显变化。在 $t = 15.01s$ 时 5个区域的温度曲线同时达到最大值，但 R1 到 R4 的缺陷尺寸不同，它们达到温度的最大值也不同，通过图 6-21(b) 可以看出 4 个区域温度达到的最大值分别为 37.80℃、37.10℃、36.70℃、36.20℃，随着缺陷尺寸的减小，缺陷表面达到的最大温度也随之减小，非缺陷表面的最大温度更小，说明缺陷宽度对表面温度的影响比缺陷深度的影响小，缺陷深度在此阶段是影响表面温度升高的主要因素。反射法对缺陷深度定量分析时需要考虑缺陷区域与非缺陷区域的温差，缺陷区域与非缺陷区域的温差及其出现的时间对缺陷深度的定量分析起决定作用。反射法 A 缺陷区域与非缺陷区域的温差曲线及其局部放大图如图 6-22 所示。

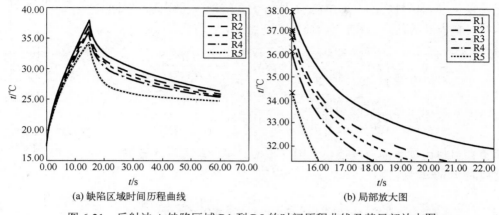

(a) 缺陷区域时间历程曲线　　　　　　　(b) 局部放大图

图 6-21　反射法 A 缺陷区域 R1 到 R5 的时间历程曲线及其局部放大图

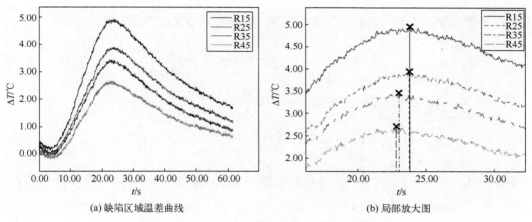

(a) 缺陷区域温差曲线　　　　　　　　(b) 局部放大图

图 6-22　反射法 A 缺陷区域与非缺陷区域的温差曲线及其局部放大图

由图 6-22(b)不难看出，各缺陷区域与非缺陷区域的温差曲线达到最大温差值的时间非常接近，考虑到数据是离散点而非一条平滑曲线，不同宽度缺陷区域温差达到最大值的时间会产生波动。缺陷区域 R1 到 R4 与非缺陷区域 R5 温差的最大峰值分别为 4.95℃、4.00℃、3.40℃、2.75℃，和温度最大值的趋势相似，随着宽度尺寸的减小，温差峰值也在减小。

实验中，区域 A 缺陷表面 4 个区域的最大温度和相对应的最大温差值随着缺陷尺寸的减小，最大温差值也会减小；对于反射法实验，不同宽度缺陷表面没有同时达到最大温差值，产生的原因应该是环境因素的影响，激励后，被加热的空气流动导致试块表面温度场产生细微的温度波动。

6.4.2.3　反射法缺陷深度计算

反射法红外热成像无损检测是将激励源与采集装置放在试块同侧进行检测的方法，是主动式红外检测的一种，在操作时通过对被检测材料加热注入热量，使材料本身失去热平衡，在其内部温度没有达到均匀之前、热量持续传导过程中进行的红外检测。材料表面温度场的不均匀分布是评价检测结果的重要依据，其变化规律也是对内部缺陷进行定量分析的关键。

通过平板一维热传导模型可计算试块内坐标点与温度的关系，当试块内部存在缺陷时，反射法红外热成像检测模型如图6-23所示。

当热量传导到材料底部，即厚度 d 处时，其将受到阻碍而反射回来，这时材料内部的任一点在任意时间的温度表示为

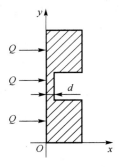

图 6-23　反射法红外热成像检测模型

$$T(x,\tau) = \frac{Q}{\rho c \sqrt{(\pi \alpha t)}} \left\{ \exp\left(-\frac{x^2}{4\alpha t}\right) + \sum_{n=1}^{\infty} \left[\exp\left(-\frac{(z-2nd)P^2}{4\alpha t}\right) \right. \right.$$
$$\left. \left. + \exp\left(-\frac{(z+2nd)^2}{4\alpha t}\right) \right] \right\} \tag{6-7}$$

由于热量在材料内部衰减速度很快，因此本节只考虑热量一次反射，即在试块表面 $x = 0$ 处，

$$T(0,\tau) = \frac{Q}{\rho c \sqrt{(\pi \alpha t)}} \left\{ 1 + 2\exp\left[-\frac{(2d)^2}{4\alpha t}\right] \right\} \tag{6-8}$$

对于材料内部厚度不均匀处，假设厚度减小 Δ，则厚度减小 Δ 处表面温度的变化关系为

$$T_{d-\Delta}(0,\tau) = \frac{Q}{\rho c \sqrt{(\pi \alpha t)}} \left\{ 1 + 2\exp\left[-\frac{(2d-2\Delta)^2}{4\alpha t}\right] \right\} \tag{6-9}$$

式(6-8)与式(6-9)相减得到完好区域与缺陷区域的温差：

$$\Delta T(0,\tau) = T(0,\tau) - T_{d-\Delta}(0,\tau) = \frac{2Q}{\rho c \sqrt{(\pi \alpha t)}} \exp\left[-\frac{(2l)^2}{4\alpha t}\right] \tag{6-10}$$

式中 $l = d - \Delta$，对式(6-10)求导，并令导数为零，可得到温差最大时对应的时间[44]：

$$t_{max} = \frac{2l^2}{\alpha} \tag{6-11}$$

由式(6-10)可知，完好区域与缺陷区域的温差 ΔT 达到最大值时的时间 t_{max} 与缺陷处的厚度 l 成正比关系。当材料受到热激励时，可利用热像仪对材料受激励面表面的温度场进行检测及数据采集，分析数据找出温差出现的最大时刻，根据式(6-11)求出该缺陷距离表面的深度，即完成反射法红外热成像无损检测技术对缺陷深度的定量检测。

通过对反射法红外热成像无损检测缺陷物理模型分析，得到利用缺陷区域与非缺陷区域的最大温差值来求解反射法缺陷深度的计算方法。由图6-22(b)可以看出，在不同缺陷宽度处采样区域的最大温差值达到的时间虽不相同，但是相差很小，可以用同样的方法在两缺陷处取多个采样区域。反射法 A、B 缺陷及无缺陷区域采样如图6-24所示，计算这些采样区域的平均温度和平均温差，并绘制平均温度和平均温差对时间的历程曲线。反射法 A、B 缺陷及无缺陷区域的平均温度变化及平均温差如图6-25所示，找到最大温差时刻并计算缺陷埋深。

图6-25(b)所示为缺陷与无缺陷区域温差 ΔT 随时间的变化曲线，由此可以确定缺陷对应的峰值时间 t，从图中可知，楔形槽 A 出现最大温差 ΔT 的时间 $t = 24.29\text{s}$；楔形槽 B 出现最大温差 ΔT 的时间 $t = 25.63\text{s}$。由式(6-11)反解缺陷深度，并分别求出相对误差，如表6-4所示。

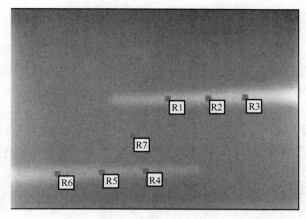

图 6-24　反射法 A、B 缺陷及无缺陷区域采样

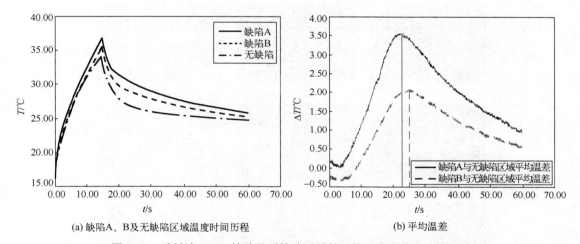

(a) 缺陷 A、B 及无缺陷区域温度时间历程　　(b) 平均温差

图 6-25　反射法 A、B 缺陷及无缺陷区域的平均温度变化及平均温差

表 6-4　反射法缺陷深度测量结果及相对误差

激励方法	缺陷	实际埋深/mm	测量埋深/mm	相对误差
反射法	A	1.50	1.39	7.07%
	B	2.00	1.43	28.40%

6.5　透射法红外热成像检测实验研究

通过对反射法红外热成像检测技术缺陷检测深度的研究，发现反射法对深度测量的误差较大，并且随着缺陷深度的增加，激励时间也会明显提高，激励时间的提高，会加剧试块中缺陷处的边缘效应，使缺陷轮廓变得模糊。为了减小这些影响，本节引入透射法红外热成像检测方法，通过缺陷宽度和激励时间等方面对透射法红外热成像检测技术进行深入研究，以达到精确、快速的检测目的。

6.5.1　透射法实验数据采集

采用图 6-1(b)所示的透射法红外检测系统，与反射法红外检测系统进行对比分析，探测 PVC 平板中斜槽 A、B 的深度。通过软件控制高能闪光灯进行脉冲激励，激励时间为 3s。设置采集频率同样为 30Hz，共采集了 800 帧热图像序列，耗时 26.70s。从序列中选取时刻 t = 0.00s、1.00s、2.02s、3.01s、5.03s、7.00s、8.00s、10.00s、13.01s、16.01s、20.02s、25.03s 的试块表面热像图说明试块从升温到降温的过程。透射法热图序列如图 6-26 所示。

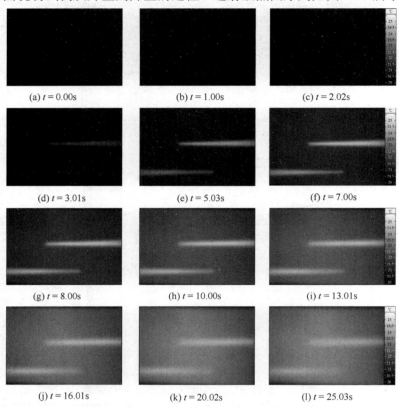

图 6-26　透射法热图序列

在透射法实验中，t = 0.00s 到 t = 3.01s 是加热时间，在试块被激励 1.00s 后，试块缺陷的轮廓隐约可见，且楔形槽 A 早于楔形槽 B 显现，t = 3.01s 到 t = 13.01s 是整个试块的升温期，试块表面温度逐渐升高，缺陷逐渐显现，并在 t = 7.00s 左右试块的缺陷处轮廓最为清晰，在 t = 13.01s 后由于热量的横向传播边缘开始扩散，缺陷边缘开始模糊，缺陷处的表面温度略有下降，整个试块表面温度场趋于平衡。对比反射法实验，缺陷与非缺陷处的对比度加大，缺陷的识别度提高，由于激励时间为 3.01s，缺陷在 t = 7.00s 处便得到清晰的图像，响应时间明显快于反射法。

6.5.2　透射法实验数据分析

6.5.2.1　透射法中缺陷宽度尺寸对温度数据的影响

透射法红外热成像检测定量缺陷深度主要参考缺陷区域的最大温度，在试块埋深 1.50mm

的缺陷表面处宽度依次是 3.00mm、3.50mm、4.00mm、4.50mm、6.00mm、7.50mm，取 6 个区域 R1、R2、R3、R4、R5、R6。透射法 A 缺陷采样区域如图 6-27 所示。

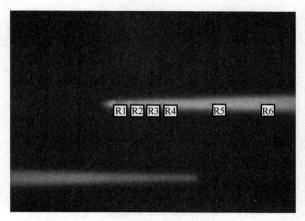

图 6-27　透射法 A 缺陷采样区域

　　其中 R2、R3 是插入 R1、R4 之间的点，将 6 个区域的数据绘制成曲线发现 R1 与 R4 之间的曲线走势与 R5、R6 的曲线走势不同。透射法 A 缺陷区域 R1 到 R6 的时间历程曲线及其达到最大温度的时间如图 6-28 所示。由图 6-28(a)可知，前 6.00s 阶段，各个区域的曲线温度都是从迅速地呈指数上升转变为缓慢上升的，在激励前期，各宽度尺寸缺陷区域的温度同时升高，温度升高的速率没有明显的差别，R5、R6 两个区域的温度曲线几乎重合，6.00～10.00s 阶段的试块表面温度从升高到平稳，不同宽度尺寸缺陷的表面温度开始出现温差，宽度大的缺陷升高到最大温度更快，并且在 10.00s 之后有一个明显的降温过程。R1～R6 局部放大图如图 6-28(b)所示。而其他 4 组(R1～R4)数据曲线下降得非常缓慢，这说明，缺陷的宽度尺寸在透射法红外热成像检测中会影响缺陷部位的温度场分布，表现为在升温阶段随着缺陷宽度尺寸的增加，缺陷部位的表面温度的最大值增加，R1～R4 局部放大图如图 6-28(d)所示，在降温阶段，本次实验中，宽度范围为 3.00～5.00mm，缺陷宽度越大，降温速率越高，超过这个范围，降温速率变化较小，说明在试块激励后期和冷却阶段，缺陷的宽度尺寸是影响表面温度变化的主要因素。透射法 A 缺陷区域 R1 到 R6 达到的最大温度及其时间如表 6-5 所示。

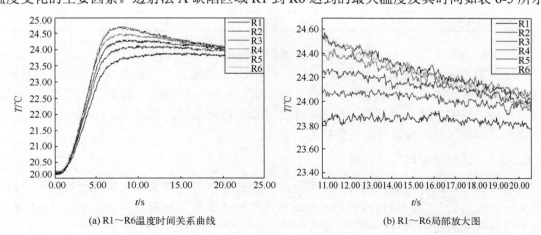

(a) R1～R6温度时间关系曲线　　　　　　　(b) R1～R6局部放大图

图 6-28　透射法 A 缺陷区域 R1 到 R6 的时间历程曲线及其达到最大温度的时间

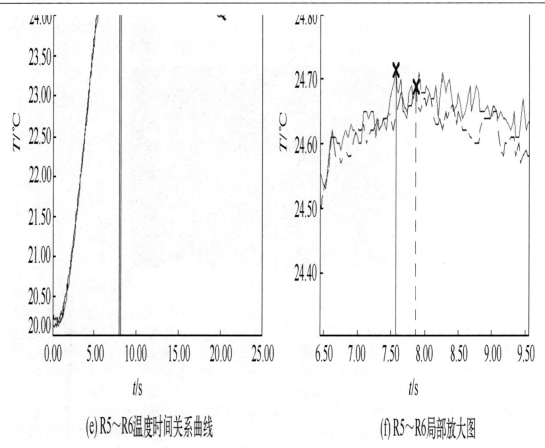

(e) R5~R6温度时间关系曲线   (f) R5~R6局部放大图

图 6-28 透射法 A 缺陷区域 R1 到 R6 的时间历程曲线及其达到最大温度的时间(续)

表 6-5 透射法 A 缺陷区域 R1 到 R6 达到的最大温度及其时间

采样区域	R1	R2	R3	R4	R5	R6
宽度/mm	3.00	3.50	4.00	4.50	6.00	7.50
最大温度/℃	23.80	24.10	24.30	24.50	24.67	24.71
最大温度时间/s	11.20	9.80	8.20	7.70	7.70	7.56

将达到最大温度的时间绘成曲线，如图 6-29 所示。

在宽度为 3.00~4.50mm，达到最大温度的时间呈下降趋势，在这个宽度范围内测量缺陷深度，缺陷深度的测量值变化非常大，而宽度范围在 4.50~7.50mm，达到最大温度的时间趋势相对平稳，缺陷深度的测量值也相对减小了误差。因此缺陷的宽度埋深比值小的缺陷测量精度较差，不适用透射法红外热成像检测。

6.5.2.2 透射法缺陷深度计算

透射法红外热成像检测同样作为主动红外检测技术，与反射法红外热成像检测不同的是，激励源与采集装置分立被测材料两侧。与反射法红外热成像检测相同的是，都需要在激励后观测表面温度场的变化，并根据表面温度场的变化规律对缺陷进行检测及定量分析。

假设各向同性的厚度为 x_2 的薄板材料受脉冲热源激励，如图 6-30 所示。其 x 轴为正方向，在薄板下方有处距离表面为 x_1 厚度的凹坑缺陷。设每个垂直于 x 轴的截面上的温度相等，薄板材料与周围没有热交换，且薄板材料内无热源，Q 为初始状态施加于试块下表面单位面积上的总热量，这时温度只是坐标 x 和时间 t 的函数。

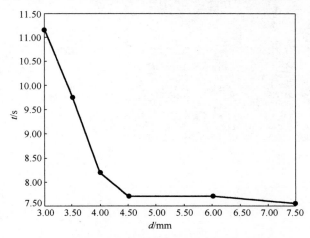

图 6-29　透射法 A 缺陷达到最大温度的时间曲线

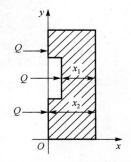

图 6-30　薄板材料受脉冲热源激励

由于试块的厚度与长宽比很小，所以忽略热量横向传播的影响，可以近似满足上述一维热传导理论模型的要求。取薄板厚 x_2（距缺陷处为 x_1）处，以距离薄板底面 x_2 处的上表面为研究对象，研究此表面上的温度分布情况。

对式(6-6)求导，令

$$\frac{\partial T(x,t)}{\partial t} = 0$$

得到在任意与材料表面平行的平面 $x = x_2$ 处，当

$$t = \frac{x_2^2}{2\alpha} \tag{6-12}$$

时，温度达到最大值。

当被检材料一定时，在表面上不同厚度处存在温差，由式(6-12)可知缺陷深度的平方与其表面温度的一阶微分峰值时间成正比，因此可以通过确定此特征时间来测量缺陷深度。

通过对透射法检测理论模型的分析得到透射法测量缺陷深度的方法，透射法测量缺陷深度的原理不同于反射法，反射法测量缺陷需要同时知道试块表面缺陷处与非缺陷处的温度，利用最大温差所在时间求解缺陷埋深，透射法只需知道试块缺陷处温度值的时间历程，找到最大温度所在时间便可求解缺陷埋深。

通过研究不同宽度缺陷在透射法检测中最大温度值的变化可知，在一定范围内，缺陷宽度对缺陷的表面温度有影响，表现为随着缺陷宽度从 3.00mm 增加到 7.50mm，缺陷区域表面的最大温度从 23.80℃ 增加到 24.71℃，达到最大温度的时间从 11.20s 降到 7.56s，但缺陷宽度大于 4.50mm 时，缺陷表面达到最大温度的时间相对稳定。

在试块缺陷宽度大于 4.50mm 处选取 6 个采样区域。透射法 A、B 缺陷区域采样如图 6-31 所示。将所选区域每个时刻的温度值数据导出，求每个缺陷 3 个小区域的平均温度，绘制平均温度 T 与相对时间 t 的曲线。透射法 A、B 缺陷温度随时间的变化曲线如图 6-32 所示。

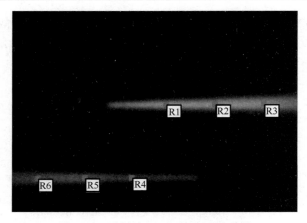

图 6-31　透射法 A、B 缺陷区域采样

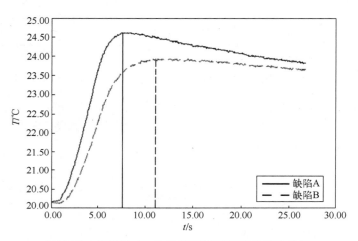

图 6-32　透射法 A、B 缺陷温度随时间的变化曲线

　　由图 6-32 可以看出，由于缺陷深度不同，导致开始阶段就出现了明显的温度差，缺陷 A 的平均温度比缺陷 B 升高得更快、更高。缺陷 A 达到最大温度的时间 $t = 7.50s$；缺陷 B 达到最大温度的时间 $t = 11.50s$，代入式(6-12)求解缺陷深度，并分别求出其相对误差。透射法缺陷深度测量结果及相对误差如表 6-6 所示。

表 6-6　透射法缺陷深度测量结果及相对误差

激励方法	缺陷	实际埋深/mm	测量埋深/mm	相对误差
透射法	A	1.50	1.55	3.28%
	B	2.00	1.91	4.08%

　　结合图 6-29 中的缺陷宽度对达到最大温度时间影响的规律发现，缺陷宽度从 3.00～4.50mm，达到最大温度的时间逐渐减小；缺陷宽度大于 4.50mm，达到最大温度的时间不随缺陷宽度的变化而变化。通过透射法缺陷定量公式计算缺陷宽度从 3.00～4.50mm 时采样区域计算的埋深误差，其从 26.16%下降到了 4.16%，说明本次实验中缺陷宽度小于 4.50mm 的缺陷，会影响对深度测量结果的精确度。

6.5.2.3　激励时间对缺陷深度计算精度的影响

通过大量实验对比，得到透射法采用 $t=1.00\text{s}$、3.00s、7.00s、11.00s 4 组激励时间的实验数据。透射法实验激励时间与缺陷最大温度时间的关系如表 6-7 所示。

表 6-7　透射法实验激励时间与缺陷最大温度时间的关系

埋深/mm	激励 1.00s 后的 最大温度时间/s	激励 3.00s 后的 最大温度时间/s	激励 7.00s 后的 最大温度时间/s	激励 11.00s 后的 最大温度时间/s
1.50	5.10	7.50	10.63	14.21
2.00	8.92	11.50	13.23	17.77

利用表 6-7 的实验数据计算缺陷深度以测量误差，得到透射法不同激励时间对测量深度误差的影响，如表 6-8 所示。

表 6-8　透射法不同激励时间对测量深度误差的影响

埋深/mm	激励 1.00s 后的 测量深度误差	激励 3.00s 后的 测量深度误差	激励 7.00s 后的 测量深度误差	激励 11.00s 后的 测量深度误差
1.50	14.80%	3.28%	23.20%	42.10%
2.00	15.52%	4.08%	2.87%	19.23%

从表 6-8 可以看出，透射法测量缺陷埋深精度的规律与反射法相似，检测精度都存一个先升后降的过程，埋深为 1.50mm 的缺陷在激励 $t=3.00\text{s}$ 后测量误差最小，埋深为 2.00mm 的缺陷在激励 $t=7.00\text{s}$ 后测量误差最小，可在检测过程中通过参照表 6-8 的激励时间与最大温度时间的关系判断最佳激励时间的范围，精确测量埋深。

6.6　ANSYS 有限元仿真模拟分析

6.6.1　有限元仿真

6.6.1.1　有限元分析与 ANSYS 软件介绍

有限元分析是一种数值计算方法，利用数学领域中近似分析的方法对具体真实的物理系统进行模拟，将具有无限未知量的、连续的真实物理系统离散成有限量的元素，利用这些相互作用的元素去逼近真实的物理系统。每个元素中都设定了有限个节点，将真实的物理系统简化成只通过节点相连的一组元素或单元的集合。首先将场函数中的节点值作为初始未知量，假设每个单元中存在一个近似差值函数，以体现被选定的场函数在单元中的分布规律；然后通过有限数的近似解推导整个系统的问题解。

ANSYS 软件是一款有强大功能的有限元分析软件，它适用于温度场、电磁场、流体、力学、声场等领域的工程应用问题分析，因其有使用方便、速度快及兼容性好等优点而被广泛用于电磁研究、热力学分析、声场分析、机械制造等[51]方面。ANSYS 软件在热学中的应用主要根据传热学、能量守恒原理、有限元分析法等理论基础，对物体内部的传热过程进行分析及计算，求解内部热量分布。仿真过程包括建立模型、施加热流密度载荷与热对流系数载荷、求解热量在模型中的分布等。

6.6.1.2　热分析的传热方式

热分析的基本传热方式分为传导、对流及辐射[52]。

（1）首先传导已经在基础理论里介绍过，即傅里叶定律，也称导热微分方程。它存在的条件是：一个物体内部要存在温差或两个相接触的物体存在温差，这样热量就会从物体的高温区域传递到低温区域，这种能量传递形式称为热传导。

（2）发生在流体之间以相对运动的形式传递热量的方式称为对流。冷热空气相遇是最常见的对流现象之一，空气受热膨胀上升，冷空气则随密度增大向下流动。牛顿冷却定律公式：

$$q = h(t_w - t_f) \tag{6-13}$$

$$q = h(t_f - t_w) \tag{6-14}$$

式中，t_f 为流体的温度；t_w 为高温物体的温度；h 为对流换热系数。

式（6-13）表示流体加热温度升高，式（6-14）表示流体遇冷温度降低。它们是对流换热计算的基本公式。

（3）辐射是与传导和对流截然不同的传热方式，它不需要物体之间的相互接触，也不需要流体间的相互运动，它是通过电磁波传递能量的。物体的辐射率不同导致相同温度下的不同物体热辐射能力不同，同一物体在不同温度下的辐射能力也不同。在自然界中，所有物体都在不断地向周围辐射能量，与此同时也吸收着其他物体的辐射能量，这种同时进行的辐射和吸收就构成了整个辐射换热过程。

6.6.1.3　热分析中的边界条件

在分析过程中通过附加一定的初边值条件让有限单元中每个节点的热平衡方程存在唯一解[42]。

（1）第一类边界条件。第一类边界条件已知物体边界上的温度函数，所以也称为温度边界条件，数学方法可以表示为

$$T(x, 0) = f(x)；\ T(0, t) = T_s \tag{6-15}$$

式中，$f(x)$ 为已知的温度函数；T_s 为已知的边界温度。

（2）第二类边界条件。第二类边界条件已知物体边界上所施加的热流密度，也称热流边界条件，其数学描述为

$$-k \frac{\partial T}{\partial n}\bigg|_\Gamma = q \tag{6-16}$$

式中，k 为物体的传热系数，单位为 $W/(m^2 \cdot K)$；T 为温度，单位为 K；n 为表面的法线方向；q 为热流密度，单位为 W/m^2。

（3）第三类边界条件。第三类边界条件已知与物体相接触的流体的温度与换热系数，又称对流换热边界条件，其数学描述为

$$-k \frac{\partial T}{\partial n}\bigg|_\Gamma = \alpha(T - T_f)\big|_\Gamma \tag{6-17}$$

式中，k 为物体的传热系数，单位为 $W/(m^2 \cdot K)$；T 为温度，单位为 K；n 为表面的法线方向；α 为对流传热表面的传热系数，单位为 $W/(m^2 \cdot K)$。

6.6.1.4　稳态热分析与瞬态热分析

稳态热分析主要用于研究系统和部件在稳定热载荷下的影响，直观的表述就是流入系统内部的热量与系统由自身因素产生的热量之和应与流出系统的热量保持一致。进行稳态热分析时，系统内所有节点的温度都不随时间变化而变化，其能量平衡方程可用矩阵的形式表示：

$$[k]\{T\} = \{Q\} \tag{6-18}$$

式中，$[k]$ 为传热矩阵；$\{T\}$ 为节点温度向量；$\{Q\}$ 为节点热流率向量。

瞬态热分析也称非稳态热分析，主要用于温度场随时间同步变化的传热过程分析，是物体内部温度随时间不断变化，经过一定时间后物体温度与周围温度趋于平衡的过程。瞬态热分析的公式可表示为

$$[C]\{T'\} + [k]\{T\} = \{Q\} \tag{6-19}$$

式中，$[k]$ 为传热矩阵；$[C]$ 为比热容矩阵；$\{T\}$ 为节点温度向量；$\{T'\}$ 为温度对时间的导数；$\{Q\}$ 为节点热流率向量。

两种分析方法的基本流程类似，唯一不同的是瞬态热分析的热加载随时间变化，每个载荷步需要多个载荷子步，对于每个载荷步除必须设定载荷值和时间值外，还需要指明其他载荷步选项，如选择越阶或者渐变。

6.6.1.5　瞬态热分析数值解法

瞬态热分析的解析解在解决规则形状的物体和简单的边界条件的瞬态温度问题时还是非常有效的，但是在工程领域中很难遇到这种简单的问题，其解析解也不可能解出来，这时候所采用的方法就是求解它的数值解[53-59]。求解数值解的方法与有限元分析的方法相同，先将整体离散化，再分步求解每个单元的温度值。在前面理论基础部分提到，固体内部的热流分布取决于热传导微分方程：

$$\frac{1}{\alpha}\frac{\partial T}{\partial \tau} = \frac{\partial^2 T}{\partial x^2} + \frac{\partial^2 T}{\partial y^2} + \frac{\partial^2 T}{\partial z^2}$$

将这个公式离散化可近似写成

$$\frac{T_{m+1,n,s}^p + T_{m-1,n,s}^p - 2T_{m,n,s}^p}{(\Delta x)^2} + \frac{T_{m,n+1,s}^p + T_{m,n-1,s}^p - 2T_{m,n,s}^p}{(\Delta x)^2} + \frac{T_{m,n,s+1}^p + T_{m,n,s-1}^p - 2T_{m,n,s}^p}{(\Delta x)^2}\frac{1}{\alpha}\frac{T_{m,n,s}^{p+1} - T_{m,n,s}^p}{\Delta \tau} \tag{6-20}$$

$$T_{m,n,s}^{p+1} = F_0(T_{m+1,n,s}^p + T_{m-1,n,s}^p + T_{m,n+1,s}^p + T_{m,n-1,s}^p + T_{m,n,s+1}^p + T_{m,n,s-1}^p) + (1-6F_0)T_{m,n,s}^p \tag{6-21}$$

式中，$T_{m,n,s}^p$ 是 p 时刻坐标为 m, n, s 的节点温度；$F_0 = \dfrac{\alpha \Delta t}{\Delta x^2}$。

当某一时刻各个节点的温度为已知时，对各个节点做式(6-20)的相似运算，就可以计算以 $\Delta \tau$ 为时间增量的后续节点温度和下一时刻 $T_{m,n,s}^{p+1}$ 的温度值，将上述步骤进行迭代运算，就得到时间 t 之后的固体内部温度分布。换句话说，就是任意节点在下一个时间增量 $\Delta \tau$ 后的温度可以通过周围节点在此刻时间增量的温度值计算，这种方法称为显式法。运用上述方法求解的优点是，可以直接求出任意节点在一个时间增量 $\Delta \tau$ 后的温度值，但想得到比较精确的结果，还需要选取合适的空间增量与时间增量，若空间增量选取的值很小，则上述方法会自动

限制时间增量的选取范围，且必须满足条件 $F_0 \ll 1/6$（由式 6-21 知），给计算带来不便。相对显式法，隐式法无须考虑这种限制，其将时间增量 $p+1$ 时刻的温度对空间坐标微分，方程可以写成

$$\frac{T_{m+1,n,s}^{p+1} + T_{m-1,n,s}^{p+1} - 2T_{m,n,s}^{p+1}}{(\Delta x)^2} + \frac{T_{m,n+1,s}^{p+1} + T_{m,n-1,s}^{p+1} - 2T_{m,n,s}^{p+1}}{(\Delta x)^2} + \frac{T_{m,n,s+1}^{p+1} + T_{m,n,s-1}^{p+1} - 2T_{m,n,s}^{p+1}}{(\Delta x)^2} = \frac{1}{\alpha} \frac{T_{m,n,s}^{p+1} - T_{m,n,s}^{p}}{\Delta \tau}$$

(6-22)

$$T_{m,n,s}^{p} = F_0(T_{m+1,n,s}^{p+1} + T_{m-1,n,s}^{p+1} + T_{m,n+1,s}^{p+1} + T_{m,n-1,s}^{p+1} + T_{m,n,s+1}^{p+1} + T_{m,n,s-1}^{p+1}) + (1 - 6F_0)T_{m,n,s}^{p}$$ (6-23)

这种方法不能由 T^p 直接求出 T^{p+1} 的温度值，必须写出整个系统中所有节点的方程式，联立所有方程式求解，才能求出各点的温度值 T^{p+1}。隐式法求解可以取较大的时间增量，与空间增量选取标准无关，加快了求解过程，节省了工作量。

6.6.2　反射法检测仿真模拟

6.6.2.1　仿真过程设计思路

通过 ANSYS 软件模拟 PVC 平板的凹槽缺陷，在接受反射法与透射法脉冲激励加热后，观察正表面温度场的变化情况。在反射法检测模拟中，经过多次仿真实验，设定 0.00s 到 15.00s 为热激励时间，试块上表面受到均匀的热流，15.00～60.00s 阶段为试块的自然冷却阶段，记录试块表面的温度变化、缺陷与非缺陷区域的表面温度差的最大值及其对应时间；在透射法检测模拟中，设定前 3.00s 为加热激励时间，3.00～30.00s 为自然冷却时间，经过相同大小的热流激励后，观察并记录试块表面的温度变化，计算正表面的最大温度值及达到最大温度值的时间。改变激励时间、热流密度、缺陷深度及宽度尺寸等参数观察试块正表面温度场的变化规律。

6.6.2.2　凹槽缺陷的设计与仿真

为方便研究 PVC 平板内部的温度变化及分布，模拟在二维平面内凹槽缺陷经过脉冲激励后表面及内部的温度场分布。PVC 材料性能指标如表 6-9 所示。

表 6-9　PVC 材料性能指标

材料	密度/(kg/m³)	比热容/[J/(kg·K)]	导热系数/[W/(m·K)]
PVC	1700	463	0.16

设定材料的横纵导热系数相同、材质均匀。PVC 平板材料的厚度为 3.00mm，凹槽深度分别为 1.50mm 与 2.00mm，凹槽宽度为 5.00mm，用 plane55 实体单元建立二维凹槽缺陷模型，并对模型进行网格划分，如图 6-33 所示。

6.6.2.3　仿真模拟

模型网格划分后，要对模型的外边界施加两个载荷步，首先在正表面模拟高能闪光灯激励加热阶段，施加恒等于 1500W/m² 的热流密度载荷；然后在自然冷却阶段对外壁边界施加对流换热系数为 $h = 15\mathrm{W/(m^2 \cdot K)}$ 的载荷。设定环境温度和初始温度均为 16℃。经过 15.00s 的激励时间后，试块表面及内部的温度场分布如图 6-34(a) 所示，在接下来的冷却阶段 $t = 20.00\mathrm{s}$、30.00s、40.00s、50.00s、60.00s 时刻的试块温度场分布如图 6-34(b)～(f) 所示。

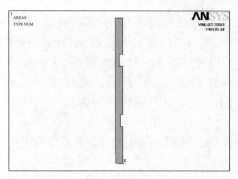

(a) 二维缺陷模型　　　　　　　　　　(b) 网格划分

图 6-33　二维凹槽缺陷模型及网格划分

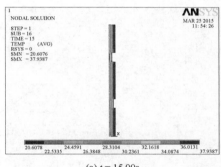
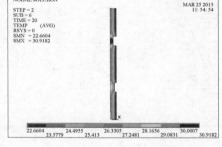

(a) $t = 15.00$s　　　　　　　　　　(b) $t = 20.00$s

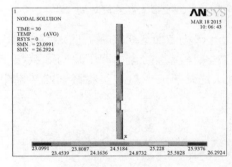
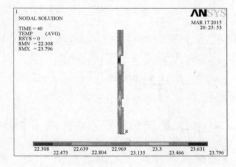

(c) $t = 30.00$s　　　　　　　　　　(d) $t = 40.00$s

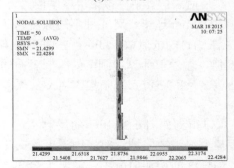
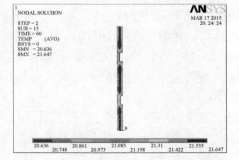

(e) $t = 50.00$s　　　　　　　　　　(f) $t = 60.00$s

图 6-34　模拟反射法检测不同时刻的试块温度场分布

　　由图 6-34 可直观地看出试块内部在加热阶段和冷却阶段的温度场分布情况，在 $t = 0.00s$ 到 $t = 15.00s$ 的加热阶段，热量由试块表面逐层向试块内部传播，并在缺陷处产生热量堆积，可以看到缺陷表面的温度要高于周围无缺陷区域的温度；在 $t = 15.00s$ 到 $t = 60.00s$ 的冷却阶段，热量依然持续向试块内部传播，但由于失去了激励源的加热作用，还有试块表面散热因素的影响，使试块整体温度呈下降趋势，缺陷处的温度逐渐由堆积转变为向周围低温区域扩散，最终与周围无缺陷区域一同降到环境温度。

　　在模拟试块缺陷处和非缺陷处分别取采样点，画出采样点温度值对时间的历程曲线并求出缺陷处与非缺陷处的最大温差值时刻，如图 6-35 所示。

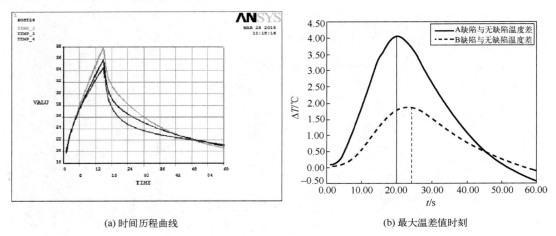

　　　　　　(a) 时间历程曲线　　　　　　　　　　　　　　(b) 最大温差值时刻

图 6-35　缺陷处与非缺陷处的时间历程曲线及最大温差值时刻

　　由图 6-35 中的曲线可知，在时刻 $t = 15.00s$ 处，试块表面 3 个区域同时达到了最大值，由于试块厚度不同，影响了试块表面的降温速率，试块厚度不同也影响了缺陷区域与非缺陷区域的最大温差值所达到的时间。仿真结果与反射法红外热成像检测实验得到的结果相同，试块表面的温度变化规律一致。

6.6.2.4　对反射法仿真结果的影响因素分析

1. 缺陷埋深对试块表面温度场的影响

　　为了探究缺陷埋深对试块表面温度场的影响，在反射法仿真中模拟试块厚度依然为 3.00mm 不变，缺陷宽度相同，使埋深从 1.00～2.50mm 以 0.50mm 递增，对 4 种不同深度的凹槽缺陷进行模拟仿真，施加 1500W/m^2 的热流密度载荷，激励时间依然取 15.00s。在两个缺陷表面和非缺陷表面各取一点，提取两次仿真的 6 组温度值，做差值计算得到两处区域表面的最大温差和时间的变化关系，绘制温差对时间历程的曲线。反射法仿真缺陷埋深对应的温差曲线如图 6-36 所示。

　　取相应埋深缺陷的最大峰值时间进行拟合，可以得到如图 6-37 所示的反射法仿真缺陷埋深与最大温差时间的关系。仿真结果表明，在模拟反射法缺陷埋深对表面温度场的影响实验中得出，缺陷与非缺陷两处的最大温差值随着缺陷埋深的增加而减小，缺陷上表面达到最大温差值的时间随着缺陷深度的增加而增加。缺陷埋深对实验结果的影响是显著的，即埋深越浅，温度传播到底部越快，缺陷处达到最大温差的时间越早，仿真的对比度越大。

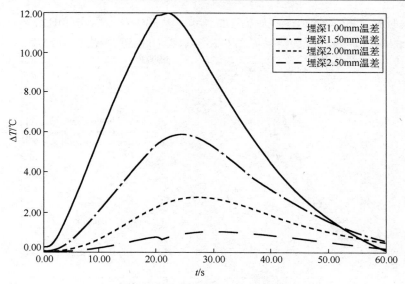

图 6-36　反射法仿真缺陷埋深对应的温差曲线

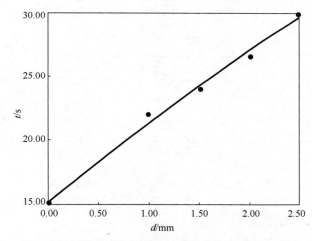

图 6-37　反射法仿真缺陷埋深与最大温差时间的关系

2. 缺陷宽度对试块表面温度场的影响

为了探究缺陷宽度对试块表面温度场的影响,在反射法仿真中模拟试块厚度依然为 3.00mm 不变,缺陷埋深保持一致,分别以 1.00mm 依次递增,缺陷宽度为 3.00~9.00mm,施加 1500W/m² 的热流密度载荷,激励时间依然取 15.00s。在 4 组仿真实验后得到不同宽度的缺陷与非缺陷处的温度值,计算其差值得到两处区域表面最大温差和时间的变化关系。反射法仿真不同缺陷宽度对应的温差曲线如图 6-38 所示。

由图 6-38 可知,在加热初期,试块表面温度上升阶段缺陷宽度对温差的影响不明显,在加热后期、降温阶段缺陷宽度对试块表面两处采样区域的温差产生了明显影响,表现为随着缺陷宽度的增加,最大温差值增大,降温速率增加。7 个缺陷的最大温差达到的时间分别为 19.00s、19.00s、20.00s、20.00s、20.00s、21.00s、21.00s,说明在仿真实验中缺陷宽度对缺陷表面达到最大温差的时间影响很小。将不同缺陷宽度和其所对的最大温差进行拟合,得到如

图 6-39 所示的反射法缺陷宽度与最大温差的关系。从图中可以看出随着缺陷宽度的增加，缺陷与非缺陷处的温差升高，仿真结果与图 6-25(b)体现的温差变化规律一致。

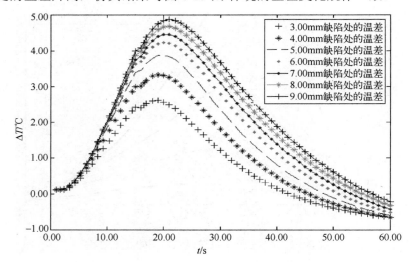

图 6-38　反射法仿真不同缺陷宽度对应的温差曲线

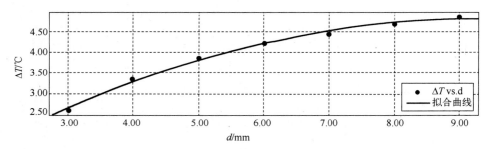

图 6-39　反射法缺陷宽度与最大温差的关系

6.6.3　透射法检测仿真模拟

6.6.3.1　透射法仿真模拟

透射法仿真与反射法仿真相同，要施加两个载荷步，用于模拟激励加热的热流密度载荷施加在试块的背面，冷却阶段施加同为 $h = 15W/K·m^2$ 的对流换热系数载荷。环境温度和初始温度不变，激励 3.00s 后，试块表面及内部温度分布场如图 6-40(a)所示，撤除激励源后 $t = 3.00s$ 到 $t = 30.00s$ 时间段，试块内部温度场分布及缺陷表面的温度时间历程曲线如图 6-40(b)～(h)所示。由于透射法的激励方式与反射法不同，从试块背部激励试块，所以在 $t = 3.00s$ 时撤除激励源后，热量依然逐渐由试块背面向试块正面传递，缺陷处的热量由于传播路径比试块完好处短，热量首先到达正表面，热量在缺陷区域的正表面先聚集，再向周围扩散，导致整个缺陷区域温度升高，随着试块表面的散热，整个试块温度逐渐趋于环境温度。由仿真得到的数据绘制图 6-40(h)所示的正表面缺陷处温度的时间历程曲线可知，埋深 1.50mm 的缺陷正表面温度到最大值的时间要早于埋深 2.00mm 的缺陷，并且埋深浅的缺陷处温度升高速率大于埋深深的缺陷处，与实验数据的规律保持一致。

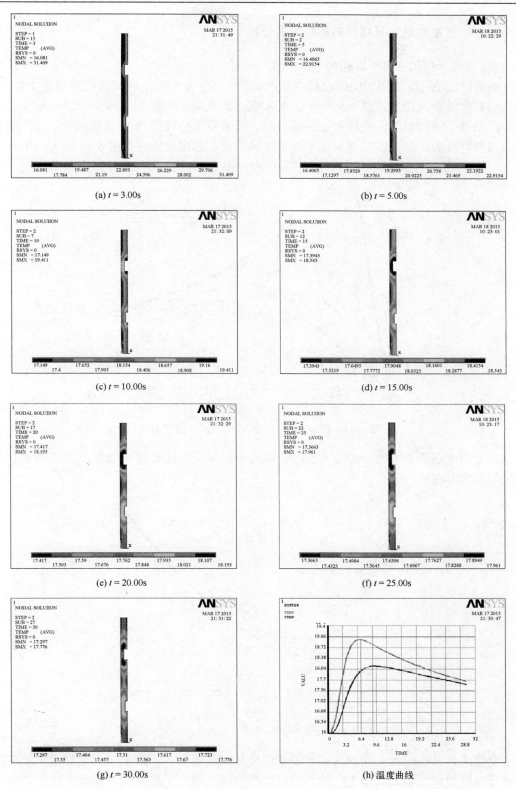

(a) $t = 3.00s$　　　　　(b) $t = 5.00s$
(c) $t = 10.00s$　　　　　(d) $t = 15.00s$
(e) $t = 20.00s$　　　　　(f) $t = 25.00s$
(g) $t = 30.00s$　　　　　(h) 温度曲线

图 6-40　模拟透射法检测不同时刻试块温度场分布及缺陷表面的温度时间历程曲线

6.6.3.2　对透射法仿真结果的影响因素分析

1. 缺陷埋深对试块表面温度的影响

在透射法仿真中，采用相同的建模方法，激励时间变为 3.00s，热流密度依然为 1500W/m² 不变。与反射法仿真相同，以 0.50mm 依次递增改变埋深，使埋深以 1.00～2.50mm 4 种不同深度的凹槽缺陷进行仿真，在缺陷处各取一点，提取两次仿真的 4 组缺陷表面的温度数据，绘制温度对时间的历程曲线。透射法不同埋深缺陷表面的温度曲线如图 6-41 所示。

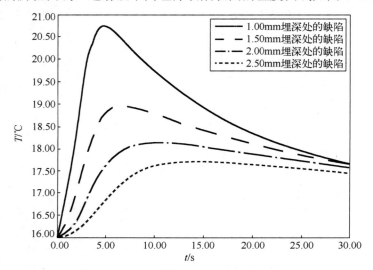

图 6-41　透射法不同埋深缺陷表面的温度曲线

取相应埋深缺陷表面对应的最大温度值做拟合运算，得到如图 6-42 所示的透射法仿真缺陷埋深与最大温度时间的关系。

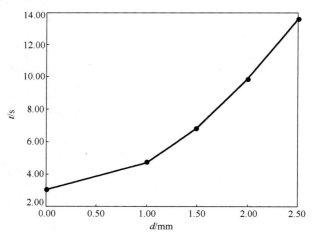

图 6-42　透射法仿真缺陷埋深与最大温度时间的关系

在模拟透射法实验对不同埋深缺陷表面温度影响的研究中，缺陷表面达到最大温度的时间伴随着缺陷埋深的增加而增大，达到的最大温度随之减小，温度上升的速率随之减小，降温速率也随之减小。与反射法仿真相似，在相同面积的缺陷处受到相同热流密度的能量激励后，缺陷埋深浅的，热量传播到试块表面的时间短，热量向周围扩散得少，使缺陷表面的温度升高更多。

2. 缺陷宽度对表面温度的影响

在透射法仿真中，模型和参数与反射法相同，将激励时间变为 3.00s，在 7 组仿真实验后得到不同埋深缺陷处的温度值，绘制温度值的时间历程曲线，分析缺陷处的表面最大温度和时间的变化关系。透射法仿真不同缺陷宽度对应的温度曲线如图 6-43 所示。

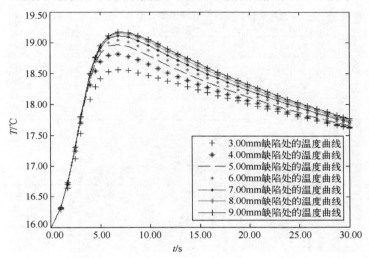

图 6-43　透射法仿真不同缺陷宽度对应的温度曲线

在试块表面温度上升时，不同宽度缺陷表面的温度会同时升高，缺陷宽度对试块表面温度的影响可以忽略，在加热后期，曲线开始分叉，缺陷宽度的影响开始体现，并且影响逐步扩大，虽然达到最大温度的时间相同，但不同宽度缺陷表面达到的最大温度不同，随着缺陷宽度的增加，达到的最大温度也随之增加。将不同宽度缺陷和其所对的最大温度进行拟合，得到如图 6-44 所示的缺陷宽度与最大温度值的关系。

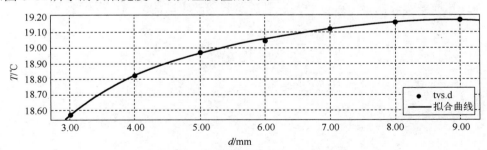

图 6-44　缺陷宽度与最大温度值的关系

激励过程中，不同宽度缺陷表面温度会同时升高（见图 6-43），大于 6.00mm 宽的缺陷，最大温差值和最大温度都会随着宽度的增加而趋于平稳（见图 6-44），这是由于当缺陷宽度大于一定值后，缺陷的边缘效应会减弱，受到边缘温度的影响会减小。在降温过程中，由于宽度大的缺陷散热面积大，热量损失快，导致缺陷表面的最大温差和最大温度都比宽度小的缺陷表面的最大温差和最大温度小。

3. 激励时间对透射法缺陷深度计算精度的影响

通过对宽度相同、埋深不同的缺陷模型施加相同能量的热激励，研究激励时间对缺陷表面温度场的影响，进而分析激励时间与缺陷埋深定量准确性之间的关系。通过大量仿真实验，透射法选取的激励时间分别为 $t = 1.00s$、$3.00s$、$7.00s$、$11.00s$，进行分析及计算，得到透射法激励时间与不同深度缺陷的最大温度时间，如表 6-10 所示。

表 6-10　透射法激励时间与不同深度缺陷的最大温度时间

埋深/mm	激励 1.00s 后的最大温度时间/s	激励 3.00s 后的最大温度时间/s	激励 7.00s 后的最大温度时间/s	激励 11.00s 后的最大温度时间/s
1.00	3.60	5.00	8.50	12.00
1.50	5.50	6.80	10.00	13.00
2.00	8.50	10.00	13.00	16.00
2.50	13.50	14.80	17.00	20.00

根据表 6-10 计算透射法激励时间与深度定量测量的误差，如表 6-11 所示。

表 6-11　透射法激励时间与深度定量测量的误差

埋深/mm	激励 1.00s 后的测量误差	激励 3.00s 后的测量误差	激励 7.00s 后的测量误差	激励 11.00s 后的测量误差
1.00	7.30%	26.40%	64.90%	95.90%
1.50	17.30%	0.22%	19.25%	35.90%
2.00	17.50%	10.00%	1.98%	13.13%
2.50	16.90%	12.70%	6.70%	1.19%

根据表 6-11 绘制激励时间对应的缺陷深度测量误差曲线，如图 6-45 所示。可知，埋深 1.50mm 与 2.00mm 的缺陷深度测量误差分别在激励 $t = 3.00s$ 后和 $t = 7.00s$ 后达到最小，远小于反射法仿真所需要的激励时间。并且，由埋深 2.50mm 的缺陷深度测量数据得知，埋深较深的缺陷测量误差更小，透射法的测量误差为 1.19% 远小于反射法 12.80% 的测量误差，这也和透射法红外热成像实验结果一致，因此透射法检测埋深较深的缺陷更有优势。

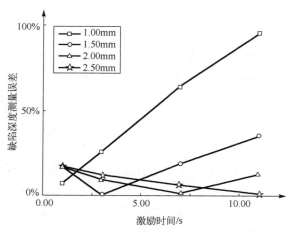

图 6-45　激励时间对应的缺陷深度测量误差曲线

6.6.4　误差分析

通过对两种检测方法定量测量缺陷的仿真，以及通过与实验相同加热时间的激励，得到试块缺陷表面达到最大温度的峰值时间 t_{max} 和最大温差所在的峰值时间 τ_{max}，通过把 t_{max} 和 τ_{max} 分别代入式(6-11)和式(6-12)可以求出透射法缺陷深度的测量结果及误差和反射法缺陷深度的测量结果及误差，如表 6-12 所示。

表 6-12　透射法和反射法仿真缺陷深度的测量结果及误差

激励方法	缺陷	峰值时间/s	实际埋深/mm	测量埋深/mm	误差
透射法	A	7.00	1.50	1.496	0.22%
	B	10.00	2.00	1.789	10.56%
反射法	A	20.00	1.50	1.265	15.60%
	B	24.50	2.00	1.400	30.00%

首先，两种方法仿真缺陷深度的测量结果验证了在实际检测工作中都可以进行缺陷的定量测量，但是由于建模方法及环境等因素的影响，仿真缺陷深度的测量结果存在误差。实验与仿真的误差主要影响因素有以下几点。

（1）环境因素影响。在仿真过程中，设定的环境温度和初始温度相同，并且保持不变，但在实验环境中是很难做到环境温度保持恒定的。首先，激励源存在响应时间，不能实时保持恒定的加热温度；其次，在激励试块后并没有立即降到室温，依然在向空气中辐射能量，使周围空气温度升高，周围空气温度的升高和流动会影响试块表面的温度场稳定，导致试块表面的温度值波动加剧，影响实验数据的结果。由于激励源的形状为直管状，在照射面内不能保证热量的均匀分布，导致试块边缘部位与中间部位存在温度差，这不仅会带来实验误差，而且是模拟仿真与实验数据误差的影响因素之一。

（2）仿真模型影响。建立的仿真模型是二维剖面，模拟热量通过试块截面时的温度分布，没有考虑 Z 轴上的横向热传导。透射法实验中宽度较小的缺陷达到最大温度的时间增大，是因为实验中小宽度缺陷受到边缘效应的影响明显，横向热传导导致热量在试块中的损失增加，到达表面温度的相应时间增大。当缺陷宽度大于一定范围后，缺陷中心部位受到边缘效应的影响减小，和仿真结果趋于一致。

（3）计算误差影响。在理论建模中，为了简化模型，采用一维热传导理论建模，以推导反射法和透射法缺陷定量测量的深度值与特征时间的关系，但在仿真与实验中埋深与特征时间的关系均不同于理论模型，采用一维热传导理论模型求解仿真值和实验值，所得到的结果是一个近似值而非真实值，通过仿真和实验研究，透射法定量测量的误差很小，可见计算误差的影响是在可接受范围内的。

6.7　本　章　小　结

为了验证两种方法对缺陷定量检测的有效性，首先通过理论模型分析缺陷深度定量检测原理，用两种方法对含有楔形槽缺陷的试块进行检测，并利用 ANSYS 软件对红外热成像技术的反射法和透射法检测过程进行仿真，以模拟整个热传导过程，分析不同因素对试块表面温度场的影响，采用实验与仿真相结合的分析方法，对两种方法的缺陷深度定量检测规律进行研究。

（1）反射法与透射法都可以实现对缺陷深度的定量检测，但透射法检测所需激励时间更短，并且随着缺陷深度的增加，透射法所需更短激励时间的优势体现得更加明显。

（2）在实验中，缺陷宽度对试块表面温度的影响规律相同，随着缺陷宽度增大，用反射法检测时缺陷处与非缺陷处的温差值增大，达到最大温差值的时间基本不变，说明缺陷宽度不影响反射法对缺陷深度的测量结果；用透射法检测时，缺陷宽度从3.00mm扩大到4.50mm，但达到最大温度的时间逐渐减小，缺陷宽度大于4.50mm后，达到最大温度的时间不随缺陷宽度的变化而变化，说明本次实验中宽度小于4.50mm的缺陷，对深度测量结果有影响，透射法实际检测的缺陷宽度小于4.50mm缺陷的误差较大。

（3）在实验中，缺陷深度对试块表面温度的影响规律相同，随着缺陷埋深增大，用反射法检测缺陷处与非缺陷处的温差值减小，达到最大温差值的时间增大；用透射法检测缺陷处的最大温度值减小，达到最大温度值的时间增大。

（4）反射法与透射法的仿真结果与实验检测结果规律相同，通过仿真可分析不同缺陷埋深精确测量所需要的激励时间，也可用仿真方法对实验进行指导、分析。

（5）反射法与透射法相比，透射法可以用较短的激励时间快速定量缺陷深度，并且只需要考虑缺陷区域的温度时间历程，数据处理更加简单，但是透射法在日常检测工作中容易受条件制约，没有反射法应用广泛。

参 考 资 料

[1]　罗英, 张德银, 彭卫东, 等. 民航飞机主动红外热波成像检测技术应用进展[J]. 激光与红外, 2011, 41（7）: 718-723.

[2]　马保全, 周正干. 航空航天复合材料结构非接触无损检测技术的进展及发展趋势[J]. 航空学报, 2014, 35（7）: 1787-1803.

[3]　CHRISISTIANE M, PHILIPP M, MERCEDES R, et al. Characterizing damage in CFRP structures using flash thermography in reflection and transmission configurations[J]. Composites Part B, 2014, 57: 35-46.

[4]　美国材料与试验协会. 航空航天用合成板条和检修片红外闪热成像法的标准实施规程: ASTM E2582-07[S]. 2007.

[5]　中国民用航空维修协会. 民用航空无损检测 复合材料构件红外热像检测: T/CAMAC 0007—2020[S]. 北京: 中国标准出版社, 2020.

[6]　霍雁, 张存林. 碳纤维复合材料内部缺陷深度的定量红外检测[J]. 物理学报, 2012, 61（14）: 199-205.

[7]　黄红梅. 物体内部孔洞的红外无损检测[D]. 天津: 天津理工大学, 2007.

[8]　朱亚昆, 朱志彬, 郑荣部, 等. 红外热像无损检测的热激励技术[J]. 石油化工设备, 2014, 43（4）: 86-89.

[9]　汪子君. 红外相位法无损检测技术及应用研究[D]. 哈尔滨: 哈尔滨工业大学, 2010.

[10]　李美华. 脉冲红外无损检测缺陷深度的有限元模拟及定量分析[D]. 北京: 首都师范大学, 2013.

[11]　李艳红, 赵跃进, 冯立春, 等. 基于脉冲位相的红外热波无损检测法测量缺陷深度[J]. 光学精密工程, 2008, 16（1）: 55-58.

[12]　李美华, 曾智, 沈京玲, 等. 脉冲红外无损检测缺陷深度定量检测的数值模拟[J]. 红外与激光工程, 2013, 4（42）: 875-879.

[13]　XAVIER P M, PATRICK O M. Nondestructive Testing Handbook Infrared and Thermal Testing [M]. Columbus: American Society for Nondestructive Testing, 2001.

[14] FAVRO L D, NEWAZ G M, THOMAS R L, et al. Progress in thermosonic crack detection for nondestructive evaluation[C]. DARPA Prognosis Bidderp's Conference,2002: 25-26.

[15] WANG X. Pulse-echo thermal wave imaging of metals and composite[D]. Detroit: Wayne State Univ, 2001.

[16] HSIEH C K, SU K U. A methodology of predicting cavity geometry based on scanned surface temperature date--prescribed surface temperature at the cavity side[J]. SAME Journal of Heat Transfer, 1980, 102: 324-329.

[17] DATONG W, GERD B. Lock-in Thermography for Non-destructive Evaluation of Aerospace Structures[J]. Composites Science and Technology, 2009, 69: 1372-1380.

[18] THOMAS R L, XIAOYAN Han, FAVRO L D. Thermal Wave Imaging of Aircraft for Evaluation of Disbanding and Corrosion[C]. Copenhagen: ECNDT 98, 1998:126-130.

[19] ROBERTO M. Non-destructive evaluation of thick glass fiber-reinforced composites by means of optically excited lock-in thermography[J]. Composites Part A: Applied Science and Manufacturing, 2012, 11（43）: 2075–2082.

[20] SAHNOUN S, BELATTAR S. Thermal nondestructive testing study of a circular defect in plan structure [J]. British Journal of NDT, 2003, 8（8）: 115-121.

[21] SAKAGAMI T, KUBO S. Applications of pulse heating thermography and lock-in thermography to quantitative nondestructive evaluations[J]. Infrared Physic and Techonlogy, 2002, 43: 271-278.

[22] RAJIC N. Principal component thermography for flaw contrast enhancement and flaw depth characterisation in composite structures[J]. Composite Structures, 2002, 58: 521-528.

[23] MARINETTI S, GRINZATO E, BISON P G, et al. Statistical analysis of IR thermographic sequences by PCA[J]. Infrared Physic and Techonlogy, 2005, 46: 85-91.

[24] BEATE O T. Time and frequency behaviour in TSR and PPT evaluation for flash thermography[J]. Quantitative InfraRed Thermography Journal, 2017, 14（2）: 164-184.

[25] MOSKOVCHENKO A I, VAVILOV V P, CHULKOV A O. Comparing the efficiency of defect depth characterization algorithms in the inspection of CFRP by using one-sided pulsed thermal NDT [J]. Infrared Physics & Technology, 2020, 107: 103289.

[26] PANAGIOTIS T, MARIA K. Depth Retrieval Procedures in Pulsed Thermography: Remarks in Time and Frequency Domain Analyses[J]. Applied Sciences, 2018, 8（3）: 8030409.

[27] NUMAN S, MOHAMMED A O, YUSRA A. A Neural Network Approach for Quantifying Defects Depth, for Nondestructive Testing Thermograms[J]. Infrared Physics and Technology, 2018, 94:55-64.

[28] 关荣华. 红外热诊断与导热问题计算[J]. 红外技术，2002, 24（5）: 49-51.

[29] 关荣华, 于慧. 对圆柱型设备内壁缺陷的红外检热诊断实验[J]. 激光与红外, 2002, 32（1）: 37-39.

[30] 陈珏. 红外无损检测技术的传热学分析[J]. 红外与毫米波学报, 2002, 19（4）: 285-288.

[31] 王迅, 金万平, 张存林, 等. 红外热波无损检测技术及其进展[J]. 无损检测, 2004, 26（10）: 497-501.

[32] 赵石彬, 赵佳, 张存林, 等. 红外热波无损检测中材料表面下缺陷类型识别的有限元模拟及分析[J]. 应用光学，2007（5）: 559-563.

[33] 徐振业, 成来飞, 梅辉, 等. C/SiC 复合材料盲孔缺陷深度的红外热成像定量测量[J]. 复合材料学报, 2011, 28（6）: 137-141.

[34] YIFAN Z, JORN M, ADISORN S, et al. A novel defect depth measurement method based on Nonlinear System Identification for pulsed thermographic inspection[J]. Mechanical Systems and Signal Processing,

2017, 85: 382-395.

[35] 钱荣辉. 基于锁相红外的复合材料定量化检测研究[D]. 哈尔滨: 哈尔滨工业大学, 2018.

[36] 曹晓晗. 基于 ECPT 热图像的裂纹缺陷量化算法研究[D]. 成都: 电子科技大学, 2020.

[37] 汪美伶. 基于非线性变换的光激励热成像缺陷深度估计关键技术研究[D]. 成都: 电子科技大学, 2021.

[38] WEI P, FEI W, XIANGLIN M, et al. Dynamic thermal tomography based on continuous wavelet transform for debonding detection of the high silicon oxygen phenolic resin cladding layer[J]. Infrared Physics and Technology, 2018, 92: 115-121.

[39] 牟欣颖, 何赞泽, 王洪金, 等. 基于一维卷积神经网络的联动扫描热成像缺陷自动识别与深度回归[J]. 电子测量与仪器学报, 2021, 35(4): 211-217.

[40] 曹丹. 红外断层成像无损检测研究[D]. 南京: 南京理工大学, 2013.

[41] 黄新萍. 基于脉冲红外热像法的缺陷尺寸测量及有限元模拟分析[D]. 北京: 首都师范大学, 2014.

[42] 田裕鹏, 红外检测与诊断技术[M]. 北京: 化学工业出版社, 2006.

[43] 刘莹, 张记龙. 脉冲红外无损检测的理论分析及其有限元仿真[J]. 测试技术学报, 2002, 16(4): 258-260.

[44] 孙春庆. 钢板及铝板红外探伤的定量化研究[D]. 湘潭: 湖南科技大学, 2011.

[45] 曾智, 陶宁, 冯立春, 等. 缺陷尺寸对红外热波技术缺陷深度测量的影响研究[J]. 红外与激光工程, 2012, 41(7): 1910-1915.

[46] 李国华, 林晓凤, 高聚春. 管道内壁腐蚀的红外热像无损检测的数值模拟[J]. 矿山机械, 2012, 40(9): 118-122.

[47] 程尚模. 传热学[M]. 北京: 高等教育出版社, 1990.

[48] 张炜, 刘涛, 杨正伟, 等. 红外热波检测热激励源的优化[J]. 无损检测, 2010, (2):82-85.

[49] 张炜, 王焰, 杨正伟, 等. 脉冲式红外热波无损检测的热激励均匀性[J]. 无损检测, 2011, (1): 25-27.

[50] 华浩然, 袁丽华, 邬冠华, 等. 透射法的红外热波缺陷定量检测研究[J]. 激光与红外工程, 2016, 45(2): 99-104.

[51] 胡国良, 任继文, 龙铭. ANSYS13.0 有限元分析实用基础教程[M]. 北京: 国防工业出版社, 2012.

[52] 张朝辉. ANSYS 热分析教程与实例解析[M]. 北京: 中国铁道工业出版社, 2007.

[53] 张国智, 胡仁喜, 陈继刚, 等. ANSYS10.0 热力学有限元分析实例指导教程[M]. 北京: 机械工业出版社, 2007.

[54] 孔祥谦. 有限元法在传热学中的应用[M]. 北京: 科学出版社, 1998.

[55] 邓昌海. 金属管常见缺陷的红外无损检测研究[D]. 南昌: 南昌航空大学, 2012.

[56] 梅林, 陈自强, 王裕文, 等. 脉冲加热红外热成像无损检测的有限元模拟及分析[J]. 西安交通大学学报, 2000, 34(1): 66-70.

[57] 李大鹏, 杨治东, 孙丰瑞. 有限元方法在单面热流加热红外无损检测中的应用[J]. 机电工程, 2005, 22(2): 24-29.

[58] 赵景媛, 王黎明, 刘宾. 铸件内部缺陷红外无损检测的有限元模拟及分析[J]. 红外技术, 2008, 30(7): 429-432.

[59] 曹丹, 屈惠明. 基于有限元的材料红外无损检测研究[J]. 激光与红外, 2013, 43(5): 513-517.

第7章 红外序列图像处理

7.1 概 述

7.1.1 研究背景和意义

材料和结构的健康监测在航空航天、工业、医疗和建筑领域发挥着至关重要的作用。在许多重大工程中，微小的材料缺陷都可能造成重大的隐患，因此需要无损检测(NDT)技术技术为材料结构的安全提供强有力的技术保障。主动式红外热成像无损检测技术可以通过红外热像仪获得材料表面瞬态温度场的连续变化过程，并通过红外图像序列直观地表达温度的演变过程。其采用数字图像处理的方法，对缺陷的位置、形状、大小等特征信息进行定量评估和分析。在红外热成像无损检测中，缺陷尺寸的量化是缺陷定量化的主要问题之一。同时，在质量控制过程中，它亦是决定试块是否接受的决定性因素。第6章探讨了通过时间历程曲线分析并反演缺陷埋深的定量检测问题，本章将通过对红外序列图像处理提取缺陷轮廓，获得缺陷尺寸等相关信息，实现缺陷表征。红外序列图像处理包括单帧图像处理和多帧图像处理。红外热像图包含成百上千帧图，对于单帧图像，如何从这些热像图中选取能较好反映缺陷特征的热像图就成了一个很重要的问题，这一问题的解决可以为红外热成像无损检测技术数据自动化处理提供相关的性能指标参数。本章还运用 PCA 和 ICA 实现红外热成像图像序列增强。

7.1.2 国内外研究现状

材料缺陷的红外热成像检测一般采用主动激励检测，红外热像仪会同步采集激励作用下的材料表面温度场变化，并以序列图的形式记录下来。对于单帧热图像，缺陷尺寸的定量检测主要有两种方法：一种是对表面温度场的数据进行分析；另一种是对图像数据进行数字化处理。第一种方法利用 wethsel 和 McDonald's 温度场分析方法，通过缺陷特征的半最大值全宽度(FWHM)进行缺陷尺寸的定量评估和缺陷温度分布的提取，是较经典的方法[1-3]。WYSOCKA-FOTKE O 等人[4]对该方法进行了改进，利用表面温度分布的时间导数，通过半高切线法确定缺陷尺寸。DUAN Y 等人[5]演示了使用温度分布曲线的信噪比(SNR)分析来评估缺陷的物理性质，若观测到的热异常的信噪比大于 15，则认为该特征是由缺陷引起的。第二种方法侧重红外图像的数字处理，通常采用缺陷的几何形状和大小来表征缺陷[6]，主流的缺陷表示(面积)方法是使用等效像素比法[7-8]，通过缺陷图像的图像像素数来估计缺陷面积的。每像素的等效长度比可以通过使用已知的试块尺寸来校准。由于红外图像存在对比度低、纹理细节缺乏等问题，基于红外图像的缺陷特征定量提取一直是技术难题[9]。目前针对红外图像中缺陷的分割算法依据类型的不同大致分为基于阈值、区域及边缘的分割算法[10-11]。针对不同埋深缺陷的红外图像，JIANGFEI W 等人[12]研究了基于阈值的多种图像分割算法，并针对红外图像对比度不高的特点对缺陷的提取提出了"分而治之"的策略。结果表明，在"分而治之"的策略下，WangJiangfei 等人能准确提取不同深度的不同缺陷的面积且误差小于 5%。梁涛[13]针对 CFRP 材料的冲击损伤与脱黏缺陷，讨论了基于涡流脉冲热成像检测技术与光激励热成像检测技术下的检测研究，采用多种图像特征提取算法进行数据处理，通过 F-score 准则对各算法进行了定量估计，并基于区域生长算法分析了缺陷实际尺寸与图像尺寸的关系。在对红外图像处理过程中，任彬[14]结合红外热像的灰度特性提出了一种窄范围二阶导数过零的边缘检测算法，并对焊接缺陷边缘进行了提取且获得了较好的检测效果。对于具有裂纹缺陷的红外热图像，对比度差且信噪比低。黄涛等人[15]针对图像细节的增强、区域分割等方面提出了一种能消除噪声的算法。该算法首先进行滤波以去除图像中的一些噪声，然后进一步实现对红外图像的增强，最后改进用于分割图像中的裂缝区域的区域扩展方法。结果表明，该算法在提高裂纹图像对比度的同时能有效滤除噪声，并且能保留裂纹中不同灰度的特征，为随后裂缝深度的测量提供一些必要的参数。随着数字图像领域中新技术、新理论的应用，一些新颖的红外图像缺陷分割算法也得到了发展。王冬冬等人[16]与 LI Y 等人[17]先采用尖点突变理论提取像素的突变点，再通过膨胀运算使突变点连接，并提取骨架对图像进行形态学膨胀运算和填充，以实现对碳纤维板缺陷的有效分割。金国锋等人[18]采用粒子群优化的图像分割算法对界面贴合型缺陷进行了有效识别。ZHENG K Y 等人[19]为实现碳纤维板内置人工缺陷的自动分割，提出了一种超图像分割算法，即在拉普拉斯特征映射方法上的一种迭代缺陷检测算法。FENG Q Z 等人[20]结合热信号重构算法提出了自动种子区域生长分割算法，对复合材料的人工缺陷进行图像分割。SREESHAN K 等人[21]采用分水岭与主动轮廓模型算法对碳纤维复合材料脱黏缺陷特征进行提取。此外，分数阶达尔文粒子群分割算法[22]、基于非高斯核函数的局部二值拟合模型算法[23]及模糊 C 均值聚类算法[24]也在复合材料红外热波图像的缺陷分割中得到了应用。朱笑等人[25]通过分析红外图像空域特征，提出了一种多尺度八方向边缘检测图像分割算法，先采用模糊 C 均值聚类算法对缺陷图像进行预分割获取先验信息，然后构建圆形卷积模板对红外图像进行多尺度八方向卷积运算，引入 OTSU 算法分割梯度图像，结合形态学运算得到缺陷边缘图，对目标区域进行连通域分析以实现对缺陷特征的定量提取。

对于单帧图像处理，首先要解决关键帧图的选取问题，即从成百上千张的红外序列图像中选择最能代表材料缺陷信息的帧图作为图像处理的原图。对关键帧图的选取依据研究较少，常采用主观方式，人为地选取，具有很强的主观性，不能保证精度，也不利于基于序列图像的缺陷自动提取。TASHAN J 等人[7]指出缺陷尺寸的量化关键依赖于对序列中合适帧图的选择，通过分析不同距离、不同检测时间的缺陷结果，建议选取温差对比度最大或之后随即出现的红外热像进行分析，以获得更准确的缺陷尺寸。Kabouri A 等人[8]选择了描述试块平均表面温度最大的帧作为图像处理的原图。然而，关键帧图像选择算法的鲁棒性普遍较差，所提出的关键帧选择算法在最终缺陷提取中精度较差。YUAN L H 等人[26]在定义敏感区域的基础上，提出了敏感区最大标准差算法，可从红外图像序列中自动选取合理的帧图，并与 Blob 分析相结合，自动定位缺陷的 ROI，通过图像分割获得缺陷信息并进一步提出两步检测算法，以保证结果的鲁棒性。

为有效降低背景中的热噪声、加热不均等不利因素的影响，进而显著提升热波图像的信噪比和缺陷的可识别性，相关研究学者提出了诸多红外热波图像序列增强算法。绝对热对比度(Absolute Thermal Contrast，ATC)[27]、热信号重构(Thermographic Signal Reconstruction，TSR)[28-29]、独立成分分析(Independent Component Analysis，ICA)[30]、奇异值分解(Singular Value Decomposition，SVD)[31]、快速傅里叶变换(Fast Fourier Transform，FFT)[32-33]、主成

分分析(Principal Component Analysis，PCA)等算法是常用的提升缺陷检测精度和效率的红外数据后处理算法。为探究以上算法的图像增强效果，BU C W 等人[34]针对金属纤维层合板脱黏缺陷采用长脉冲热成像，通过 TSR 算法、FFT 算法、PCA 算法对原始红外数据进行处理，结果表明，PCA 算法处理后的缺陷特征图像信噪比较高，可以滤除干扰噪声、减少冗余信息、提高缺陷的检测能力，同时第一主成分的缺陷特征信息丢失最少，缺陷边缘定位精度高，缺陷检测效果较优。WANG Z 等人[35]针对玻璃纤维增强型复合材料的红外热波序列采用 ATC、FFT、TSR 和 PCA 4 种热信号处理算法进行增强。图像处理结果表明，针对不同埋深的脱黏缺陷，PCA 算法处理后缺陷的识别率较高。WANG Q 等人[36]采用差动扩散激光红外热成像检测技术对碳纤维板的分层缺陷和冲击损伤进行检测，对获取的红外序列进行帧间差分预处理，并采用 FFT 算法和 PCA 算法进行图像增强，成像结果表明，PCA 算法处理后的数据相较幅值、相位图像其缺陷对比度和检测灵敏度更高。此外，LEI L 等人[37]、LIU B 等人[38]、ZHANG H 等人[39]针对复合材料分层、夹杂、冲击等多种损伤得到的红外热成像序列进行了后处理算法对比，均表明 PCA 算法在提升图像信噪比和缺陷的识别能力上具有较大的技术优势。因此，PCA 算法是红外序列图像增强过程中关键的技术算法之一。同时，为了提升 PCA 算法的鲁棒性，部分学者提出了相关改进算法。TANG Q J 等人[40-41]针对复合材料缺陷的红外热图像采用马尔科夫算法对红外序列进行重构，并基于 PCA 算法对原始复杂数据进行降维处理，定量分析结果表明，此算法能有效消除背景噪声和冗余信息，提升特征图像的信噪比和材料缺陷的识别效果。LIANG T 等人[42]提出了一种结合小波变换和 PCA 的多尺度统计分析算法，将多维的原始数据转化为多张特征图像，并对冗余信息进行分离，依据算法的多尺度特性和小波重构算法可以有效探测 4J 的低速冲击损伤。周建民等人[43]采用 PCA 算法对平底孔缺陷的红外图像进行处理，并结合概率神经网络(PNN)实现了高精度的缺陷识别，提高了图像的信噪比、消除了热量不均效应。董毅旺等人[44]首次探究了融合区间对 PCA 算法处理结果的影响，提出可依据温差峰值下降的百分数来选择融合区间，并对处理结果进行主客观的对比分析，研究结果表明，当温差峰值下降到 80%，选择大于该值对应的序列图像帧数作为融合区间时，PCA 算法处理的效果最佳。

WANG F 等人[45]采用脉冲热成像技术对包覆层高硅氧酚醛树脂板材缺陷进行检测，对比了 ICA 算法、PCA 算法和 PPT 算法等不同算法的处理结果，表明 ICA 算法能显著提高信噪比。LIU Y 等人[46]针对复合材料平底孔缺陷，采用 ICA 算法将热图像序列分解为多个独立的非高斯信号，以减少不均匀背景和噪声的影响，同时突出缺陷特征。王昵辰等人[47]采用多模式红外热成像对碳纤维布加固混凝土界面黏结缺陷进行检测，分析了脉冲、锁相、脉冲相位等模式对检测效果的影响，采用 PCA 算法和 ICA 算法对红外热像图序列进行处理，并对比这几种算法的检测效果，证明红外热成像技术可以对加固混凝土界面的黏结缺陷进行有效检测。LU X 等人[48]采用涡流脉冲压缩热成像技术检测 CFRP 人工分层缺陷，通过 PCA 算法、ICA 算法对原始序列图像进行处理，结果表明，ICA 算法在处理深度缺陷时表现更好。王晨聪[49]针对 CFRP 平底孔试块缺陷采用脉冲热成像技术，提出了马尔科夫-独立成分分析算法，与多项式拟合算法、SVD 算法、PPT 算法等相比，对缺陷检测的灵敏度更高、噪声抑制能力更强且视觉效果更好。因此 ICA 算法是红外序列图像增强过程中重要的技术算法之一。袁丽华等人[50]采用 ICA 算法研究基于脉冲红外图像的复合材料冲击损伤的缺陷表征问题，研究结果表明，ICA 算法能够有效区分噪声与缺陷，并且获得的特征图像比原始图像的信噪比更高、对比度更大、图像质量更好，更有利于缺陷的提取和表征。

7.2　单帧图像处理

7.2.1　常用的阈值分割算法

图像阈值分割的基本原理是通过设定不同的特征阈值，把图像中的像素点分成若干类[42]。其特征可以包括原始图像的灰度或彩色特征、原始灰度图或彩色图变换得到的特征。假设原始图像为 $f(x, y)$，按照某种准则在原始图像中找到若干个特征阈值 $t_1, t_2, \cdots, t_n (n \geq 1)$ 进而把图像 $f(x, y)$ 分成若干个部分，分割后的图像为

$$g(x,y) = \begin{cases} g_0, & f(x,y) < t_1 \\ g_1, & t_1 \leq f(x,y) < t_2 \\ g_2, & t_2 \leq f(x,y) < t_3 \\ g_3, & t_3 \leq f(x,y) < t_4 \\ \quad\vdots \\ g_{n-1}, & t_{n-1} \leq f(x,y) < t_n \\ g_n, & t_n \leq f(x,y) \end{cases} \tag{7-1}$$

灰度阈值分割算法是一种被广泛使用的算法，具有简单、易实现的特点，只需要在灰度级中选取一个值作为图像的阈值，就可以将图像分为两部分：一部分灰度值小于等于阈值的像素点，其像素点的值都为 0；另一部分为灰度值大于阈值的像素点，其像素点的值都为 1，因此可以由灰度图生成一张新的二值图像，这样就可以把感兴趣的目标区域分离出来。常用的基于灰度阈值分割的算法有迭代阈值分割算法、最大熵分割算法、最小误差分割算法、Ostu 算法及最小偏态分割算法等。

7.2.1.1　迭代阈值分割算法

迭代阈值分割算法[43]的基本思路是：首先选择一个初始阈值作为初始估计值，然后按照某种策略不断地改进初始估计值，直到满足给定的判断准则为止。在此过程中，选择何种阈值改进策略是关键环节，并且在此迭代过程中，有两个特征是优秀阈值改进算法应该具备的，第一个是该迭代过程能够快速收敛，第二个是在每次迭代中，新产生的阈值要比上一次的阈值好。迭代阈值分割算法的主要步骤如下。

S1　选择图像灰度的中间值作为初始估计值 t_0。

S2　利用阈值 t_i 把图像分割成两个区域，分别为 A_0 和 A_1，计算区域 A_0 和 A_1 的灰度平均值 μ_0 和 μ_1，其值可以表示为

$$\mu_0 = \sum_{i=0}^{t_i} in_i \Bigg/ \sum_{i=0}^{t_i} n_i, \quad \mu_1 = \sum_{i=t_i}^{L-1} in_i \Bigg/ \sum_{i=t_i}^{L-1} n_i \tag{7-2}$$

式中，n_i 为灰度级 i 的像素个数；L 为灰度级数。

S3　求新的阈值，其值可以表示为

$$t_{i+1} = (\mu_0 + \mu_1) / 2 \tag{7-3}$$

S4　重复 **S2**、**S3**，当 $|t_{i+1} - t_i| < s$ 时，迭代终止。其中 s 为某一给定的值。

7.2.1.2　最大熵分割算法

信息是一个很抽象的概念，虽然人们常说信息很多或者信息太少，但是人们并不能清楚地确定到底有多少信息。例如，一本十万字的中文书到底有多少信息量[44]？自信息论之父香农（Shannon）于 1948 年提出信息熵的概念之后，对信息量化度量的问题才得以解决。

在信息论中，由于信源输出符号信息时是不确定的，因此可以根据相应符号出现的概率来度量。不确定性函数 F 是符号出现概率 P 的单调递减函数，表达式为

$$F(P) = \log_2 \frac{1}{P} = -\log_2 P \tag{7-4}$$

由式（7-4）可以看出，不确定性函数 $F(P)$ 随符号出现概率 P 的增大而减小。两个独立符号对应的不确定性函数要满足可加性：

$$F(P_1, P_2) = F(P_1) + F(P_2) \tag{7-5}$$

在信源中要考虑的并不是哪个单一符号的不确定性，而是要综合考虑信源所有可能发生的情况，即平均不确定度。如果信源符号有 n 种取值，且各种符号的出现彼此独立，分别为 $I_1, I_2, \cdots, I_i, \cdots, I_n$，其对应的概率分别为 $P_1, P_2, \cdots, P_i, \cdots, P_n$，那么信源所有符号的平均不确定度可以表示为单个符号的不确定性——$\log P_i$ 的统计平均值（E），即信息熵，表示为

$$H(I) = E[-\log_2 P_i] = -\sum_{i=1}^{n} P_i \log_2 P_i \tag{7-6}$$

信息熵的单位为比特，式中的对数底可以换成其他，根据相应公式可以进行底数换算。

假设图像的像素点总数目为 N，灰度范围为 $[0, L-1]$，L 表示灰度级数，对应灰度级 i 的像素数目为 n_i，灰度级 i 对应的概率 $P_i = n_i / N$，$i = 0, 1, 2, 3, 4, \cdots, L-1$，满足 $\sum_{i=0}^{L-1} P_i = 1$。对于数字图像，当阈值为 t 时，灰度值低于 t 的像素点构成了背景区域 B，灰度值高于 t 的像素点构成了目标区域 O，并由此可以得到背景区域 B 和目标区域 O 处的概率灰度分布。

背景区域 B 的概率灰度分布为

$$P_B = P_i / P_t, \quad i = 0, 1, 2, 3, 4, \cdots, t \tag{7-7}$$

目标区域 O 的概率灰度分布为

$$P_O = P_i / (1 - P_i), \quad i = t+1, \ t+2, \ t+3, \cdots, L-1 \tag{7-8}$$

式中，$P_t = \sum_{i=0}^{t} P_i = 1$。由信息熵的定义可以得到数字图像的背景区域和目标区域熵的定义，为

$$H_B(t) = -\sum_{i=0}^{t} P_B \log_2 P_B, \quad i = 0, 1, 2, 3, 4, \cdots, t \tag{7-9}$$

$$H_O(t) = -\sum_{i=t+1}^{L-1} P_O \log_2 P_O, \quad i = t+1, \ t+2, \ t+3, \cdots, L-1 \tag{7-10}$$

熵函数定义为背景区域的熵 $H_B(t)$ 和目标区域的熵 $H_O(t)$ 之和，可以表示为

$$\phi(t) = H_B(t) + H_O(t) \tag{7-11}$$

式中，$\phi(t)$ 表示熵函数，当熵函数取最大值时，即背景区域的熵 $H_B(t)$ 与目标区域的熵 $H_O(t)$ 的和达到最大值时，此时对应的阈值 t^* 为最佳阈值

$$t^* = \max_{0<t<L-1} [\phi(t)] \tag{7-12}$$

7.2.1.3 最小误差分割算法

假定图像中只有目标和背景两种模式，其混合分布的概率密度函数为 $p(i)$。通常假定混合分布的两个分量 $p_1(i)$ 和 $p_2(i)$ 都服从正态分布，并设两种模式下的均值标准差和先验概率分别为 μ_1、μ_2、σ_1、σ_2、P_1、P_2，则混合概率可表示为

$$p(i) = P_1 p_1(i) + P_2 p_2(i) \tag{7-13}$$

其中，由于 $p_1(i)$ 和 $p_2(i)$ 服从正态分布，因此可以表示为

$$p_1(i) = \frac{1}{\sqrt{2\pi}\sigma_1} e^{\frac{(i-u_1)^2}{2\sigma_0^2}} \tag{7-14}$$

$$p_2(i) = \frac{1}{\sqrt{2\pi}\sigma_2} e^{\frac{(i-u_2)^2}{2\sigma_2^2}} \tag{7-15}$$

若存在一个阈值 t，使 $p_1(i)$、$p_2(i)$、P_1 和 P_2 满足

$$P_1 p_1(i) = P_2 p_2(i) \tag{7-16}$$

则阈值 t 就是 Bayes 极小误差阈值。对式(7-16)两边取对数，有

$$\frac{(i-u_1)^2}{\sigma_1^2} + \ln \sigma_1^2 - 2\ln P_1 = \frac{(i-u_2)^2}{\sigma_2^2} + \ln \sigma_2^2 - 2\ln P_2 \tag{7-17}$$

求解该方程可以得到最佳阈值 t。求解过程如下：

设阈值为 t，$0<t<L-1$，L 表示灰度级数，则有

$$P_1(t) = \sum_0^t h(i) \tag{7-18}$$

$$P_2(t) = \sum_{t+1}^{L-1} h(i) \tag{7-19}$$

$$u_1(t) = \frac{\sum_{i=0}^t h(i)i}{P_1(t)} \tag{7-20}$$

$$u_2(t) = \frac{\sum_{i=t+1}^{L-1} h(i)i}{P_2(t)} \tag{7-21}$$

$$\sigma_1^2(t) = \frac{\sum\limits_{z=0}^{t}[i-u_1(t)][i-u_1(t)]h(i)}{P_1(t)} \tag{7-22}$$

$$\sigma_2^2(t) = \frac{\sum\limits_{i=t+1}^{L-1}[i-u_2(t)][i-u_2(t)]h(i)}{P_2(t)} \tag{7-23}$$

二值化后，灰度级的条件概率

$$e(i,t) = h(i \mid j,t)P_i(t)/h(i), \quad j = \begin{cases} 1, & i \leqslant t \\ 2, & i > t \end{cases} \tag{7-24}$$

式中，$h(i)$ 与 j 和 t 无关，可以忽略，对式（7-24）两边取对数，并将结果除以负 2，可得

$$e(i,t) = \left[\frac{i-u_j(t)}{\sigma_j}\right]^2 + 2\log\sigma_j(t) - 2\log P_j(t), \quad j = \begin{cases} 1, & i \leqslant t \\ 2, & i > t \end{cases} \tag{7-25}$$

它反映了对正确分类性能的一种测量[45]。在此基础上可定义一个判别函数，以描述整张图像上平均的正确分类性能

$$J(t) = \sum_i h(i)e(i,t) \tag{7-26}$$

判别函数间接反映了对象和背景分布的高斯模型间的交叠量。将式（7-25）带入式（7-26），则有

$$J(t) = \sum_{i=0}^{t} h(i)\left\{\left[\frac{i-u_1(t)}{\sigma_1(t)}\right]^2 + 2\log\sigma_1(t) - 2\log P_1(t)\right\} \\ + \sum_{i=t+1}^{L-1} h(i)\left\{\left[\frac{i-u_2(t)}{\sigma_2(t)}\right]^2 + 2\log\sigma_2(t) - 2\log P_2(t)\right\} \tag{7-27}$$

再将式（7-20）和（7-21）带入式（7-27），可以得到

$$J(t) = 1 + 2[P_1(t)\log\sigma_1(t) + P_2\log\sigma_2(t)] - 2[P_1(t)\log\sigma_1(t) + P_2\log\sigma_2(t)] \tag{7-28}$$

使判别函数取极小值的灰度值 t_z，将得到最小误差的阈值，即

$$t_z = \text{ArgMin}[J(t)] \quad 0 < t < L-1 \tag{7-29}$$

7.2.1.4　Ostu 算法

Ostu 算法（最大类间方差算法）[46]是日本学者大津于 1979 年提出的一种图像二值化算法。该算法是基于图像像素间最大类间方差的一种自动选择图像阈值算法。其基本思想是假设图像的像素点总数目为 N，灰度范围为 $[0, L–1]$，L 表示灰度级数，对应灰度级 i 的像素数目为 n_i，灰度级 i 对应的概率为

$$p_i = n_i/N, \quad i = 0, 1, 2, 3, 4, \cdots, L-1 \tag{7-30}$$

满足 $\sum\limits_{i=0}^{L-1} p_i = 1$。图像中的像素阈值 T 被分为两类：C_0 和 C_1，其中，C_0 是由灰度在范围 $[0, t]$

内的像素点组成的，C_1 是由灰度在范围$[T+1, L-1]$内的像素点组成的，对于灰度分布概率，整张图像的均值为 $\mu_t = \sum_{i=0}^{L-1} ip_i$，而 C_0 和 C_1 的均值分别为

$$\mu_0 = \sum_{i=0}^{t} ip_i \bigg/ \omega_0 \tag{7-31}$$

$$\mu_1 = \sum_{i=t+1}^{L-1} ip_i \bigg/ \omega_1 \tag{7-32}$$

式中，$\omega_0 = \sum_{i=0}^{t} p_i$；$\omega_1 = \sum_{i=t+1}^{L-1} p_i$，则有

$$\mu_t = \omega_0 \mu_0 + \omega_1 \mu_1 \tag{7-33}$$

类间方差定义为

$$\begin{aligned}\varsigma^2 &= \omega_0(\mu_0 - \mu_t)^2 + \omega_1(\mu_1 - \mu_t)^2 \\ &= \omega_0 \omega_1 (\mu_0 - \mu_1)^2\end{aligned} \tag{7-34}$$

图像的阈值 t 在灰度级$[0, L-1]$范围内逐个取值，使类间方差ς^2值最大的灰度级为大津算法的最佳阈值。

7.2.1.5　最小偏态分割算法

在数理统计中偏态为样本的三阶中心统计矩，它衡量的是数据分布偏离正态分布的程度。

$$K_1(t) = \frac{\sum_{i=0}^{t}[i - u_1(t)][i - u_1(t)][i - u_1(t)]h(i)}{P_1(t)} \tag{7-35}$$

$$K_2(t) = \frac{\sum_{i=t+1}^{L-1}[i - u_2(t)][i - u_2(t)][i - u_2(t)]h(i)}{P_2(t)} \tag{7-36}$$

定义 $K_1(t)$ 和 $K_2(t)$ 绝对值的和为图像的偏态指标 $K(t)$，可以表示为

$$K(t) = |K_1(t)| + |K_2(t)| \tag{7-37}$$

由于 $K_1(t)$ 和 $K_2(t)$ 的值可正（正偏态）可负（负偏态），因此它们的绝对值表明了偏态正态分布的绝对大小，所以图像总的偏态指标 $K(t)$ 表明了背景和目标两区域像素灰度分布偏离正态分布的程度。显然，当阈值处于最佳大小时，此时 $K(t)$ 即图像总的偏态值，且最小，此时的图像中目标和背景的灰度分布最接近正态分布。而在其他阈值处，目标和背景区域像素点的统计概率分布必然与正态分布相差较大，其总的偏态值一定会增大[47]。因此图像的偏态指标可以作为图像分割、图像阈值选择的判决函数，即

$$t_z = \text{ArgMin}[K(t)] \qquad 0 < t < L-1 \tag{7-38}$$

式中，L 表示灰度级数；t_z 表示最小偏态值对应的阈值。

7.2.2　红外图像的传统处理方法

7.2.2.1　PVC 试块

在规格为 152.00mm×110.00mm×3.00mm 的 PVC 平板上设计两条楔形槽人工缺陷,编号标记为 #1 和 #2。主视图如图 7-1(a)所示。两条槽的形状是一样的,最大宽度为 9.00mm,最窄宽度为 3.00mm,槽的尖部为直径为 3.00mm 的半圆,但是 #1 缺陷槽比 #2 缺陷槽长 1mm,长度分别为 101mm 和 100mm,并且 #1 缺陷和 #2 缺陷的深度分别为 1.50mm 和 1.00mm,PVC 试块的右视图与左视图如图 7-1(b)和图 7-1(c)所示。PVC 试块实物图如图 7-2 所示。

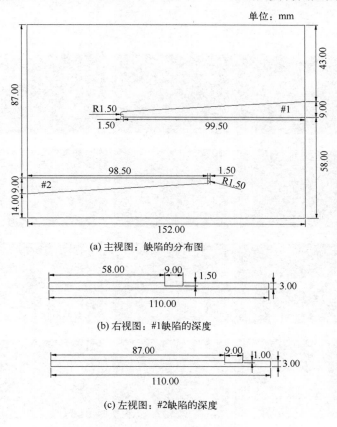

(a) 主视图:缺陷的分布图

(b) 右视图:#1缺陷的深度

(c) 左视图:#2缺陷的深度

图 7-1　PVC 试块设计图

7.2.2.2　红外热波检测实验

PVC 楔形槽实验采用透射法的红外热波检测,相关实验参数设置如下:采集帧频为 30Hz,激励时间为 3s,总帧数为 1000 帧。该热像图序列包括了 PVC 试块表面温度升温到降温的整个过程,即包含了试块中的两个楔形槽缺陷从依次出现到缺陷轮廓逐渐清晰,再到两个楔形槽缺陷边缘逐渐模糊趋于热平衡的过程。为了更直观地说明试块表面温度和缺陷显现的变化过程,从序列图中选取不同时刻的热像图,总共选取了具有代表性的 12 张热像图并在每张热像图的右上角标注对应的帧数。不同帧数 PVC 试块表面温度的分布图如图 7-3 所示。

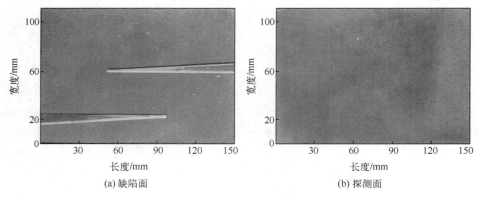

(a) 缺陷面　　　　　　　　　　　　　　(b) 探测面

图 7-2　PVC 试块实物图

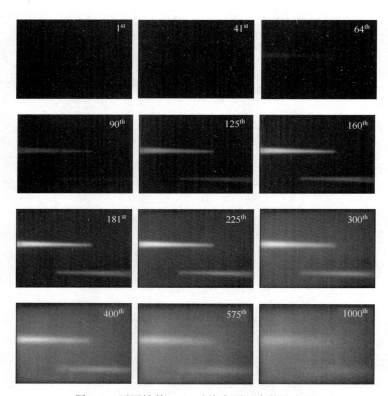

图 7-3　不同帧数 PVC 试块表面温度的分布图

在图 7-3 中，#1 缺陷和 #2 缺陷在热像图中依次出现，#1 缺陷出现的时间要比 #2 缺陷出现的时间早，#1 缺陷是第 41 帧出现的，#2 缺陷是第 64 帧才出现的；至第 90 帧，即热激励结束时刻，此时热量能够同时显示在热像图中，虽然#1 缺陷能相对比较清晰地显示，但 #2 缺陷还不能很明显地显示。在第 125～225 帧这段范围内，两个缺陷都能够相对清晰地显示，并能够比较清楚地观察出两个缺陷的大致轮廓，此帧数段是提取缺陷面积大小的最佳帧数段。在第 225～1000 帧的热像图中，#1 缺陷和 #2 缺陷越来越模糊，并且 #2 缺陷的模糊速度要比 #1 缺陷快。

7.2.2.3　全帧热图像处理

以 PVC 楔形槽试块为检测对象从 1000 帧的热像图序列中选取一帧能较好显示缺陷大小的热像图,本节选取第 160 帧热像图,此帧热像图能完整地显示 #1 缺陷和 #2 缺陷。红外图像处理原图的主观选取如图 7-4 所示。

图 7-4　红外图像处理原图的主观选取

利用介绍的 5 种图像阈值分割算法对第 160 帧热像图做图像分割处理。在图像分割之前,需对热像图进行预处理,这是由于系统噪声等原因,会使热像图出现一些噪点。先对热像图进行中值滤波处理,滤波结果如图 7-5(a)所示,再对滤波后的图像进行分割处理,分割结果如图 7-5(b)～(f)所示。

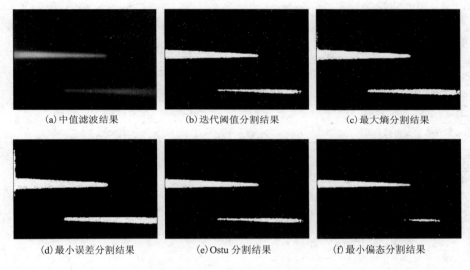

(a) 中值滤波结果　　　　　(b) 迭代阈值分割结果　　　　　(c) 最大熵分割结果

(d) 最小误差分割结果　　　　(e) Ostu 分割结果　　　　　(f) 最小偏态分割结果

图 7-5　图像分割结果

由图 7-5 可以看出,5 种图像阈值分割算法对于整体图像的分割结果差别较大。从缺陷形状上看,对于 #1 缺陷,5 种图像阈值分割算法都能检出,迭代阈值分割算法、Ostu 算法及最小偏态分割算法的分割结果与人工 PVC 缺陷形状较相似,而采用最大熵分割算法和最小误差分割算法也能提取 #1 缺陷的形状,虽然之间经过了中值滤波,但分割结果的根部边缘都存在噪声,而且采用最小误差分割算法的噪声要大于采用最大熵分割算法的噪声;对于 #2 缺陷,采用迭代阈值分割算法、最大熵分割算法、最小误差分割算法、Ostu 算法都能提取到,并且采用最小误差分割算法效果较好,分割结果与人工 PVC 缺陷形状较相似,其次是最大熵分割算法,从图 7-5(c)和图 7-5(d)中可以看出,最大熵分割算法虽然提取了 #1 缺陷,但是效果并不如采用最小误差分割算法,采用迭代阈值分割算法和 Ostu 算法的效果较差,从图 7-5(b)和图 7-5(e)可以看出,#2 缺陷的根部未能成功提取,因此从图像分割结果的形状来看,对于 #2 缺陷的检测,采用最小误差分割算法效果最佳,其次是最大熵分割算法,最后是迭代阈值分割算法和 Ostu 算法。

为了更准确地了解各种阈值分割算法对图像的处理结果,本节统计了整张热像图在不同阈值分割算法下的相关数据(如缺陷面积 AP_{def}、相对误差 A_{roi} 等)的变化。不同阈值分割算法对整张热像图的处理结果如表 7-1 所示。对于 #1 缺陷,只有迭代阈值分割算法和最小偏态分割算法的分割效果较好,相对误差在 10% 以内,但是此时迭代阈值分割算法和最小偏态分割

算法对 #2 缺陷的相对误差分别为 52.58% 和 89.02%；对于 #2 缺陷，只有最小误差分割算法的图像分割效果较好，相对误差为 5.00%，但此时最小误差分割算法对 #1 缺陷的相对误差为 51.28%。因此这 5 种算法不能同时满足对 #1 缺陷和 #2 缺陷的检测。无论哪种算法的图像分割，在图像分割结果中，#2 缺陷的形状都比 #1 缺陷要小，这是因为 #1 缺陷和 #2 缺陷的埋深不一样，在 3s 的光热波激励下，埋深浅的 #1 缺陷比埋深更深的 #2 缺陷其热量能更快地传播至试块表面，形成了更大的表面能量堆积，温度上升得更高，表现在相应的区域上，热像图的灰度值更大。因此，对于本节中试块的热像图处理，若采用相关算法对整张图像进行分割时，由于 #1 缺陷的灰度值占主导地位，导致不能完整地提取 #2 缺陷，即便能较准确地提取 #1 缺陷，#2 缺陷也不能准确地被提取。

表 7-1　不同阈值分割算法对整张热像图的处理结果

算法	图像阈值	缺陷像素		缺陷面积/mm²		相对误差	
		#1	#2	#1	#2	#1	#2
迭代阈值分割算法	86.61	3701.0	1583.5	658.92	281.92	9.72%	52.58%
最大熵分割算法	74.00	4143.8	2390.6	737.75	425.62	22.85%	28.41%
最小误差分割算法	60.00	5102.9	3172.3	908.51	564.78	51.28%	5.00%
Ostu 算法	0.33	3756.4	1750.1	668.78	303.58	11.36%	48.94%
最小偏态分割算法	105.00	3217.5	390.1	572.84	69.46	4.61%	89.02%

7.2.2.4　分而治之策略

为了解决 7.2.2.3 节的问题，采用"分而治之"的策略将热红外图像分成只含一个缺陷的局部热图，对于不同埋深缺陷逐一进行图像处理。例如，为了提取 #1 缺陷，对图上方的 2/3 区域进行了图像处理，而为了提取 #2 缺陷，对图下方的 1/3 区域进行了图像处理，其局部灰度图如图 7-6(a)、图 7-6(b) 所示。

(a) #1 缺陷的局部灰度图　　　　　(b) #2 缺陷的局部灰度图

图 7-6　局部灰度图

本节分别采用迭代阈值分割算法、最大熵分割算法、最小误差分割算法、Ostu 算法及最小偏态分割算法对第 160 帧热像图的局部热图进行图像分割处理，且在图像分割之前，先对热像图进行中值滤波的预处理，如图 7-7(a) 和图 7-8(a) 所示。对第 160 帧热像图的局部热像图的图像分割结果如图 7-7(b)～(f)、图 7-8(b)～(f) 所示。

在采用"分而治之"策略后，从缺陷形状上看，对于 #1 缺陷，5 种阈值分割算法对图像的分割效果与之前变化不大，缺陷都能被提取到，其中最小偏态算法处理结果的根部出现了噪声，该噪声主要由光激励时试块的边缘效应引起，在图像处理中不能被很好地消除。对于 #2 缺陷，采用 5 种阈值分割算法缺陷都能被提取到，并且其图像分割结果与人工缺陷形状相似度很高，#2 缺陷不会出现不能被提取的现象，而且只有在采用最大熵分割算法对局部热图像分割时，图像的左上角才有噪点。

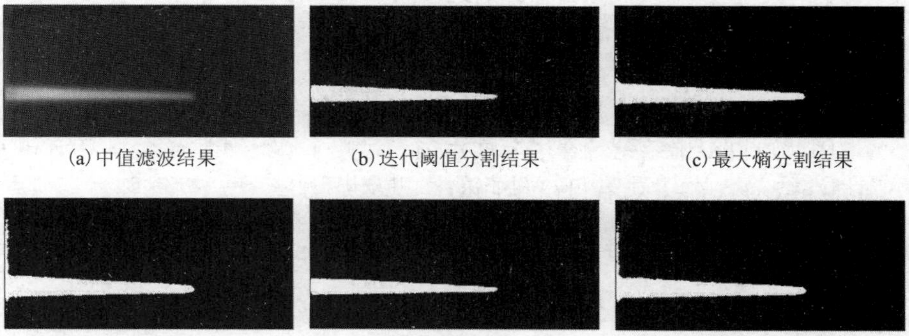

(a) 中值滤波结果　　　　　(b) 迭代阈值分割结果　　　　(c) 最大熵分割结果

(d) 最小误差分割结果　　　(e) Ostu 分割结果　　　　　(f) 最小偏态分割结果

图 7-7　#1 缺陷的图像分割结果

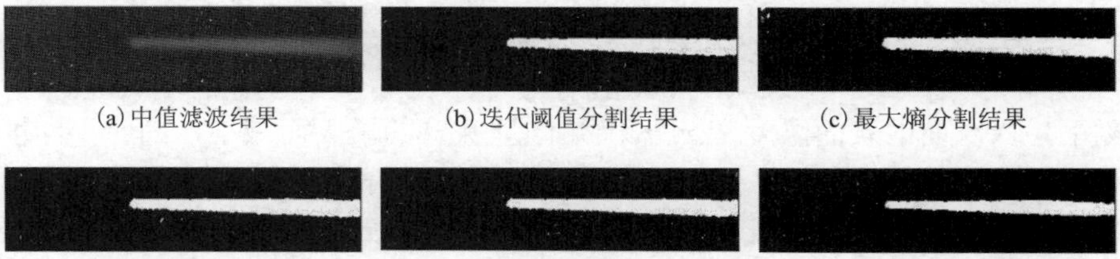

(a) 中值滤波结果　　　　　(b) 迭代阈值分割结果　　　　(c) 最大熵分割结果

(d) 最小误差分割结果　　　(e) Ostu 分割结果　　　　　(f) 最小偏态分割结果

图 7-8　#2 缺陷的图像分割结果

　　为了更准确地了解各种阈值分割算法的处理结果，本节统计了局部热像图在不同阈值分割算法下的相关数据（如缺陷面积、相对误差等）的变化。不同阈值分割算法对局部热像图的处理结果如表 7-2 所示。

表 7-2　不同阈值分割算法对局部热像图的处理结果

算法	图像阈值		缺陷像素		缺陷面积/mm²		相对误差	
	#1	#2	#1	#2	#1	#2	#1	#2
迭代阈值分割算法	98.64	59.05	3378.1	3172.2	601.44	564.78	0.15%	5.00%
最大熵分割算法	71.00	49.00	4274.8	3780.6	761.07	673.09	26.73%	12.08%
最小误差分割算法	62.00	67.00	4907.5	3300.1	873.73	587.55	45.49%	1.17%
Ostu 算法	0.38	0.23	3392.9	3256.5	604.06	579.78	0.59%	2.48%
最小偏态分割算法	64.00	68.00	4768.1	2769.4	848.91	493.06	41.36%	17.07%

　　在采用"分而治之"策略后，图像分割后的相对误差都有降低。采用最小误差分割算法时，#1 缺陷的相对误差由 51.28% 降到 45.49%，#2 缺陷的相对误差由 5.00% 降到 1.17%；采用迭代阈值分割算法时，#1 缺陷的相对误差由 9.72% 降到 0.15%；#2 缺陷的相对误差由 52.58% 降到 5.00%；采用 Ostu 算法时，#1 缺陷的相对误差由 11.36% 降到 0.59%；#2 缺陷的相对误差由 48.90% 降到 2.48%；其相对误差都降低到了很低的水平；对于最大熵分割算法和最小偏态分割算法，在采用"分而治之"策略后相对误差有升有降，但总体看来，检测精度得到了提高。可见在"分而治之"策略下，对图像的分割处理是正确有效的。

　　在采用"分而治之"策略后，最大熵分割算法和最小偏态分割算法对 #1 缺陷和 #2 缺陷的检测精度不够高，相对误差都大于 12%，不适合缺陷的检测；最小误差分割算法对 #2 缺陷提取的相对误差很低，但是对于 #1 缺陷，即使其相对误差有所降低，但也高达 45.49%，该算法不适合对#1 缺陷的检测及提取，而比较适合对 #2 缺陷的检测及提取，因此不适合对不同埋深缺陷的 PVC 板进行检测；迭代阈值分割算法和 Ostu 算法的相对误差都降到很低的水平，且都不超过 5%。因此可以得出结论：在"分而治之"策略下，迭代阈值分割算法和 Ostu 算法更适合对不同埋深缺陷下的#1 缺陷和#2 缺陷的检测及提取。

7.2.3　基于敏感区域最大标准差法的红外图像处理

7.2.3.1　问题的提出

由式 (6-6) 可知，对于本节所采用的双面法红外热波无损检测技术，埋深为 d 的缺陷，其表面温度可以表示为

$$T(x,t)\big|_{x=d}=T_0+\frac{q}{\rho c\sqrt{(\pi\rho t)}}\exp\left(-\frac{d^2}{4\alpha t}\right)\qquad(7-39)$$

在某一时刻下，探测面的表面温度 $T(x,\ t)$ 随缺陷埋深 d 的增大而减小，因此不同埋深的缺陷区域热量传播的快慢是不一样的。埋深浅的缺陷，表面对应的区域温度上升更快，会更早形成与缺陷形状一致的温差区域；相反，埋深更深的缺陷，形成与缺陷形状一致的温差区域较前者在时间上会滞后。从 7.2.2 节 PVC 楔形槽的红外热波检测实验，可以直观地观察到 #1 缺陷的热量比 #2 缺陷的热量能更快速地到达 PVC 试块表面且温度更高，能更早地在缺陷表面形成热量堆积，从而能够更快速地被红外热像仪捕捉。因此，对于不同埋深的缺陷，应该选择热序列图中不同的帧图进行图像处理。如何能快速、准确地在热序列图中为某一埋深的缺陷寻找关键帧图，作为原图进行图像提取，是要解决的关键问题，需要探索合适的性能指标。

另外，人为地确定感兴趣区 (Region of Interesting，ROI) 不适合缺陷的自动提取，缺陷 ROI 的自动选取也是需要解决的问题，为实现缺陷的自动提取奠定了基础。

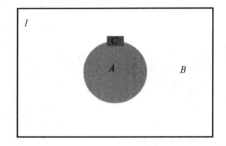

7.2.3.2　敏感区域最大标准差法

定义 1：在某一时刻的热像图上，任意选取缺陷某段局部边缘，所圈定的边缘段的局部小范围称为敏感区域。敏感区域示意图如图 7-9 所示。

图 7-9　敏感区域示意图

若试块用一个全集 I 描述，试块内部的缺陷用子集 A 表示，则 I 内部的无缺陷区域是 A 的补集 B，即满足 $A\cup B=I$。设 p 为某一时刻热图像上的任意像素，当 $p\in A$ 时为缺陷区域；当 $p\in B$ 时为非缺陷区域；当 $p\in A\cap B$ 时，p 落在局部缺陷边界上。图 7-9 中的 C 表示缺陷 A 的某一敏感区域，它是由局部区域边界点、局部缺陷像素和局部非缺陷像素构成的。敏感区域的位置、大小不固定，可在缺陷边缘周边随机选取。敏感区域的大小推荐 10 像素×10 像素到 15 像素×15 像素，这样它既能包含足够多的像素来评价种类间的差异，又能具有小样本的灵敏性。图像的均方差就是图像的标准差，它能反映各个像素点灰度值的离散程度。敏感区域的标准差可作为从序列图像中确定关键帧图的性能指标。

图 7-10 所示为敏感区域的标准差的时间历程曲线，描述了以序列图的形式记录试块表面温度变化的过程。在脉冲激励下，对于所选定的敏感区域，不同时刻的局部区域各个像素点的灰度值分散程度是不相同的。图 7-10 的曲线显示了敏感区域的标准差随时间的变化规律，用帧数

代替横轴的时间，以便后面确定关键帧图。时间历程曲线在 t_{max} 处的峰值描述了缺陷像素与非缺陷像素之间的最大离散程度，可以认为所选敏感区域在这一时刻缺陷区域与非缺陷区域达到了最大区分度，因此可以选定这一时刻对应的热图像进行图像处理，从而相应地评估缺陷特征。这就是局部最大标准差法从序列图中挑选一帧合适的图像进行数据处理的原理。

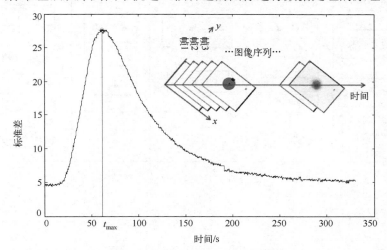

图 7-10　敏感区域的标准差的时间历程曲线

7.2.3.3　缺陷自动提取框架

图 7-11 所示为以 PVC 楔形槽为例的缺陷自动提取算法的框架示意图，它包括融合图像、Blob 分析、帧图选取、ROI 确定和缺陷提取 5 种功能。该算法能自动从热图像序列中为不同埋深的缺陷选取关键帧图，并为每个缺陷确定合适的 ROI。图 7-12 所示为缺陷自动提取算法的流程图，展示了这 5 种功能的具体处理流程。

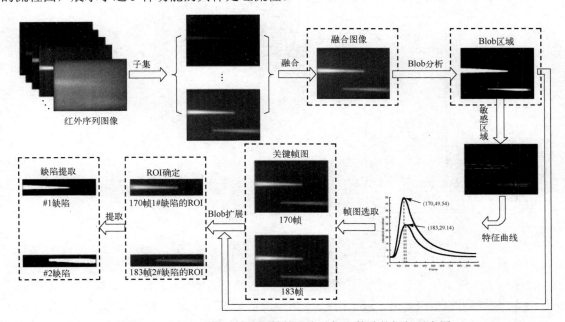

图 7-11　以 PVC 楔形槽为例的缺陷自动提取算法的框架示意图

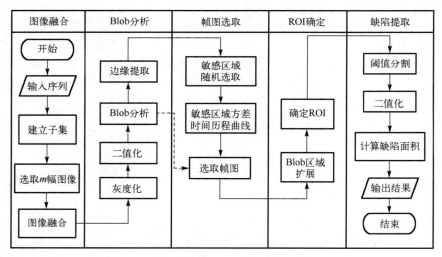

图 7-12   缺陷自动提取算法的流程图

7.2.3.4   数据后处理

1. 图像融合

图 7-13 所示为浅层缺陷表面温度的时间变化历程曲线。可以看出，并非序列图像中任意一张图像都适合做单帧图像处理的原图，其要进行图像处理、缺陷提取。序列图像记录了加热升温到降温热扩散过程中缺陷由无到有、由不完整到完整、再到扩散消退的过程。较浅的缺陷比较深的缺陷出现得更早，并且温度更高，对应的灰度值更大，在图像分割中占据优势。当阈值分割时，有可能会检测不出埋深较深的缺陷。为了提取更深层次的缺陷，本节提出了一种最大灰度值的图像融合策略。

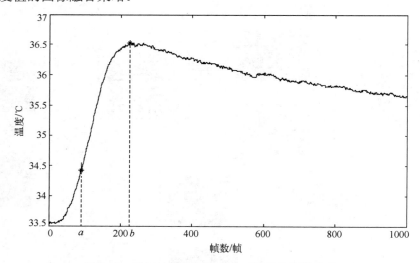

图 7-13   浅层缺陷表面温度的时间变化历程曲线

假设一个红外图像序列包含 n 张标记为 $I\{i\}$ 的图像，其中 $i = 1, 2, 3, \cdots, n$，每张图像的大小为 $w \times h$。从序列的区间 $[a, b]$ 中随机抽取 m 张图像，其中 $1 < a < b < n$，标记为 $I_c\{j\}$，$j = 1, 2, 3, \cdots, m$，合成图像的像素点基于 m 张图像对应位置的最大灰度值。合成图像增强了缺陷特别是较

深缺陷的灰度值，能够保证通过图像处理检测出全部缺陷，即保证探测缺陷的个数，但不能保证缺陷提取的完整性。a 的值可以由图像采集频率(f = 30Hz)和脉冲持续时间(t = 3s)确定，定义为 $a = tf = 90$。红外图像序列可以检测浅层缺陷表面温度随时间的变化，图 7-13 中的曲线为温度随帧数的变化曲线。我们可以选择峰值时刻对应的序数作为 b 的值，在本实验中，b 的值为 224。因此，合适的帧范围为[90, 224]。我们从区间[90, 224]中随机选择 m 帧，如果不能检测到更深的缺陷或部分检测到的缺陷太小，则增加 m 的值，以确保缺陷对应 Blob。此案例取 $m = 10$，合成图像如图 7-14(a)所示。

红外热成像检测存在各种影响因素，如激励的非均匀性和试块的边缘效应等。图像噪声会影响合成图像的性能，为了降噪，对图 7-14(a)进行 3 像素×3 像素的中值滤波，结果如图 7-14(b)所示。在中值滤波的基础上对图像进行 Ostu 算法的二值分割，结果如图 7-14(c)所示。

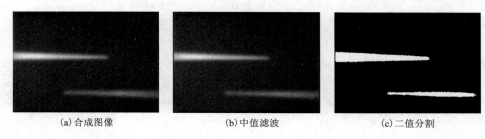

(a)合成图像　　　　　　　(b)中值滤波　　　　　　　(c)二值分割

图 7-14　合成图及其图像处理

提取的缺陷形状表明，得到的 #1 缺陷与人工缺陷形状相似，而 #2 缺陷的分割明显小于人工缺陷，楔形槽根部未被提取，原因是 #1 缺陷与 #2 缺陷埋深不同，升温至冷却过程中温度变化幅度不同。在 3s 光脉冲的激励下，埋藏深度较浅的 #1 缺陷比埋藏深度较深的 #2 缺陷能更快地将热量传递到试块表面，从而在表面积累更多的热量。温度越高，热图相应区域的灰度值越大。#1 缺陷的灰度值在整张图像的二值分割中占主导地位，导致 #2 缺陷的提取不完整。即使可以完全提取与人工缺陷形状相似的 #1 缺陷，但所得到的缺陷面积的相对误差却高达 27.08%(见表 7-3)。这表明 Otsu 算法二值化的全帧阈值(0.47)对于这两个缺陷来说都不是最优的。为了精确提取每个缺陷，需要为每个缺陷确定相应的 ROI。我们将在后面讨论不同埋深缺陷的 ROI 的确定问题。

表 7-3　合成图像处理后的缺陷参数统计

缺陷编号	对象	阈值	缺陷像素	相对误差
#1	合成图像	0.47	4286.5	27.08%
#2			2188.3	34.47%

2. Blob 分析

Bolb 分析是一种图像处理方法，它常用于机器视觉中。Blob 是图像的一个区域，其中一些属性是常数或近似常数。在某种意义上，同一个 Blob 中的所有点都是相似的。卷积是最常用的 Blob 检测方法之一，它是从具有相同逻辑状态的连接像素中提取特征的。Blob 分析可以为无损检测提供基本信息，如缺陷分布和缺陷个数。

通过 MATLAB 软件中的 Blob 分析包对二值图像进行处理，缺陷区域被划分为如图 7-15(a)所示的矩形标记区域，即 Blob。Blob 能够分析各种参数，如面积(像素的数量)、重心、一个或多个 Blob 的方向等特征都会被计算出来。而且，Blob 和缺陷是一一对应的，所以依次处理 Blob，相当于一个接一个地处理缺陷。利用 Canny 算子逐一对图 7-15（a）中的 Blob 进行边缘提取，结果如图 7-15（b）所示，为后续敏感区域的定位提供了方便。

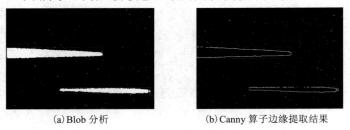

（a）Blob 分析   （b）Canny 算子边缘提取结果

图 7-15　Blob 分析及每个 Blob 中的边缘提取结果

3．初步探索

对于每个缺陷，采用所提出的敏感区域最大标准差法从红外图像序列中选取关键帧图来提取缺陷特征。在每个缺陷上随机选取单个敏感区域，如图 7-16 所示。敏感区域是基于被检测缺陷的边缘随机定位的，其大小也是在[10, 15] × [10, 15]范围内随机选择的。通过检测红外图像序列中敏感区域的标准差随时间的变化历程，可以得到敏感区域的标准差随时间的变化曲线。利用单个敏感区域的最大标准差为每个缺陷确定合适的帧，如图 7-17 所示。

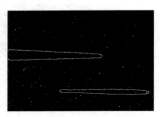

图 7-16　在每个缺陷上随机选取单个敏感区域

曲线表明了敏感区域的标准差在整个红外图像序列（1000 帧）的变化，经历了先增大后减小的变化过程。#1 缺陷在第 178 帧达到峰值，标准差为 41.78；#2 缺陷在第 199 帧达到峰值，标准差为 32.72。因此，我们认为从第 178 帧提取 #1 缺陷是合理的，从第 199 帧提取 #2 缺陷是合理的。

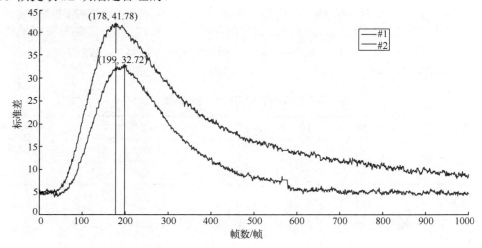

图 7-17　利用单个敏感区域的最大标准差为每个缺陷确定合适的帧

图 7-18 所示为基于 Blob 和相关约束下的 ROI 选取示意图。以对应缺陷的 Blob 为中心，向 8 个方向扩展相同大小的 Blob 区域，与此同时，受试块边界和领域的 Blob 的约束，图中的虚线即 ROI 选取的示意区域。

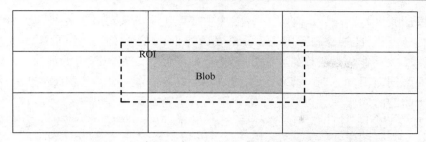

图 7-18　基于 Blob 和相关约束下的 ROI 选取示意图

　　依据敏感区域最大标准差法为每个缺陷选取关键的帧图，在此基础上基于对应缺陷的 Blob 和相关约束，确定 PVC 楔形槽两个缺陷的 ROI，分别如图 7-19(a)和图 7-19(c)所示。在图像分割中，阈值的取值是一个非常重要的问题，它直接影响分割结果的完整性和准确性。基于类间方差最大值的 Ostu 算法一直被认为是自动选择阈值的最优算法，它将处理后的图像分为两类，即背景和目标，通过搜索最大类间方差得到最优阈值。在进行中值滤波后，图像分割的阈值可自适应选取，分别为 0.46 和 0.36。通过 Otsu 算法分别提取 #1 缺陷和 #2 缺陷，结果如图 7-19(b)和图 7-19(d)所示。#1 缺陷和 #2 缺陷的相对误差分别为 2.08% 和 2.91%（见表 7-4）。对比表 7-3 和表 7-4 的数据，#1 缺陷和 #2 缺陷的阈值变化很小，#1 缺陷从 0.47 变为 0.46，#2 缺陷的阈值降到 0.36，但 #1 缺陷的相对误差从 27.08% 降到 2.08%，#2 缺陷的相对误差从 34.47% 降到 2.91%，并且此时的 #2 缺陷能够完整地被提取出来。最后将两张分割后的图像合并为一个整体［见图 7-19(e)］，可以准确地提取缺陷尖端的半圆弧。

(a)178 帧 #1 缺陷的 ROI　　(b)#1 缺陷的图像分割结果

(c)199 帧 #2 缺陷的 ROI　　(d)#2 缺陷的图像分割结果　　(e)缺陷逐一提取后的合成图

图 7-19　初级探索的缺陷提取结果

表 7-4　使用单个敏感区域提取的缺陷相关参数的统计

缺陷编号	帧图序号	阈值	缺陷像素	相对误差
#1	178	0.46	3443.1	2.08%
#2	199	0.36	3242.1	2.91%

　　为了评估初级检测结果的性能，我们进行了 100 次独立实验来提取每个缺陷。每张合成图像由红外序列区间[90, 224]中的 10 帧随机图像融合而成，每次实验中敏感区域的位置和大小也是随机选取的。图 7-20 所示为 100 次独立初级检测实验缺陷相对偏差的离散分布图，图中的符号"o"和"△"分别代表 #1 缺陷和 #2 缺陷。可以看到，敏感区域最大标准差法选择的帧区间是[155, 205]，小于 50 帧。我们从 1000 帧的原始图像序列中获得了一个非常窄的范围，因此它是一个很好的初级检测。#1 缺陷为埋深浅的缺陷，相对误差有随时间逐渐增大的趋势。然而，#2 缺陷的相对误差没有规律。不同缺陷在不同深度存在严重的帧图重叠现象，

造成这种现象的原因有两个：一是从合成图像中提取出来的边缘并不是缺陷的准确边界，特别是如图 7-15(b)所示的较深缺陷的边缘比真实的要小；二是由于激励的不均匀性，随机选取的单个敏感区域并不能总是代表缺陷周围的整个标准偏差。在相同激励条件下，缺陷区传热速度随埋深的不同而不同。对于埋深较浅的缺陷，其表面温度上升较快，形成与缺陷形状吻合的温差区所需的时间较短。埋深越深的缺陷，形成与缺陷形状相吻合的温差区所需的时间越长。处理 #1 缺陷的最佳图像应该是处理 #2 缺陷前面的帧图像。因此，初次检测的结果需要进一步提高，以保持结果的鲁棒性。

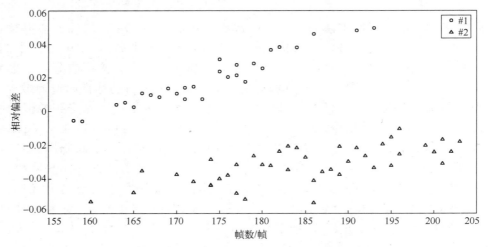

图 7-20　100 次独立初级检测实验缺陷相对偏差的离散分布图

4. 二次探索

在初次探索缺陷的基础上，继续采用敏感区域最大标准差法对图 7-19(e)开展二次探索。为了减轻试块加热不均匀性产生的影响，用多个敏感区域代替单个敏感区域，敏感区域的标准差采用多个敏感区域的标准差平均值。讨论敏感区域的两种选择方法。

（1）均匀采样［见图 7-21(a)］：沿缺陷边缘逐个跟随敏感区域。敏感区域的总数由初次检测时提取的缺陷周长决定，敏感区域的大小设置为 10 像素×15 像素。

（2）随机采样［见图 7-21(b)］：从缺陷边缘随机选择 30 个敏感区域。敏感区域的大小在[10, 15]×[10, 15]范围内随机选定。

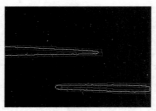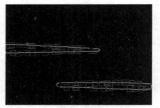

(a)多敏感区域的均匀采样　　　　　　　(b)多敏感区域的随机采样

图 7-21　多敏感区域的两种采样模式

图 7-22 所示为多敏感区域平均标准差的时间历程曲线，依据敏感区域最大标准差法可以为每个缺陷探索到各自的关键帧图。图 7-22(a)所示为在均匀选择敏感区域的基础上建立标准

差与时间的曲线，图 7-22(b) 所示为随机选择敏感区域的标准差随时间变化的曲线。图 7-22 显示了整个红外图像序列(1000 帧)的两个缺陷边界上的敏感区域的平均标准差的变化。与初步探索相比(见图 7-14)，该方法的多敏感区域标准差的时间历程曲线更加光滑，降低了初步探索获得的曲线的波动性，并且对应曲线的峰值更容易识别。例如，对于均匀选择[见图 7-22(a)]，#1 缺陷在第 164 帧达到峰值，标准差为 45.37；而 #2 缺陷在第 183 帧达到峰值，标准差为 26.22。对于随机选择[见图 7-22(b)]，#1 缺陷在第 166 帧达到峰值，标准差为 50.39；#2 缺陷在第 186 帧达到峰值，标准差为 26.85. 可以看出，对于每个缺陷，两种方法产生的结果相似，这表明两种方法都能很好地工作。但这两个缺陷的埋深不同，结果有很大差异。峰值标准差表示缺陷区域和非缺陷区域在该帧热图中已经达到最大的分化程度，因此应该选择该帧图来提取缺陷。所以，我们认为，通过均匀选择敏感区域，第 164 帧提取 #1 缺陷是合理的，第 183 帧提取 #2 缺陷是合理的；通过随机选择敏感区域，第 166 帧适用于 #1 缺陷，第 186 帧适用于 #2 缺陷。两次检测结果统计在表 7-5 所示的采用多敏感区域的缺陷特征统计表中，提高了一次检测结果的精度(见表 7-4)。

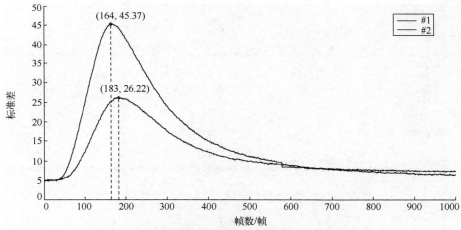

(a) 在均匀选择敏感区域的基础上建立标准差与时间的曲线

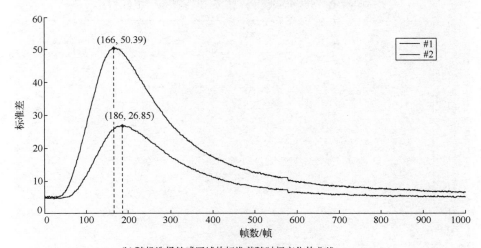

(b) 随机选择敏感区域的标准差随时间变化的曲线

图 7-22　多敏感区域平均标准差的时间历程曲线

表 7-5　采用多敏感区域的缺陷特征统计表

缺陷编号	均匀采样			随机采样		
	帧图序号	缺陷像素	相对误差	帧图序号	缺陷像素	相对误差
#1	164	3404.7	0.94%	166	3384.2	0.33%
#2	183	3420.8	2.44%	186	3430.5	2.73%

　　为了评估所提出的缺陷自动提取算法的稳定性和可靠性，我们进行了 100 次独立实验。敏感区域选择分别采用均匀采样和随机采样的方法，帧图选择的离散分布图如图 7-23 所示。从图 7-23(a)可以看到，使用均匀采样的方法提取 #1 缺陷的原图，100% 选中了热图像序列的第 164 帧图，而 #2 缺陷则小范围集中在 3 张图中，即 182 帧(56%)、183 帧(40%)和 186 帧(4%)。使用随机采样，图 7-23(b)显示适合 #1 缺陷和 #2 缺陷的帧区间分别是[164, 173]和[173, 193]。随机采样选择的帧比均匀采样选择的帧波动更大。在任何一种情况下，为提取 #1 缺陷所选择的帧序号都小于为提取 #2 缺陷所选择的帧序号。这种情况与式(7-39)一致。

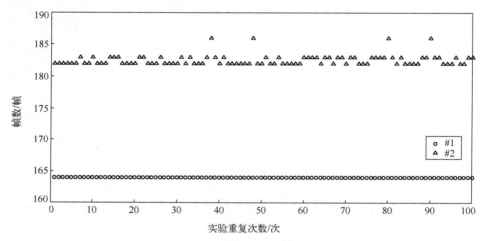

(a) 敏感区域采用均匀采样的100次独立实验的帧图选择的离散分布图

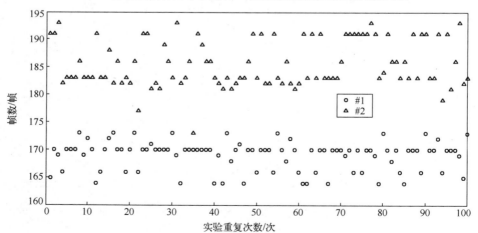

(b) 敏感区域采用随机采样的100次独立实验的帧图选择的离散分布图

图 7-23　100 次独立实验的帧图选择的离散分布图

　　图 7-24 所示为提取的缺陷面积相对实际尺寸偏差的离散分布图，图中的符号"○"和"△"分别代表 #1 缺陷和 #2 缺陷。通过均匀选择，可以准确检测 #1 缺陷，相对误差为 0.42%，#2 缺陷的相对误差在 2.5% 以内［见图 7-24(a)］。从图 7-24(b) 可知，#1 缺陷的相对误差都在 1.1% 以内，#2 缺陷的相对误差在 3.2% 以内。综上所述，具有多敏感区域的最大标准差法对于选择合适的热图提取不同深度的缺陷非常有用。

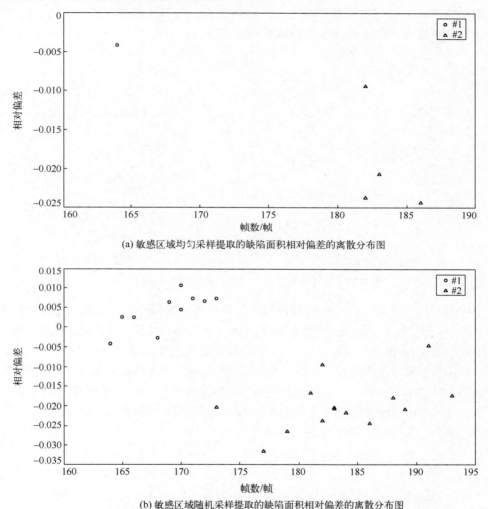

(a) 敏感区域均匀采样提取的缺陷面积相对偏差的离散分布图

(b) 敏感区域随机采样提取的缺陷面积相对偏差的离散分布图

图 7-24　提取的缺陷面积相对实际尺寸偏差的离散分布图

7.2.3.5　敏感区域尺寸对检测结果的影响

　　为了从序列中获得合适的关键帧图像，敏感区域起着重要的作用，因为帧图像是由敏感区域的标准差曲线的峰值确定的。设置敏感区域为矩形形状，假设大小为 $w \times h$，其中 w 是矩形的宽度，h 是矩形的高度。宽度沿缺陷检测边缘，高度垂直于局部边缘。注意，检测到的边缘可能不是确切的真实边缘，如图 7-16 #2 缺陷检测到的边缘，它与实际边缘存在较大的差异。本节将进一步研究初步探索和二次探索中敏感区域大小对检测结果的影响。

1. 敏感区域大小对初步探索检测的影响

采用随机方法在提取的缺陷边缘上定位一个点，敏感区域在该点周围采样，大小从 3 像素×3 像素到 15 像素×15 像素。宽度和高度从 3 像素增加到 15 像素，步长为 1。探测每个敏感区域的最大标准差，得到与敏感区域宽度和高度相关的最大标准差曲面，如图 7-25(a)和图 7-25(b)所示，它们分别是 #1 缺陷和 #2 缺陷对应的曲面。从这两张图可以看出，标准差随高度的增加而增大，但宽度对其影响不大。结果表明，敏感区域高度的变化比宽度的变化更灵敏，即垂直于边缘方向比沿边缘方向敏感得多。

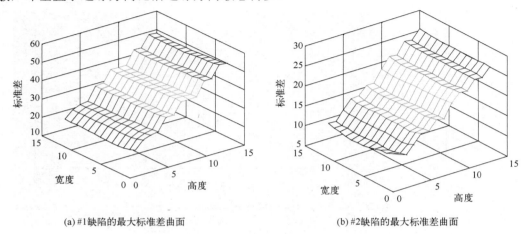

(a) #1缺陷的最大标准差曲面　　　　　　　　　(b) #2缺陷的最大标准差曲面

图 7-25　敏感区域高度和宽度相关的最大标准差曲面

每个标准差的最大值对应一个峰值帧图，可获得关键帧图序号的离散分布图，对于#1 缺陷和 #2 缺陷，分别如图 7-26(a)和图 7-26(b)所示。对于 #1 缺陷，所选择的帧在[165, 196]区间内，结果与图 7-17 相似。但是，对于 #2 缺陷并不是所选帧都适合缺陷提取，由于缺陷不能完整显示，需要剔除 5.92% 的结果(10 个数据)。当敏感区域高度最小为 3 时，常选择热扩散中后期的第 347 帧和第 646 帧。如前所述，#1 缺陷的灰度值在整张图像的二值图像分割中起主导作用，导致 #1 缺陷的提取是完全的，而 #2 缺陷的提取是不完全的。结果表明，缺陷边界提取精度越高，受敏感区域大小的影响越小。

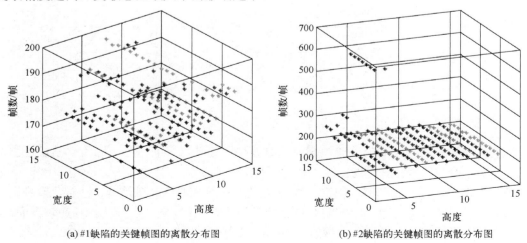

(a) #1缺陷的关键帧图的离散分布图　　　　　　　(b) #2缺陷的关键帧图的离散分布图

图 7-26　敏感区域变化得到的关键帧图的离散分布图

2. 敏感区域大小对二次探索检测的影响

为了讨论敏感区域大小的影响，与 7.2.3.4 节一样，我们做了 100 个独立实验。对于均匀采样，当次实验中的每个敏感区域采样的大小是相同的，但大小不再像前面一样固定，而是在 100 次实验中，从 3 像素×3 像素到 15 像素×15 像素随机确定大小。图 7-27(a) 所示为均匀采样的 100 次独立实验的关键帧图的选择结果。对比固定大小 15 像素×10 像素得到的图 7-23(a)，可以看到结果的多样性明显增大。特别是 #1 缺陷，不再只有第 164 帧一个值，在区间[161, 173]中有更多帧图的选择机会。其中，选择第 164 帧和第 170 帧的概率较大。

随机采样时，参数设置与 7.2.3.4 节相同，只是将敏感区域变化范围从 10 像素×10 像素到 15 像素×15 像素，扩大到 3 像素×3 像素到 15 像素×15 像素。随机采样的 100 次独立实验的关键帧图的选择结果如图 7-27(b) 所示。与图 7-23(b) 的结果相比，两个实验发现的帧范围相似，只是 #1 缺陷稍大一些，这说明敏感区域大小对随机采样的影响很小。

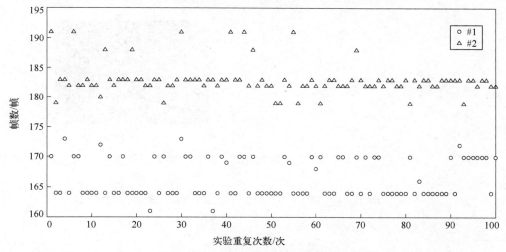

(a) 均匀采样的100次独立实验的关键帧图的选择结果

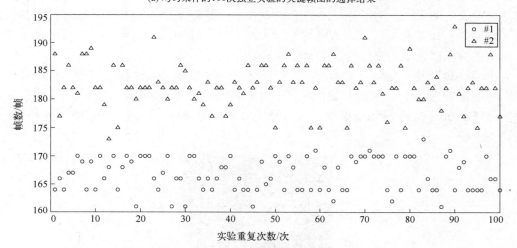

(b) 随机采样的100次独立实验的关键帧图的选择结果

图 7-27　100 次独立实验二次检测的帧图选择结果

7.2.3.6 与其他方法的比较

1. 最高升温法

Kabouri A 等人[8]采用最高温度提升法(MTEM)从热图像序列中获取帧图像进行图像处理。他们认为只有考虑温度达到最大仰角时所获得的图像,即 t_{max} 对应的传输热最大值,信息才最大。根据温度升高随时间曲线的峰值选定第 385 帧。温度升高的平均历程曲线及最大升温法捕获的帧图如图 7-28 所示。但是,在第 385 帧图像有明显的热扩散,缺陷的尖端已经消失,显然不是一个合适的帧。因此,这种方法不适合处理我们的序列图像。

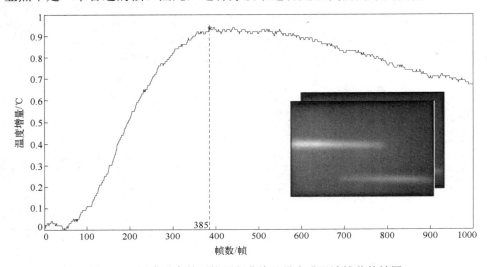

图 7-28 温度升高的平均历程曲线及最大升温法捕获的帧图

2. 最大温差法

在许多缺陷检测的情况下,都使用温度对比度最大的图像,即缺陷区域与非缺陷区域之间的温差最大的图像[11]。为了获得准确的缺陷大小,需要分析在 t_{max}(记录 ΔT_{max} 的时间)或紧接着[12]捕获的特定红外图像,该方法称为最大温差法(MTDM),它给出了一种如何从图像序列中确定关键帧作为原始图像进行图像处理的方法。

为了消除热激励不均匀性的影响,在缺陷区域和非缺陷区域选取了多个温度采样区域,示意图如图 7-29 所示,分别计算缺陷区域和非缺陷区域的平均温差,并绘制平均温差随时间变化的曲线,如图 7-30 所示。根据曲线的峰值为 #1 缺陷和 #2 缺陷捕获帧图,分别为第 188 帧和第 196 帧。

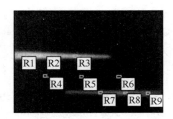

图 7-29 缺陷区域和非缺陷区域温度采样示意图

图像处理后,将 MTDM 提取的缺陷参数统计在表 7-6 中,并与我们提出的方法(MSDSRM)

检测结果进行比较,如表 7-7 所示。MTDM 所获得的每个缺陷的帧及其相对误差都与 MSDSRM 的初步探测结果相当,但相对误差远低于 MSDSRM 的二次检测(均匀采样或随机采样)方法。

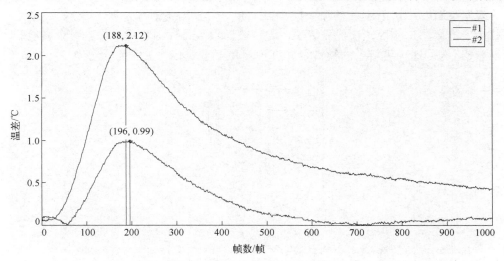

图 7-30　缺陷区域和非缺陷区域的平均温差随时间变化的曲线

表 7-6　MTDM 提取的缺陷参数统计

缺陷编号	帧图序号	阈值	缺陷像素	相对误差
#1	188	0.42	3525.5	4.52%
#2	196	0.44	3191.9	4.42%

表 7-7　MSDRM 与 MTDM 检测结果对比

缺陷编号	MSDSRM						MTDM	
	单个采样		均匀多采样		随机多采样			
	帧	误差	帧	相对误差	帧	相对误差	帧	相对误差
#1	[158, 193]	[0.25%, 4.94%]	164	0.42%	[164, 173]	[0.24%, 1.06%]	188	4.52%
#2	[160, 203]	[1.05%, 5.37%]	182, 183, 186	[0.94%, 2.44%]	[173, 193]	[0.47%, 3.15%]	196	4.42%

7.2.4　红外图像分割新算法

7.2.4.1　相关算法

1. FCM 聚类算法

基于模糊 C 均值聚类的图像分割算法依据目标图像中所有像素点的灰度值对聚类中心的隶属度,从而确定当前像素点的聚类关系。FCM 聚类算法的目标函数如下所示:

$$J_m = \sum_{i=1}^{n} \sum_{j=1}^{C} u_{ij}^m \left\| v_i - \mu_j \right\|^2 \tag{7-40}$$

约束条件:

$$\sum_{j=1}^{C} u_{ij} = 1 \tag{7-41}$$

式中，n 表示图像中像素点的个数；C 为聚类的目标个数；v_i 表示红外图像中第 i 个像素点的灰度值；μ_j 表示第 j 个聚类中心的灰度值；$\|*\|$ 表示像素点与聚类中心的欧氏距离；u_{ij} 表示 v_i 与 μ_j 的模糊隶属度；m 表示模糊加权指数（$1 \leq m < \infty$），通常情况下取 2。

FCM 聚类算法是一种迭代优化算法，为使模糊聚类目标函数最小化，对隶属度和聚类中心进行迭代运算。迭代更新后的模糊隶属度矩阵和聚类中心的灰度值分别为

$$\begin{cases} u_{ij}^m = \dfrac{1}{\displaystyle\sum_{k=1}^{C}\left(\dfrac{\|v_i - \mu_j\|}{\|v_i - \mu_k\|}\right)^{\frac{2}{m-1}}} \\[2em] \mu_j = \dfrac{\displaystyle\sum_{i=1}^{n} u_{ij} \cdot v_i}{\displaystyle\sum_{i=1}^{n} u_{ij}} \end{cases} \tag{7-42}$$

2. 多尺度八方向边缘检测分割算法

首先构建半径为 R 的圆形均值滤波器并将一侧置零得到模板 W_1，对其进行镜像翻转得到 W_2，$W_1 - W_2$ 得到卷积模板 W_R。在 $(2R+1)(2R+1)$ 的邻域内对红外图像 $P(x, y)$ 进行有向差分运算得到卷积模板中心对应像素点 (x, y) 的梯度值，如下所示：

$$g(x,y) = P(x,y) * W_R = \sum_{i=-R}^{R}\sum_{j=-R}^{R} P(x+i, y+j) W_R(i,j) \tag{7-43}$$

圆形模板保证了旋转不变性，卷积模板 W_R 可得到 0°、22.5°、45°、67.5°、90°、112.5°、135°、157.5° 八个方向的梯度模板，并将八方向梯度分别投影到水平方向和垂直方向，求和后得到 X 轴和 Y 轴的梯度分量，梯度分量表达式如下所示：

$$G_X(x,y) = \sum_{d=0}^{7} \cos\left(\frac{\pi}{8}d\right) \cdot g_d(x,y) \tag{7-44}$$

$$G_Y(x,y) = \sum_{d=0}^{7} \sin\left(\frac{\pi}{8}d\right) \cdot g_d(x,y) \tag{7-45}$$

式中，$g_d(x,y)$ 表示卷积模板的旋转角度为 $\frac{\pi}{8}d$ 时得到的像素点梯度值。

依据式（7-44）和式（7-45）求像素点 (x, y) 的梯度幅值和梯度方向，分别为

$$G_R(x,y) = \sqrt{G_X(x,y)^2 + G_Y(x,y)^2} \tag{7-46}$$

$$\theta(x,y) = \arctan\left[\frac{G_Y(x,y)}{G_X(x,y)}\right] \tag{7-47}$$

采用上述旋转掩膜可以提升边缘检测的方向性，对具有随机噪声的边缘有更好的检测效果，改进的卷积模板提升了对缺陷弱边缘的检测能力。

基于模糊 C 均值聚类分割算法能得到先验信息，即外侧有效缺陷弱边缘的像素宽度范围

$[R_{\min}, R_{\max}]$。选取 $R_{\min}$ 到 $R_{\max}$ 多个卷积模板的尺度，将多个尺度下的梯度幅值图像进行梯度相乘以达到增强缺陷弱边缘的效果，故多尺度梯度增强图像可表示为

$$G(x,y) = \prod_{R_{\min}}^{R_{\max}} G_R(x,y) \tag{7-48}$$

此过程在增强梯度图像的同时，进一步滤除了背景噪声的干扰，提升了算法的鲁棒性。

针对传统算法人为设定高低阈值的问题，采用 Otsu 算法得到图像分割阈值 τ，对增强后的梯度图像 $G(x,y)$ 进行自适应阈值分割，以提高算法的自适应能力。梯度图像分割结果为

$$E(x,y) = \begin{cases} 0, & G(x,y) \leqslant \tau \\ 1, & G(x,y) > \tau \end{cases} \tag{7-49}$$

最后结合形态学运算对二值梯度图像进行细化与目标填充，以获得缺陷分割结果。

多尺度八方向边缘检测红外序列图像的处理流程如图 7-31 所示，首先基于敏感区域最大标准差法选取特征热图中的关键帧图，并对其进行 FCM 聚类预分割，得到先验信息，即多尺度八方向边缘检测分割中 R 值的选取范围；然后对原始红外序列图像进行多尺度八方向边缘检测分割；最后对分割的缺陷图像进行连通域分析以获取缺陷定量特征参数。

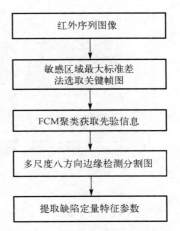

图 7-31　多尺度八方向边缘检测红外序列图像的处理流程

7.2.4.2　CFRP 板冲击损伤试块制备

实验使用的复合材料预浸料为碳纤维/环氧预浸料 T300/HF10-12K(江苏恒神)，单向铺层厚度约为 0.133mm，采用 0°/90°正交铺层方式，铺层数量为 25 层，制备的层合板几何规格为 250mm× 200mm× 3.33mm。

采用 JJFWI-111 型落锤冲击试验机对碳纤维层压板进行落锤式冲击损伤实验，实验标准参照 ASTM 系列标准 D2444—2017[20]。冲击试验机的冲头为钢制半球形(Φ25mm)冲头，冲头质量为 2.0kg。冲击点位于层压板中心位置左右两侧，对碳纤维层压板试块进行能量为 20J、40J 的冲击试验，冲击速度分别为 4.47m/s、6.32m/s。碳纤维增强树脂复合材料板与损伤演化示意图如图 7-32 所示。基于文献[21-22]对双冲击点的碳纤维力学性能进行研究，结合试块厚度、材料特性等要素，此次两个冲击点的直线距离为 130mm，远大于临界分离距离，即两次冲击作用所造成的损伤区域是分离的。

7.2.4.3　CFRP 板冲击损伤的红外检测

本节采用脉冲红外热成像技术对 CFRP 板进行内部损伤检测，基于材料厚度、热扩散系数等要素，将激励时间设置为 5s、采集频率设置为 30Hz、采集帧数设置为 600 帧，获取的脉冲红外热波序列图如图 7-33 所示。由红外热波序列图可知，在透射式检测模式下，材料内部的冲击损伤阻碍了内部热流的扩散，导致损伤区域局部热收敛，故损伤区域表面的瞬态温度要小于无损伤区域的温度。基于时域角度观察可知两种能量下的冲击损伤缺陷在 50 帧左右时显现，到 400 帧左右时，由于材料内部的热传导作用，缺陷区域与非缺陷区域逐渐趋于热平

衡状态，使缺陷无法被观测。同时由于凹坑形变的影响，使缺陷红外图像存在明显的弱边缘结构。

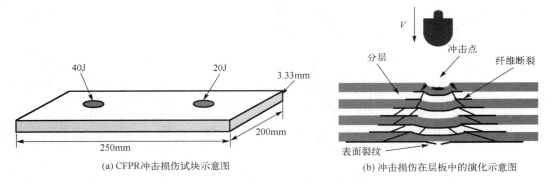

(a) CFPR冲击损伤试块示意图　　　　　　　(b) 冲击损伤在层板中的演化示意图

图 7-32　碳纤维增强树脂复合材料板与损伤演化示意图

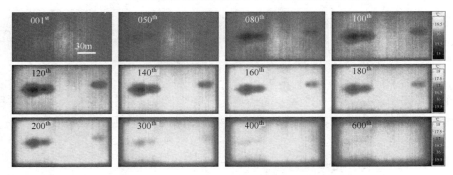

图 7-33　CFRP 板冲击损伤脉冲红外热波序列图

依据图 7-31 的处理流程对红外数据进行处理，首先基于敏感区域最大标准差法选取特征热图中的最优缺陷检测图像，即第 116 帧热波图像，并对其进行模糊 C 均值聚类预分割，聚类数目为 3，最大迭代次数为 100，得到先验信息，即多尺度八方向边缘检测分割中 R 值的选取范围为[7, 9]；依据先验特征参数对第 116 帧热波图像进行多尺度八方向边缘检测并实现缺陷的连通域分析。CFRP 板多尺度八方向边缘检测分割算法框图如图 7-34 所示。通过大尺度的有向差分运算增强对红外图像中缺陷弱边缘的识别，同时多尺度的引入可以强化弱边缘的检测效果，有效去除背景中的冗余噪声，最终获得目标缺陷区域图像。

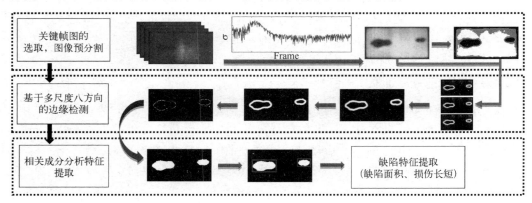

图 7-34　CFRP 板多尺度八方向边缘检测分割算法框图

为验证分割算法的有效性，分别采用基于边缘、阈值、区域的多种分割算法及本文（Otsu）算法对第 116 帧红外图像进行缺陷特征提取。CFRP 板红外图像分割效果图如图 7-35 所示。由图 7-35 中的缺陷分割图像可知，基于边缘的分割算法中 LoG 算子对背景噪声较敏感，同时缺陷形态细节提取结果较差，Canny、Sobel、Prewitt、Roberts 算子提取的特征图像的噪点相对较少，可以较清晰地观测到缺陷边缘，但提取的损伤轮廓线较宽且连接性较差，边缘结构缺失，缺陷与背景边界模糊，因此一阶、二阶微分边缘检测算法的处理结果无法满足红外热波检测技术的定量提取要求。Otsu 算法、迭代阈值分割（Iterative threshold）算法、遗传算法（Genetic algorithm）及区域生长（Region growing）算法都可以较有效地提取缺陷区域。

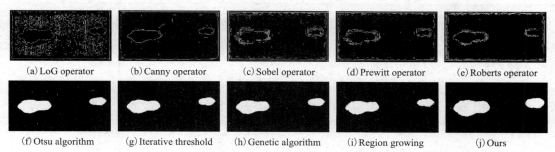

(a) LoG operator (b) Canny operator (c) Sobel operator (d) Prewitt operator (e) Roberts operator

(f) Otsu algorithm (g) Iterative threshold (h) Genetic algorithm (i) Region growing (j) Ours

图 7-35 CFRP 板红外图像分割效果图

为了进一步定量分析基于模糊 C 均值聚类先验信息的多尺度八方向边缘检测分割算法对冲击损伤特征提取的有效性，对 CFRP 板进行水浸超声 C 扫描成像，检测结果如图 7-36 所示。以超声检测的缺陷特征提取值为参照标准，对比 Otsu 算法、迭代阈值分割算法、遗传算法及区域生长算法对红外图像中缺陷的分割结果，包括缺陷面积、损伤长径、损伤短径 3 个冲击损伤特征参数。CFRP 缺陷特征定量提取结果如表 7-8 所示。不同算法处理结果相较超声 C 扫描成像结果的相对误差如表 7-9 所示。

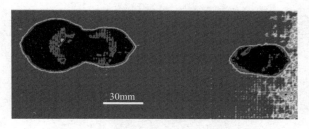

30mm

图 7-36 CFRP 水浸超声 C 扫描检测结果

表 7-8 CFRP 缺陷特征定量提取结果

算法	缺陷面积/mm²		损伤长径/mm		损伤短径/mm	
	20J	40J	20J	40J	20J	40J
C 扫描成像	788.40	2356.23	43.70	83.60	23.94	40.30
Otsu 算法	533.70	1657.92	38.14	73.94	19.36	31.69
迭代阈值分割算法	530.63	1648.39	38.03	73.72	19.31	31.60
遗传算法	539.19	1660.37	38.62	73.74	20.54	32.17
区域生长算法	492.31	1596.08	36.83	73.17	18.29	30.31
Otsu 算法	759.95	2141.47	41.07	79.20	22.88	37.55

表 7-9　不同算法处理结果相较超声 C 扫描成像结果的相对误差

算法	缺陷面积相对误差/%		损伤长径相对误差/%		损伤短径相对误差/%	
	20J	40J	20J	40J	20J	40J
Otsu 算法	32.31	29.64	12.72	11.56	19.13	21.36
迭代阈值分割算法	32.70	30.04	12.97	11.82	19.34	21.59
遗传算法	31.61	29.53	11.63	11.79	14.20	20.17
区域生长算法	37.56	32.26	15.72	12.48	23.60	24.79
Ours 算法	3.61	9.11	6.02	5.26	4.43	6.82

对含 20J、40J 冲击损伤的 CFRP 板进行红外热成像检测，在分析红外热成像检测结果的基础上，本节提出了一种基于模糊 C 均值聚类预分割的多尺度八方向边缘检测图像分割算法。通过实验与数据分析得出以下结论。

（1）脉冲红外热成像技术可以有效检测 CFRP 板内部 20J、40J 的冲击损伤，但是由于 CFRP 板表面的编织纹理特征等客观因素的影响，材料表面裂纹的红外显微成像效果较差。

（2）基于模糊 C 均值聚类的多尺度八方向边缘检测图像分割算法提升了对红外图像中冲击损伤弱边缘的检测能力，而且缺陷的边缘细节保留性好，提高了缺陷特征的检测精度，为红外热成像技术在 CFRP 板冲击损伤的定量检测提供了有效算法。

7.3　红外序列图像的多帧图像处理

7.3.1　红外序列图像的主成分分析

7.3.1.1　试块简介

实验的检测对象为玻璃纤维增强型复合材料，其规格为 300mm×200mm×10mm。人工制备 6 个直径为 20mm 的盲孔缺陷，埋深分别为 9mm、8mm、7mm、6mm、5mm、4mm，按顺时针方向依次标记为 1～6。玻璃钢平底孔试块如图 7-37 所示。

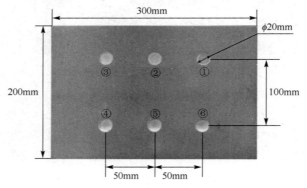

图 7-37　玻璃钢平底孔试块

7.3.1.2　实验影响因素分析

在红外热成像检测过程中，探测距离、激励时间、采集频率、外场环境等实验因素对缺陷识别结果有较大的影响。针对本节所采用的检测系统，此次对激励时间和探测距离两个主要影响因素进行探究。

1. 激励时间的影响

由热传导理论可知，材料的升温过程与热激励时间呈正相关。对于同一类型的材料而言，存在最佳激励时间。实验过程中设定探测距离为 55cm、采集频率为 10Hz、采集帧数为 800 帧，热激励时间为实验变量。共设 6 组对照实验，激励时间分别为 5s、10s、15s、20s、30s、40s。缺陷处与非缺陷处的温差大小可以反映缺陷的表征效果，通过数据分析分别得到激励时间为 5s、10s、15s、20s、30s、40s 对应的温差历程曲线。不同激励时间下的温差历程曲线如图 7-38 所示。

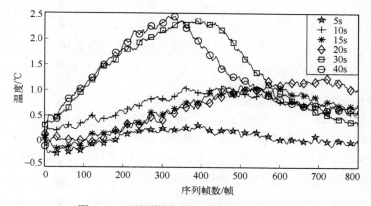

图 7-38　不同激励时间下的温差历程曲线

在不同激励时间所采集的红外热波序列图像中，选出各自序列中最优(绝对温差最大)的一帧进行对比，如图 7-39(a)～(c)所示。对比不同激励时间的缺陷检出情况可知，激励时间大于 20s 时，6 个不同埋深的缺陷均可被有效探测。

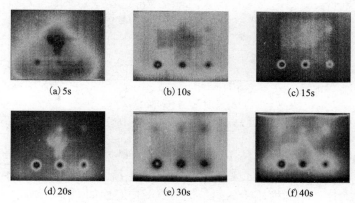

图 7-39　不同激励时间的最优红外图像对比

在主观评价的基础上，利用客观指标来评估图像的质量。熵是一种特征的统计形式，它表征一张图像像素点的混乱程度，熵值越大，表明缺陷与正常区域的差异越大，缺陷区域越明显。除熵外，标准差和峰值信噪比是两种常用的图像客观评价标准指标，两者都与均方误差有关。图像的标准差表示被测图像各像素点与最可信赖值的偏差程度，反映了图像的精密程度，标准差值越大，图像越不清晰。峰值信噪比为图像中有用信号与噪声信号的比值，其值越大，图像中的噪声比例越低，图像越清晰。分别计算图 7-39 中不同激励时间下的 6 张子图像的熵、标准差、峰值信噪比，图像各评价指标（一）如表 7-10 所示。

表 7-10　图像各评价指标（一）

激励时间/s	熵	标准差	峰值信噪比
5	3.85	126.44	27.11
10	3.94	121.26	27.29
15	4.11	105.81	27.88
20	4.26	101.31	28.07
30	4.38	**68.34**	**29.78**
40	**4.65**	98.63	28.19

由表 7-10 可知，随着激励时间的增加，图像的熵值呈上升趋势。在 30s 激励时间的作用下获取的最优红外热图像的熵值第二大，并且标准差最小、峰值信噪比最优。

2. 探测距离的影响

依据红外热辐射理论，探测距离越远，其能量衰减越多。然而探测距离越小，红外热像仪的镜头视场会随之减小，同时会产生较严重的场曲和畸变。综上所述，红外热像仪存在最佳探测距离。实验过程中设定激励时间为 30s、采集频率为 10Hz、采集帧数为 800 帧、探测距离为实验变量。探测距离分别设置为 50cm、55cm、60cm、65cm。将不同探测距离对应的温差历程曲线绘制在同一坐标系下，如图 7-40 所示。

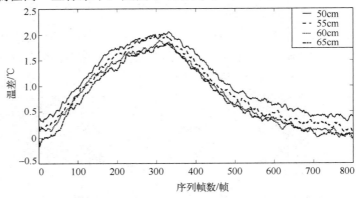

图 7-40　不同探测距离对应的温差历程曲线

由温差历程曲线可知，探测距离在 50cm 时记录的最大温差为 1.9℃（第 320 帧），且热像仪探测距离越远，记录的温差越小。在不同探测距离下所采集的红外热图像序列中，选取温差最大的一帧进行对比。不同探测距离的最优红外图像对比如图 7-41 所示。

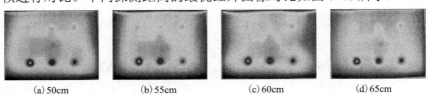

(a) 50cm　　　　(b) 55cm　　　　(c) 60cm　　　　(d) 65cm

图 7-41　不同探测距离的最优红外图像对比

主观对比表明，探测距离的变化对缺陷的检出效果影响不大。因此分别计算 4 张图像的熵、标准差、峰值信噪比等客观指标。图像各评价指标（二）如表 7-11 所示。由表 7-11 可知，随着探测距离的不断增大，图像的熵值变化较小，表明探测距离的变化对缺陷检出效果没有显著影响。同时探测距离为 55cm 时，标准差最小、峰值信噪比最优。

表 7-11　图像各评价指标（二）

探测距离/cm	熵	标准差	峰值信噪比
50	4.11	65.89	29.94
55	4.17	**58.20**	**30.48**
60	4.31	61.17	30.26
65	**4.38**	65.68	29.95

综合以上分析，激励时间为 30s、探测距离为 55cm 的条件下同步采集的红外图像序列最优。

7.3.1.3　PCA

将 PCA 算法思想引入红外序列图像的处理中有两大优势：一是能提取红外序列图像中相关度较高的主分量；二是可以实现红外序列图像样本的维数压缩。但在对整张红外序列图像的处理过程中，PCA 算法的处理效果会受取帧位置和取帧数目的影响。

1.　PCA 算法

PCA 算法应用于红外序列图像，体现了降维思想。若每帧图像由二维矩阵转换成 $p \times 1$ 维列向量，则 N 张图像的序列可表示为

$$\boldsymbol{M} = \{x^1, x^2, x^3, \cdots, x^n\}_{p \times N} \tag{7-50}$$

将数据矩阵中心化

$$\mu = \frac{1}{N} \sum_{i=1}^{N} x^i \tag{7-51}$$

$$x^i = x^i - \mu \tag{7-52}$$

计算协方差矩阵

$$\boldsymbol{D} = \frac{1}{N} \boldsymbol{X} \boldsymbol{X}' \tag{7-53}$$

式中，$\boldsymbol{X}$ 表示矩阵 $\boldsymbol{M}$ 中心化后的数据矩阵；$\boldsymbol{X}'$ 表示 $\boldsymbol{X}$ 矩阵的转置矩阵。

对协方差矩阵进行特征值分解，并降序排序，得到特征值 $\lambda_1 \geqslant \lambda_2 \geqslant \lambda_3 \geqslant \cdots \geqslant \lambda_p$，选择前 k 个特征值所对应的特征向量，其包含了图像序列中的大部分信息，可构成投影矩阵 $\boldsymbol{A} = [a^1, a^2, \cdots, a^i, \cdots, a^k]$，$a^i$ 为 $p \times 1$ 维列向量。

图 7-42 所示为处理红外序列图像的 PCA 算法流程图，依据此算法思想处理红外热图像数据。PCA 算法处理结果如图 7-43 所示。

依据 PCA 算法处理结果可知，原始 PCA 算法成功融合了整个序列的主要信息，能较清晰地分辨缺陷，但某些细节丢失。此外，玻璃钢试块在加热过程中受热不均，热量以三角状

分布于试块的中下部。但针对缺陷特征的提取而言，其效果明显被后期热扩散所影响。各主成分的特征值及其贡献率如表 7-12 所示，将各主成分的特征值及其贡献率绘制成双坐标图，如图 7-44 所示。第一主成分的贡献率远高于其他主成分，包含的缺陷表征信息最多，因此可选取第一主成分探讨红外序列图像融合区间对 PCA 算法的影响及最佳区间的选择问题。

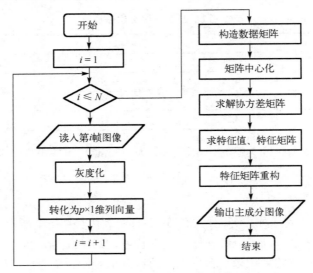

图 7-42　处理红外序列图像的 PCA 算法流程图

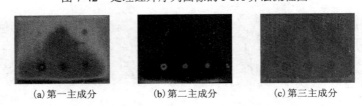

(a)第一主成分　　　　　(b)第二主成分　　　　　(c)第三主成分

图 7-43　PCA 算法处理结果

表 7-12　各主成分的特征值及其贡献率

主成分序号	特征值	贡献率	主成分序号	特征值	贡献率
1	5.73	51.02%	6	0.43	3.83%
2	1.76	15.67%	7	0.32	2.85%
3	0.96	8.54%	8	0.28	2.49%
4	0.74	6.59%	9	0.23	2.05%
5	0.58	5.16%	10	0.20	1.78%

2. 融合区间的影响

原始红外序列图像以 100 帧为一个区间，共划分为 8 个区间，分别运用 PCA 算法对区间序列进行处理。序列图分段处理结果如图 7-45 所示。

分析融合后的红外图像可知，原始红外序列图像选取的融合区间不同，其处理结果存在较大差异。主观评价第 201～300 帧、301～400 帧融合结果的缺陷检测概率较高。初步分析原始红外序列图像，200 帧之前的图像热激励不充分，缺陷未完全显示，而 500 帧之后的热图像存在明显的热扩散效应，对图像处理造成了较大影响。

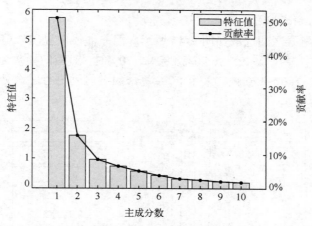

图 7-44　主成分特征值及其贡献率双坐标图

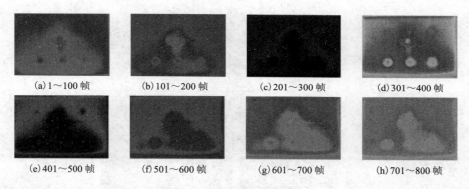

(a) 1～100 帧　　　(b) 101～200 帧　　　(c) 201～300 帧　　　(d) 301～400 帧

(e) 401～500 帧　　　(f) 501～600 帧　　　(g) 601～700 帧　　　(h) 701～800 帧

图 7-45　序列图分段处理结果

　　为探究处理效果与温差的关系,将图像的峰值信噪比与图像序列温差曲线绘于图 7-46 中。可以看出,图像的峰值信噪比与图像序列温差曲线之间存在较强的相关性,缺陷处与非缺陷处的温差越大,缺陷表征越明显,处理结果越好。

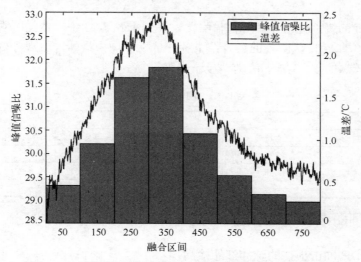

图 7-46　不同融合区间的峰值信噪比与图像序列温差曲线

3. 融合区间的自动选取

依据温差峰值的融合区间选取如图 7-47 所示。温差曲线中温差峰值对应于图像序列的第 310 帧，当温差降为温差峰值的 95%、90%、80%、70% 时，对应的帧数为 300～340 帧、260～360 帧、220～390 帧、180～420 帧。采用 PCA 算法对各区间进行融合处理，不同温差区间的处理结果如图 7-48 所示。

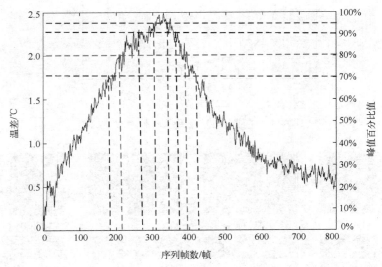

图 7-47　依据温差峰值的融合区间选取

 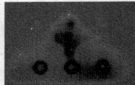 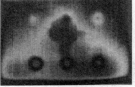 

(a)温差峰值的 95%　　(b)温差峰值的 90%　　(c)温差峰值的 80%　　(d)温差峰值的 70%

图 7-48　不同温差区间的处理结果

计算 4 张图像的熵、标准差和峰值信噪比，并列于表 7-13 中。依据客观指标定量结果分析可知，温差峰值的 80% 区间段的融合结果各评价指标均为最佳。主观分析该区间段的处理结果，可将埋深较深的 1～3 号孔清晰地显示出来。

表 7-13　图像各评价指标

融合位置	熵	标准差	峰值信噪比
温差峰值的 95%	4.11	65.49	29.96
温差峰值的 90%	4.21	62.17	30.19
温差峰值的 80%	4.38	58.62	30.45
温差峰值的 70%	4.07	64.38	30.04

7.3.2　红外序列图像的独立成分分析

7.3.2.1　CFRP 冲击损伤的脉冲红外检测

脉冲红外无损检测实验所涉及的两块碳纤维增强型复合层板试块，其实物图如图 7-49 所示。冲击损伤试块的相关参数如表 7-14 所示。试块 1 的尺寸为 150mm×120mm×2.0mm，在 30J 冲击能量下造成的损伤缺陷，其表面的凹坑深度为 0.22mm。试块 2 的尺寸为 150mm× 100mm×4.8mm，在 40J 的冲击能量下获得的损伤缺陷，其表面的凹坑深度为 1.00mm。

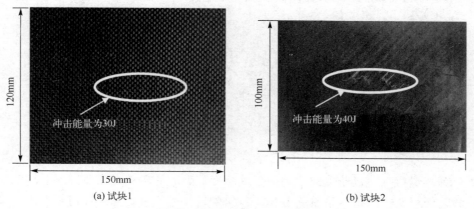

(a) 试块1　　　　　　　　　　　　(b) 试块2

图 7-49　冲击损伤试块实物图

表 7-14　冲击损伤试块的相关参数

编号	尺寸/mm	冲击能量/J	凹坑深度/mm
试块 1	150×120×2.0	30	0.22
试块 2	150×100×4.8	40	1.00

　　红外无损检测实验采用反射脉冲法，主要实验参数设置如下：探测距离为 600mm，采集频率为 15Hz，采集帧数为 600 帧，激励功率为 1600W，试块 1 和试块 2 的激励时间分别为 5s 和 6s。采集得到两块试块的冲击损伤红外图像序列，这两张序列图像的代表帧图分别如图 7-50 和图 7-51 所示。红外序列图像记录了试块表面的温度变化过程，由于缺陷处与非缺陷处的热传导存在差异，导致对应处的表面存在温差，从而检测出缺陷。

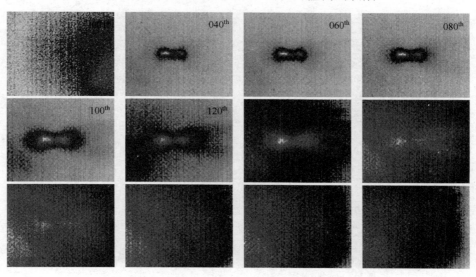

图 7-50　试块 1 红外序列图像的代表帧图

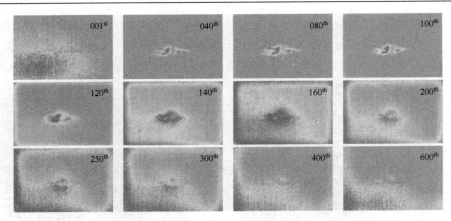

图 7-51　试块 2 红外序列图像的代表帧图

依据红外图像序列可以绘制缺陷处的平均温度随时间的历程变化曲线和非缺陷处的平均温度随时间的历程变化曲线，如图 7-52（a）和 7-52（b）所示。从这两张图可以看出平均温度随时间的历程变化曲线分为温度上升沿和温度下降沿两部分。试块受到脉冲热激励后，试块的温度从室温迅速上升，由于存在缺陷，导致试块的材质分布不连续，内部热传导存在差异，表面的热辐射能力也存在差异，因此非缺陷处的温度上升小于缺陷处的温度上升，但上升的步调是一致的，会同时到达各自的峰值。随后，温度近似双曲线下降，在 200 帧后，近似线性缓慢下降。由平均温度随时间的历程变化曲线可以得到非缺陷处和缺陷处的温差随时间的变化曲线，试块 1 和试块 2 的温差变化曲线分别如图 7-52（c）和图 7-52（d）所示。

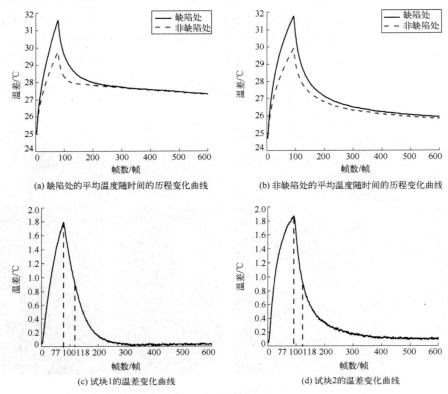

图 7-52　试块的温度性能曲线

7.3.2.2　ICA 数据处理

ICA 是一种用于盲信号分离的信号处理算法。混合信号 x 与源信号 s 之间的关系可表示为

$$x = As \tag{7-54}$$

式中，A 为未知的混合矩阵。ICA 是式 (7-54) 的反演，由于信号的不确定性，常用估计量 Y 来表征 s。假设 A 的逆矩阵为 W，称为分解矩阵，可定义源信号 Y 的估计值为

$$Y = Wx \tag{7-55}$$

假设 w 是混合矩阵 A 的逆矩阵 W 中的一个未知的行向量，基于单个独立成分的线性组合为

$$y = w^T x = \sum w_i x_i \tag{7-56}$$

由于在 ICA 中独立成分不是高斯分布的，因此根据中心极限定理，将式 (7-56) 转变成 y 关于 s 的线性组合关系：

$$y = w^T x = w^T A s = z^T s \tag{7-57}$$

其中，定义 $z^T = w^T A$。只要使 z 中任何一个元素不为 0，$z^T s$ 的非高斯性就是最大的，等同于单个独立成分的线性组合关系 $w^T s$ 是非高斯性最大的，符合 ICA 的基本要求[7]。

非高斯性的度量是利用非高斯性方法对 ICA 进行估计的关键，一般有峰度 (Kurtosis) 与负熵 (Negentropy) 两种标准。其中，峰度是可以用四阶累积量来定义的，而且如果随机变量取单位方差 $E\{y^2\} = 1$，则独立成分峰度可简化为

$$\text{kurt}(y) = E\{y^4\} - 3(E\{y^2\})^2 = E\{y^4\} - 3 \tag{7-58}$$

峰度的优点是计算简便，但容易受异常值的干扰。相比峰度，负熵是一种计算稍复杂但有利于非高斯性的度量。随机变量的分布情况越分散、越随机，负熵的值就越大。离散自由变量熵 $H(y)$ 与负熵 $J(y)$ 的定义如下：

$$H(y) = -\sum_i P(y = a_i) \log P(y = a_i) \tag{7-59}$$

$$J(y) = H(y_{\text{gauss}}) - H(y) \tag{7-60}$$

其中 $P(y = a_i)$ 为 y 取 a_i 时的概率密度；y_{gauss} 定义为与 y 具有相同协方差矩阵的高斯变量。

由 CFRP 板冲击损伤试块的脉冲红外无损检测实验结果 (见图 7-50 和图 7-51) 可知，红外序列图像记录了复合材料内部分层缺陷的显现和扩散消退过程。缺陷先从无到部分显现至完整清晰，再逐渐扩散、消退，最终消失达到热平衡。显然，不适合用整个序列来做 ICA 数据分析。考虑到缺陷和非缺陷之间的温差是重要的性能指标，结合实验结果的先验知识，沿温差曲线的下降沿，从峰值到半峰值对应的序列段作为 ICA 处理的数据。因此，试块 1 和试块 2 选择的序列图像帧数区间分别为[77, 118]和[92, 123]，如图 7-52 (c) 和图 7-52 (d) 所示。图 7-53 (a) 和图 7-53 (b) 是采用 ICA 算法处理后得到的最佳特征图像，分别作为试块 1 和试块 2 的特征图像。主观上看图像的视觉效果得到了明显增强，改善了加热不均匀带来的影响，图像对比度优于原始序列图像。采用图像评价指标，如熵、峰值信噪比、标准差[19-20]，对特征图像做进一步的客观评价，并与对应的序列图像中的最佳指标值进行对比。图像评价指标对比如表 7-15 所示。从表中数据可以看出，ICA 算法处理得到的特征图像的标准差小于原始序列图像的标准差，峰值信噪比要优于原始序列图

像，说明 ICA 算法能够有效地去除噪声，提高峰值信噪比。但是，特征图像的熵较大，幅度小于原始序列图像。由信息论可知，熵是度量混乱程度的，熵越大，表明信息量越大，混合信号越多。因此，处理后的图像熵减小，表明信号分布得更集中，缺陷分离的效果更好。

(a)试块 1 ICA 特征图像

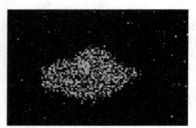
(b)试块 2 ICA 特征图像

图 7-53　ICA 特征图像

表 7-15　图像评价指标对比

对象	熵	标准差	峰值信噪比
试块 1 图像序列中的最优值	**6.36**	3.97	42.14
试块 1 ICA 特征图像	1.78	**2.27**	**44.41**
试块 2 图像序列中的最优值	**6.17**	4.06	42.05
试块 2 ICA 特征图像	2.61	**2.55**	**43.86**

7.3.2.3　缺陷特征提取

以图 7-53 所示的 ICA 特征图像作为图像处理的原图像，采用基于阈值、边缘和区域的 9 种分割算法进行图像分割，具体为迭代全局阈值算法、Otsu 最佳阈值算法、区域生长算法、标记符控制分水岭分割算法、Sobel 算子法、Roberts 算子法、Prewitt 算子法、Laplacian 算子法和 Canny 算子法。试块 1 和试块 2 的特征图像分割处理结果分别如图 7-54 和图 7-55 所示。

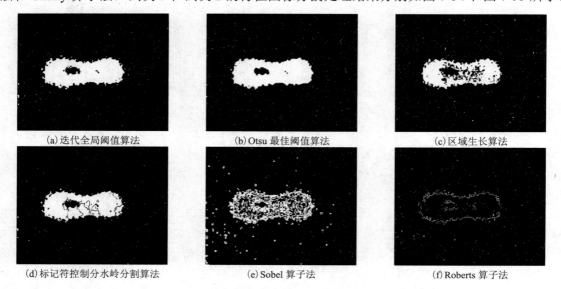

(a)迭代全局阈值算法　　　(b)Otsu 最佳阈值算法　　　(c)区域生长算法

(d)标记符控制分水岭分割算法　　　(e)Sobel 算子法　　　(f)Roberts 算子法

图 7-54　试块 1 的特征图像分割处理结果

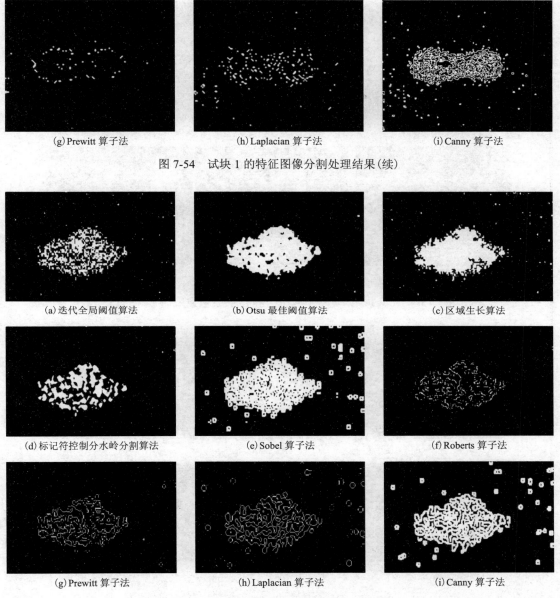

(g) Prewitt 算子法　　　　　(h) Laplacian 算子法　　　　　(i) Canny 算子法

图 7-54　试块 1 的特征图像分割处理结果(续)

(a) 迭代全局阈值算法　　　　(b) Otsu 最佳阈值算法　　　　(c) 区域生长算法

(d) 标记符控制分水岭分割算法　　(e) Sobel 算子法　　　　　(f) Roberts 算子法

(g) Prewitt 算子法　　　　　(h) Laplacian 算子法　　　　　(i) Canny 算子法

图 7-55　试块 2 的特征图像分割处理结果

　　利用形态学中的膨胀与腐蚀算法填充图 7-54 和图 7-55 中经过分割算法处理的图像,实现缺陷区域完整的二值图像化分割。试块 1 与试块 2 缺陷长径和缺陷短径的特征提取结果分别如图 7-56 和图 7-57 所示。

　　图 7-54 和图 7-55 中的 Roberts 算子法、Prewitt 算子法与 Laplacian 算子法缺陷提取的边缘结构不完整,连接性差,无法满足缺陷的定量提取要求,因此不对这 3 种算子进行进一步的缺陷定量化评估。通过编程寻找了对应缺陷的最大损伤长径(简称:缺陷长径)和最大损伤短径(简称:缺陷短径)两个损伤特征值,参见图 7-56 及图 7-57 的标注尺寸。各种算法的缺陷特征参数与相对误差如表 7-16 所示。

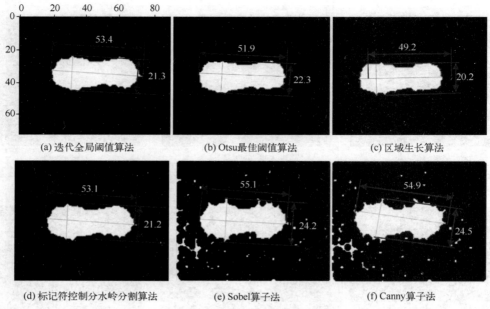

图 7-56　试块 1 缺陷长径和缺陷短径的特征提取结果（单位：mm）

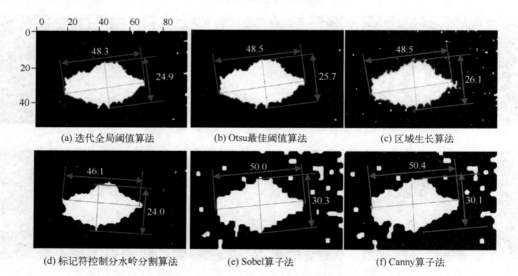

图 7-57　试块 2 缺陷长径和缺陷短径的特征提取结果（单位：mm）

表 7-16　各种算法的缺陷特征参数与相对误差

算法	试块 1				试块 2			
	缺陷长径 /mm	缺陷短径 /mm	长径相对误差	短径相对误差	缺陷长径 /mm	缺陷短径 /mm	长径相对误差	短径相对误差
迭代全局阈值算法	53.4	21.3	4.5%	15.8%	48.3	24.9	15.1%	31.4%
Otsu 最佳阈值算法	51.9	22.3	7.2%	11.9%	48.5	25.7	14.6%	29.2%
区域生长算法	49.2	20.2	12.0%	20.2%	48.5	26.1	14.6%	28.1%

续表

算法	试块 1				试块 2			
	缺陷长径/mm	缺陷短径/mm	长径相对误差	短径相对误差	缺陷长径/mm	缺陷短径/mm	长径相对误差	短径相对误差
标记符控制分水岭分割算法	53.1	21.2	5.0%	16.2%	46.1	24.0	18.8%	33.9%
Sobel 算子法	**55.1**	24.2	**1.4%**	4.3%	50.0	**30.3**	11.9%	**16.5%**
Canny 算子法	54.9	**24.5**	1.8%	**3.2%**	50.4	30.1	**11.3%**	17.1%

通过对试块 1、试块 2 不同算法的二值图像填充后的效果对比可以看出迭代全局阈值算法用闭运算将中心孔洞填充完整，但缺陷边缘噪声依然有影响；Otsu 最佳阈值算法将中心的细小孔洞进行填充，相比其他几种算法对背景噪声的去除效果更好、边缘连接较平滑、噪声影响较少；区域生长算法与 Otsu 最佳阈值算法类似，但其对干扰噪声较敏感，背景与缺陷边缘存在许多细小点；填充后的标记符控制分水岭分割算法的边缘较未填充时稍显平滑；两种边缘检测算法 Sobel 算子法、Canny 算子法的图像背景噪声很多，但边缘定位较准确。另外，也可以采用提取缺陷长短径进行对比。缺陷长径可以定义为缺陷区域内相距最远的两点之间的距离，缺陷短径则是垂直于长径并与缺陷外轮廓相交的最长的垂线段。由图 7-56、图 7-57 可知，Sobel 算子法与 Canny 算子法的二值图像填充后求得的缺陷长径和缺陷短径较前 4 种算法更大。

为了进一步定量分析图像分割算法对冲击损伤缺陷提取的有效性，对试块 1、试块 2 进行超声 F 扫描成像。缺陷特征超声 F 扫描检测结果如图 7-58 所示。定量提取得到试块 1 的缺陷长径为 55.9mm、缺陷短径为 25.3mm；试块 2 的缺陷长径为 56.8mm、缺陷短径为 36.3mm。以超声 F 扫描检测的缺陷提取特征参数为标准，多种分割算法包括迭代全局阈值算法、Otsu 最佳阈值算法、区域生长算法、标记符控制分水岭分割算法。两种边缘检测算法的处理特征参数包括缺陷长径、缺陷短径、相对误差，与超声检测值进行对比，计算得出的相对误差统计在表 7-16 中。

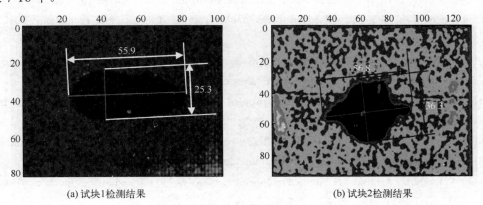

(a) 试块1检测结果　　　　　　　　　(b) 试块2检测结果

图 7-58　缺陷特征超声 F 扫描检测结果（单位：mm）

分析表 7-16 的检测结果可得，同种检测算法，试块 1 的检测结果优于试块 2 的检测结果，说明脉冲反射热成像检测适合薄板的检测；处理同一检测试块，Sobel 算子法和 Canny 算子法提取的缺陷长径、缺陷短径的特征优于其他算法。

7.4　本　章　小　结

本章主要介绍了红外序列图像处理，包括单帧图像处理和多帧图像处理。以 PVC 楔形槽为例，提出并演示了敏感区域最大标准差法，这一性能指标的提出解决了单帧图像处理红外序列图像的原图选取问题。在这个基础上提出了一种新的单帧图像分割算法，基于模糊 C 均值聚类预分割的多尺度八方向边缘检测分割算法。该算法提升了对红外图像中冲击损伤弱边缘的检测能力，缺陷的边缘细节保留较好，提升了缺陷特征的检测精度，为红外热成像技术在 CFRP 板冲击损伤定量检测的有效算法。

本章介绍了两种红外序列图像的多帧图像处理算法，即 PCA 算法和 ICA 算法。以 GFRP 平底孔试块为例，通过假设、对比、验证，确定了 PCA 算法的最佳融合区间，并将其运用到原始 PCA 算法中，经过优化的算法能自动选取图像序列的最佳区间并进行融合；运用 ICA 算法研究了 CFRP 板冲击损伤特征的提取问题，结果表明，ICA 算法能够有效区分噪声与缺陷，并且获得的特征图像比原始图像的信噪比更高、对比度更大、图像质量更好，有利于缺陷的提取和表征。

参　考　资　料

[1] ALMOND D P, LAU S K. Defect sizing by transient thermography I: An analytical treatment[J]. Journal of Physics D: Applied Physics, 1994, 27: 1063-1069.

[2] TAN, Y C, CHIU W K, et al. Quantitative Defect Detection on the Underside of a Flat Plate Using Mobile Thermal Scanning[J]. Procedia Engineering, 2017, 188: 493-498.

[3] AHMED A, HOSSEIN T, UDAY K. Non-destructive investigation of thermoplastic reinforced composites[J]. Composites Part B, 2016, 97: 244-254.

[4] WYSOCKA-FOTEK O, OLIFERUK W, MAJ M. Reconstruction of size and depth of simulated defects in austenitic steel plate using pulsed infrared thermography[J]. Infrared Physics and Technology, 2012, 55(4): 363-367.

[5] DUAN Y, ZHANG H, XAVIER P M. Reliability assessment of pulsed thermography and ultrasonic testing for impact damage of CFRP panels[J]. NDT and E International, 2019, 102: 77-83.

[6] HAUFFE A, HAHNEL F, WOLF K. Comparison of algorithms to quantify the damaged area in CFRP ultrasonic scans[J]. Composite Structures, 2020, 235:111791.

[7] TASHAN J, AI-MAHAIDI R, MAMKAK A. Defect size measurement and far distance infrared detection in CFRP-concrete and CFRP-steel systems[J]. Australian Journal of Structural Engineering, 2016, 17(1): 2-13.

[8] Kabouri A, Khabbazi A, Youlal H. Applied multiresolution analysis to infrared images for defects detection in materials[J]. NDT and E International, 2017, 92: 38-49.

[9] 郑凯, 江海军, 陈力. 红外热波无损检测技术的研究现状与进展[J]. 红外技术, 2018, 40(5): 401-411.

[10] 倪伟传, 许志明, 刘少江, 等. 复杂环境下的自适应红外目标分割算法[J]. 红外技术, 2019, 41(4): 357-363.

[11] 张莲, 李梦天, 余松林, 等. 基于改进 Lazy Snapping 算法的红外图像分割方法研究[J]. 红外技术, 2021, 43(4): 372-377.

[12] JIANGFEI W, LIHUA Y, ZHENGGUANG Z, et al. Accurate Detection of a Defective Area by Adopting a Divide and Conquer Strategy in Infrared Thermal Imaging Measurement[J]. Journal of the Korean Physical Society, 2018, 73(11): 1644-1649.

[13] 梁涛. 复合材料脱黏缺陷红外热成像无损检测定量分析研究[D]. 成都: 电子科技大学, 2017.

[14] 任彬. 红外无损检测中缺陷边缘信息的自动提取[J]. 无损检测, 2000, 7: 291-293.

[15] 黄涛, 顾桂梅. 含裂纹缺陷的红外热图像处理算法研究[J]. 红外技术, 2014, 36(9): 732-736.

[16] 王冬冬, 张炜, 金国锋, 等. 尖点突变理论在红外热波检测图像分割中的应用[J]. 红外与激光程, 2014, 43(3): 1009-1015.

[17] LI Y, YANG Z W, ZHU J T, et al. Investigation on the damage evolution in the impacted composite material based on active infrared thermography[J]. NDT and E International, 2016, 83: 114-122.

[18] 金国锋, 张炜, 杨正伟, 等. 界面贴合型缺陷的超声红外热波检测与识别[J]. 四川大学学报(工程科学版), 2013, 45(2): 167-175.

[19] ZHENG K Y, YAO Y. Automatic defect detection based on segmentation of pulsed thermographic images[J]. Chemometrics and Intelligent Laboratory Systems, 2017, 162: 35-43.

[20] FENG Q Z, GAO B, LU P, et al. Automatic seeded region growing for thermography debonding detection of CFRP[J]. NDT and E International, 2018, 99: 36-49.

[21] SREESHAN K, DINESH R, RENJI K. Enhancement of thermographic images of composite laminates for debond detection: An approach based on Gabor filter and watershed[J]. NDT and E International, 2019, 103: 68-76.

[22] TANG Q J, GAO S S, LIU Y J, et al. Infrared image segmentation algorithm for defect detection based on FODPSO[J]. Infrared Physics and Technology, 2019, 102: 103051.

[23] YANG B, HUANG Y D, CHENG L. Defect detection and evaluation of ultrasonic infrared thermography for aerospace CFRP composites[J]. Infrared Physics and Technology, 2013, 60: 166-173.

[24] BU C W, TANG Q J, LIU J Y, et al. Inspection on CFRP sheet with subsurface defects using pulsed thermographic technique[J]. Infrared Physics and Technology, 2014, 65: 117-121.

[25] 朱笑, 袁丽华. 基于红外热成像的 CFRP 复合材料低速冲击损伤表征[J]. 复合材料学报, 2022, 39(8): 4164-4171.

[26] YUAN L H, ZHU X, SUN Q B, et al. Automatic Extraction of Material Defect Size by Infrared Image Sequence[J]. Applied Sciences. 2020, 10(22): 8248.

[27] KALYANAVALLI V, RAMADHAS T K A, SASTIKUMAR D. Long pulse thermography investigations of basalt fiber reinforced composite [J]. NDT & E International, 2018, 100: 84-91.

[28] AHMAD J, AKULA A, MULAVEESALA R, et al. An independent component analysis based approach for frequency modulated thermal wave imaging for subsurface defect detection in steel sample [J]. Infrared Physics & Technology, 2019, 98: 45-54.

[29] PAN M C, HE Y Z, TIAN G Y, et al. Defect characterisation using pulsed eddy current thermography under transmission mode and NDT applications [J]. NDT and E International, 2012, 52: 28-36.

[30] Peng W, Wang F, Meng X, et al. Dynamic thermal tomography based on continuous wavelet transform for debonding detection of the high silicon oxygen phenolic resin cladding layer[J]. Infrared Physics & Technology, 2018, 92: 115-121.

[31] FEUILLET V, IBOS L, FOIS M, et al. Defect detection and characterization in composite materials using square pulse thermography coupled with singular value decomposition analysis and thermal quadrupole

modeling [J]. NDT and E International, 2012, 51: 58-67.

[32] MOSKOVCHENKO A I, VAVILOV V P, CHULKOV A O. Comparing the efficiency of defect depth characterization algorithms in the inspection of CFRP by using one-sided pulsed thermal NDT [J]. Infrared Physics and Technology, 2020, 107: 103289.

[33] WEI J C, WANG F, LIU J Y, et al. A laser arrays scan thermography（LAsST）for the rapid inspection of CFRP composite with subsurface defects [J]. Composite Structures, 2019, 226: 111201.

[34] BU C W, LIU G Z, ZHANG X B, et al. Debonding defects detection of FMLs based on long pulsed infrared thermography technique [J]. Infrared Physics and Technology, 2020, 104: 103074.

[35] WANG Z, TIAN G, MEO M, et al. Image processing based quantitative damage evaluation in composites with long pulse thermography [J]. NDT and E International, 2018, 99: 93-104.

[36] WANG Q, HU Q P, QIU J X, et al. Using differential spread laser infrared thermography to detect delamination and impact damage in CFRP [J]. Infrared Physics and Technology, 2020, 106: 103282.

[37] LEI L, FERRARINI G, BORTOLIN A, et al. Thermography is cool: Defect detection using liquid nitrogen as a stimulus [J]. NDT and E International, 2019, 102: 137-143.

[38] LIU B, ZHANG H, FERNANDES H, et al. Experimental evaluation of pulsed thermo-graphy, lock-in thermography and vibro-thermography on Foreign Object Defect（FOD）in CFRP [J]. Sensors, 2016, 16（5）: 743.

[39] ZHANG H, AVDELIDIS N, OSMAN A, et al. Enhanced Infrared Image Processing for Impacted Carbon/Glass Fiber-Reinforced Composite Evaluation [J]. Sensors, 2018, 18（2）: 45.

[40] TANG Q J, DAI J M, LIU J Y, et al. Quantitative detection of defects based on Markov-PCA-BP algorithm using pulsed infrared thermography technology [J]. Infrared Physics and Technology, 2016, 77: 144-148.

[41] TANG Q J, BU C W, LIU Y L, et al. A new signal processing algorithm of pulsed infrared thermography [J]. Infrared Physics and Technology, 2015, 68: 173-178.

[42] LIANG T, REN W W, TIAN G Y, et al. Low energy impact damage detection in CFRP using eddy current pulsed thermography [J]. Composite Structures, 2016, 143: 352-361.

[43] 周建民, 符正晴, 李鹏, 等. 孔洞缺陷的红外无损检测和 PNN 识别与定量评估[J]. 红外与激光工程, 2015, 44（4）: 1193-1197.

[44] 董毅旺, 朱笑, 洪康, 等. 红外序列图像的主成分分析算法研究[J]. 激光与红外, 2022, 52（5）: 714-720.

[45] WANG F, WANG Y H, PENG W, et al. Independent component analysis enhanced pulse thermography for high silicon oxygen phenolic resin（HSOPR）sheet with subsurface defects [J]. Infrared Physics and Technology, 2018, 92: 345-349.

[46] LIU Y, WU J Y, LIU K, et al. Independent component thermography for non-destructive testing of defects in polymer composites[J]. Measurement Science and Technology, 2019, 30（4）: 044006.

[47] 王昵辰, 杨瑞珍, 何赟泽, 等. 多模红外热成像检测碳纤维布加固混凝土粘结缺陷[J]. 仪器仪表学报, 2018, 39（3）: 37-44.

[48] LU X, YI Q, TIAN G Y. A comparison of feature extraction techniques for delamination of CFRP using Eddy current pulse-compression thermography[J]. IEEE Sensors Journal, 2020, 20（20）: 12415-12422.

[49] 王晨聪. 碳纤维复合材料红外无损检测技术研究[D]. 成都:电子科技大学, 2019.

[50] 袁丽华, 洪康, 朱言臻, 等. 基于红外序列独立成分分析的复合材料冲击损伤缺陷表征[J]. 航空制造技术, 2022, 65（20）: 83-91.